よくわかる

はじめに

「筆ぐるめ26」は、初心者でも簡単に住所録を管理して宛て名印刷したり、年賀状や暑中見舞いを作成したりできるはがき作成ソフトです。
本書は、初めて筆ぐるめをお使いになる方を対象に、筆ぐるめの基本的な使い方と便利な機能をご紹介しています。2019年の年賀状作成および宛て名印刷にご活用いただけます。
本書は経験豊富なインストラクターが、日頃のノウハウをもとに作成しており、講習会や授業の教材としてご利用いただくほか、自己学習の教材としても最適なテキストとなっております。

本書を通して、筆ぐるめの知識を深め、その利便性と楽しさを実感していただければ幸いです。

2018年9月30日
FOM出版

Contents 目次

■本書をご利用いただく前に …… 1

■第1章　筆ぐるめの基礎知識 …… 6

Step1　筆ぐるめの概要 …… 7
●1　筆ぐるめの概要 …… 7
Step2　筆ぐるめを起動する …… 9
●1　筆ぐるめを起動しよう …… 9
Step3　筆ぐるめの画面を確認する …… 11
●1　筆ぐるめの画面を確認しよう …… 11
Step4　筆ぐるめを終了する …… 13
●1　筆ぐるめを終了しよう …… 13

■第2章　住所録を作成しよう …… 14

Step1　住所録（おもて面）を作成する …… 15
●1　住所録（おもて面）の作成 …… 15
●2　住所録（おもて面）の作成手順を確認しよう …… 15
●3　住所録（おもて面）の保存先を確認しよう …… 16
●4　新しい住所録（おもて面）を作成しよう …… 17
Step2　住所録（おもて面）の作成画面を確認する …… 18
●1　住所録（おもて面）の作成画面を確認しよう …… 18
●2　宛て名カードの項目を確認しよう …… 20
Step3　宛て名カードにデータを入力する …… 21
●1　宛て名カードにデータを入力しよう …… 21
●2　宛て名カードを追加しよう …… 26
●3　宛て名カードを編集しよう …… 30
●4　宛て名カードにオリジナルの項目を設定しよう …… 33
●5　マークを使って宛て名カードを分類しよう …… 34
●6　かんたん宛先追加を使ってデータを入力しよう …… 36
Step4　住所録（おもて面）を保存する …… 40
●1　住所録（おもて面）を保存しよう …… 40
●2　住所録（おもて面）を閉じよう …… 40
●3　住所録（おもて面）を開こう …… 41
Step5　用紙を設定する …… 45
●1　用紙を設定しよう …… 45

Step6　差出人を入力する……47
●1　差出人のデータを入力しよう……47
●2　複数の差出人を使い分けよう……48
Step7　フォントを変更する……52
●1　おもて面のフォントを変更しよう……52
●2　宛て名の文字サイズを変更しよう……54
Step8　宛て名カードを印刷する……56
●1　すべての宛て名カードを印刷しよう……56
●2　選択した宛て名カードを印刷しよう……59
●3　一覧表を印刷しよう……62
Step9　住所録を結合する……69
●1　住所録を結合しよう……69
Step10　宛て名カードを検索する……71
●1　宛て名カードを検索しよう……71
●2　宛て名カードを絞り込もう……72
●3　宛て名カードの絞り込みを解除しよう……74
Step11　住所録のデータを活用する……75
●1　住所録のデータ形式を変換しよう……75
●2　住所録を削除しよう……79

■第3章　はがきを作成しよう……80

Step1　はがき（うら面）を作成する……81
●1　はがき（うら面）の作成……81
●2　はがき（うら面）に切り替えよう……82
●3　はがき（うら面）の作成手順を確認しよう……83
●4　作成するはがきを確認しよう……84
Step2　はがき（うら面）の作成画面を確認する……85
●1　はがき（うら面）の作成画面を確認しよう……85
Step3　レイアウトを設定する……86
●1　レイアウトを設定しよう……86
Step4　背景を設定する……88
●1　背景を設定しよう……88
●2　背景の伸縮を設定しよう……90
Step5　イラストを追加する……92
●1　グリッドを非表示にしよう……92
●2　イラストを追加しよう……94
●3　イラストを変更しよう……95
●4　イラストを移動しよう……96
●5　イラストのサイズを変更しよう……97

Contents

Step6　文字イラストを追加する……99
●1　文字イラストを追加しよう……99
●2　文字イラストを移動しよう……100
●3　文字イラストのサイズを変更しよう……101
●4　文字イラストの配置を調整しよう……102
Step7　文章を追加する……103
●1　文章を追加しよう……103
●2　文章を移動しよう……106
●3　文章のサイズを変更しよう……107
●4　文章のフォントを変更しよう……108
●5　文章の配置を調整しよう……109
Step8　はがき（うら面）を印刷する……113
●1　はがき（うら面）を印刷しよう……113
Step9　はがき（うら面）を保存する……115
●1　はがき（うら面）の保存方法を確認しよう……115
●2　新規保存しよう……115
参考学習　写真入りのはがきを作成する……117
●1　写真入りのはがきを作成しよう……117
●2　かんたんレイアウトを使って写真入りのはがきを作成しよう…121

■第4章　カレンダーを作成しよう……124
Step1　作成するカレンダーを確認する……125
●1　カレンダーを作成しよう……125
●2　作成するカレンダーを確認しよう……125
Step2　レイアウトを設定する……126
●1　レイアウトを設定しよう……126
Step3　背景を設定する……127
●1　背景を設定しよう……127
Step4　写真を追加する……128
●1　写真を追加しよう……128
●2　写真にフレームを設定しよう……129
Step5　日付や月のイラストを追加する……133
●1　日付のイラストを追加しよう……133
●2　月のイラストを追加しよう……135
Step6　カレンダーを印刷する……137
●1　カレンダーを印刷しよう……137

■第5章　タックシール・名刺カード・CDラベルを作成しよう ……138

Step1　タックシールを作成する …… 139
●1　タックシールを作成しよう …… 139
●2　作成するタックシールを確認しよう …… 139
●3　住所録（おもて面）を開こう …… 140
●4　用紙を設定しよう …… 141
●5　フォントと文字サイズを変更しよう …… 142
●6　タックシールを印刷しよう …… 143

Step2　名刺カードを作成する …… 146
●1　名刺カードを作成しよう …… 146
●2　作成する名刺カードを確認しよう …… 146
●3　レイアウトを設定しよう …… 147
●4　背景を設定しよう …… 148
●5　背景を回転しよう …… 149
●6　イラストを追加しよう …… 150
●7　イラストに影を付けよう …… 151
●8　文章を追加しよう …… 153
●9　名刺カードを印刷しよう …… 156

Step3　CDラベルを作成する …… 159
●1　CDラベルを作成しよう …… 159
●2　作成するCDラベルを確認しよう …… 159
●3　レイアウトを設定しよう …… 160
●4　写真を追加しよう …… 161
●5　文章を追加しよう …… 162
●6　CDラベルを印刷しよう …… 163

■第6章　データをバックアップしよう ……166

Step1　データをバックアップする …… 167
●1　バックアップ …… 167
●2　バックアップする場所を確認しよう …… 167
●3　データをバックアップしよう …… 168

Step2　バックアップしたデータを戻す …… 174
●1　バックアップしたデータを戻そう …… 174

■索引 ……178

■ローマ字・かな対応表 ……185

Introduction 本書をご利用いただく前に

本書で学習を進める前に、ご一読ください。

1 本書の記述について

操作の説明のために使用している記号には、次のような意味があります。

記述	意味	例
[ ]	キーボード上のキーを示します。	[Enter]
[ ]+[ ]	複数のキーを押す操作を示します。	[Ctrl]+[Enter] （[Ctrl]を押しながら[Enter]を押す）
《　》	ダイアログボックス名やタブ名、項目名など画面の表示を示します。	《OK》をクリックします。 《自宅》タブを選択します。
「　」	重要な語句や機能名、画面の表示、入力する文字などを示します。	「勤務先」と入力します。

知っておくべき重要な内容

知っていると便利な内容

※ 補足的な内容や注意すべき内容

練習問題
省略すると、以降の操作が正しくできないので、必ず実習してください。

練習問題の答え

2 製品名の記載について

本書では、次の名称を使用しています。

正式名称	本書で使用している名称
Windows 10	Windows 10 または Windows
筆ぐるめ26	筆ぐるめ26 または 筆ぐるめ
Microsoft Excel 2016	Excel 2016 または Excel
Microsoft Excel 2013	Excel 2013 または Excel

3 学習環境について

本書を学習するには、次のソフトウェアが必要です。

●筆ぐるめ26

本書を開発した環境は、次のとおりです。

・OS:Windows 10(ビルド17134.112)
・アプリ:筆ぐるめ26 パッケージ版/本体およびすべてのコンテンツをインストール
・ディスプレイ:画面解像度　1024×768ピクセル
・プリンター:フチなし印刷 / CD・DVDダイレクト印刷対応
※環境によっては、画面の表示が異なる場合や記載の機能が操作できない場合があります。

4 学習ファイルのダウンロードについて

本書で使用するファイルは、FOM出版のホームページで提供しています。
ダウンロードしてご利用ください。

ホームページ・アドレス

http://www.fom.fujitsu.com/goods/

ホームページ検索用キーワード

FOM出版

◆ダウンロード

学習ファイルをダウンロードする方法は、次のとおりです。

①ブラウザーを起動し、FOM出版のホームページを表示します。
※アドレスを直接入力するか、キーワードでホームページを検索します。
②**《ダウンロード》**をクリックします。
③**《アプリケーション》**の**《はがき作成》**をクリックします。
④**《筆ぐるめ26　FPT1806》**をクリックします。
⑤**「fpt1806.zip」**をクリックします。
⑥ダウンロードが完了したら、ブラウザーを終了します。
※ダウンロードしたファイルは、パソコン内のフォルダー《ダウンロード》に保存されます。

◆ダウンロードしたファイルの解凍

ダウンロードしたファイルは圧縮されているので、解凍（展開）します。
ダウンロードしたファイル**「fpt1806.zip」**を**《ドキュメント》**に解凍する方法は、次のとおりです。

※お使いのWindowsによって、圧縮ファイルの解凍方法は異なります。
　ここでは、Windows 10で解凍する方法を紹介します。

①デスクトップを表示します。
②タスクバーの　（エクスプローラー）をクリックします。

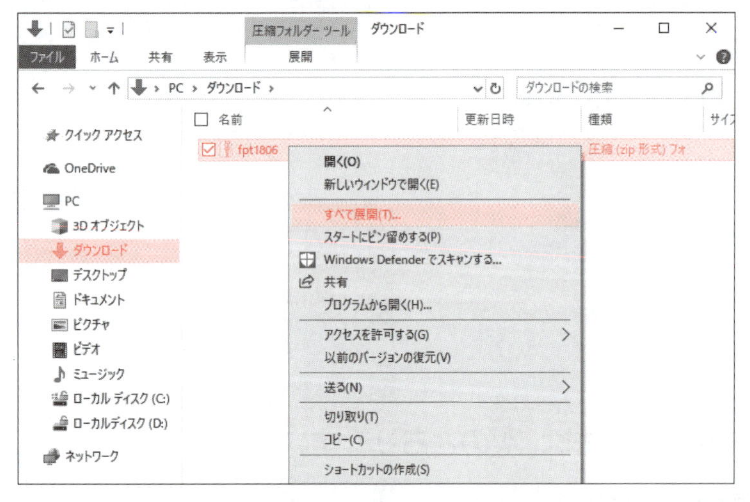

③**《ダウンロード》**をクリックします。
※《ダウンロード》が表示されていない場合は、《PC》をダブルクリックします。
④ファイル**「fpt1806」**を右クリックします。
⑤**《すべて展開》**をクリックします。

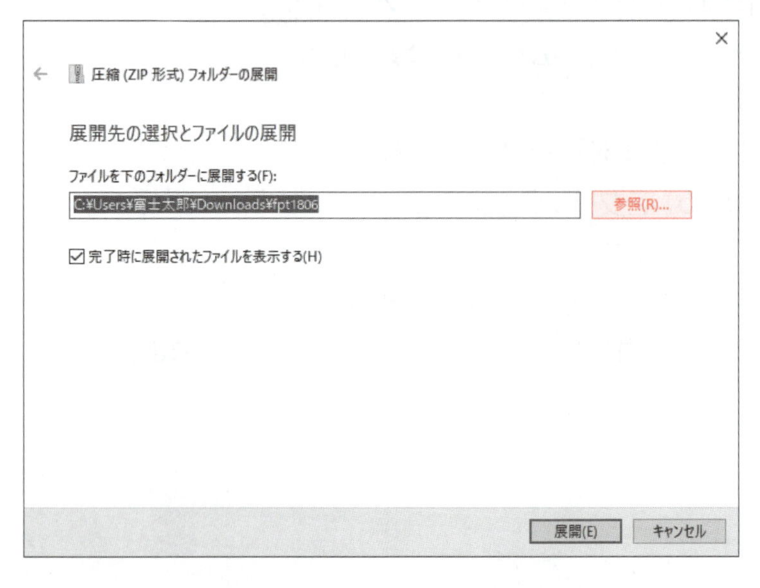

⑥**《参照》**をクリックします。

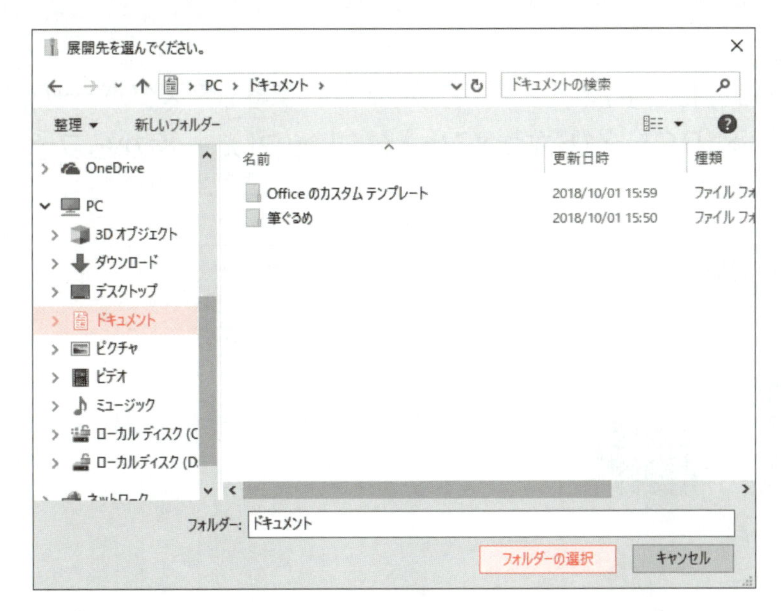

⑦**《ドキュメント》**をクリックします。

※《ドキュメント》が表示されていない場合は、《PC》をダブルクリックします。

⑧**《フォルダーの選択》**をクリックします。

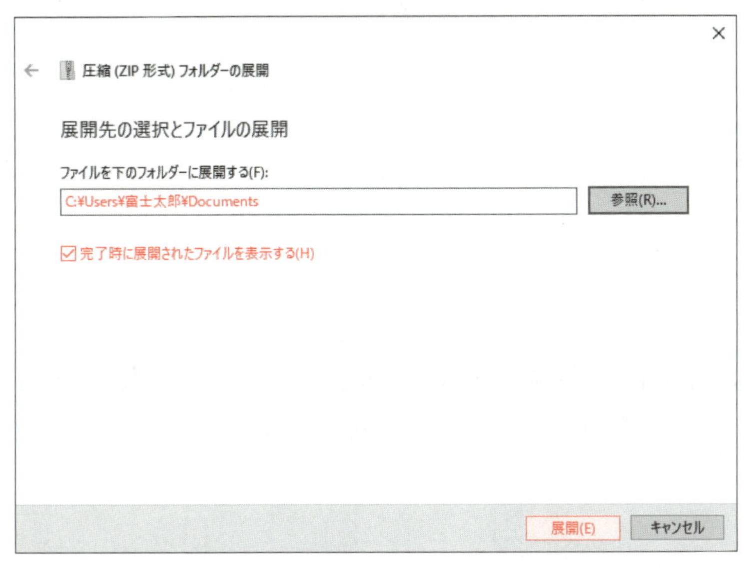

⑨**《ファイルを下のフォルダーに展開する》**が**「C:¥Users¥(ユーザー名)¥Documents」**に変更されていることを確認します。

⑩**《完了時に展開されたファイルを表示する》**を☑にします。

⑪**《展開》**をクリックします。

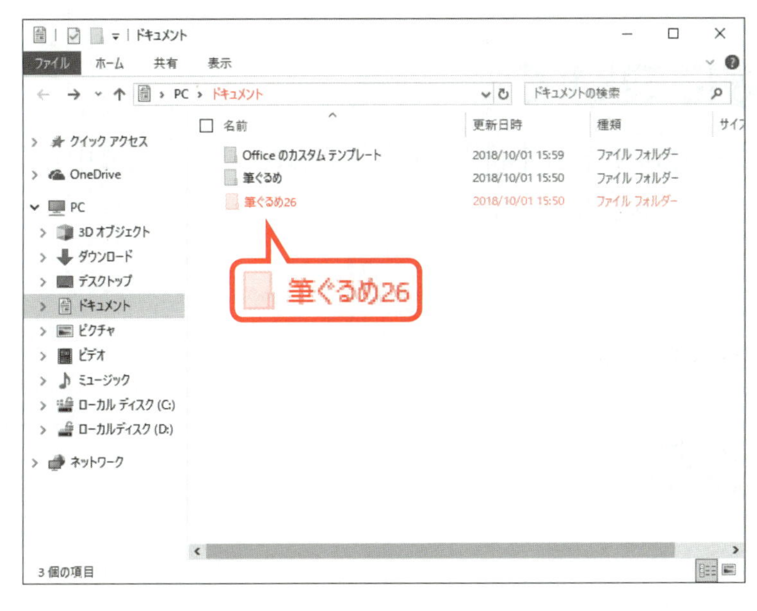

ファイルが解凍され、**《ドキュメント》**が開かれます。

⑫フォルダー**「筆ぐるめ26」**が作成されていることを確認します。

◆学習ファイルの一覧

フォルダー「**筆ぐるめ26**」には、学習ファイルが入っています。タスクバーの（エクスプローラー）→《**PC**》→《**ドキュメント**》をクリックし、一覧からフォルダーを開いて確認してください。

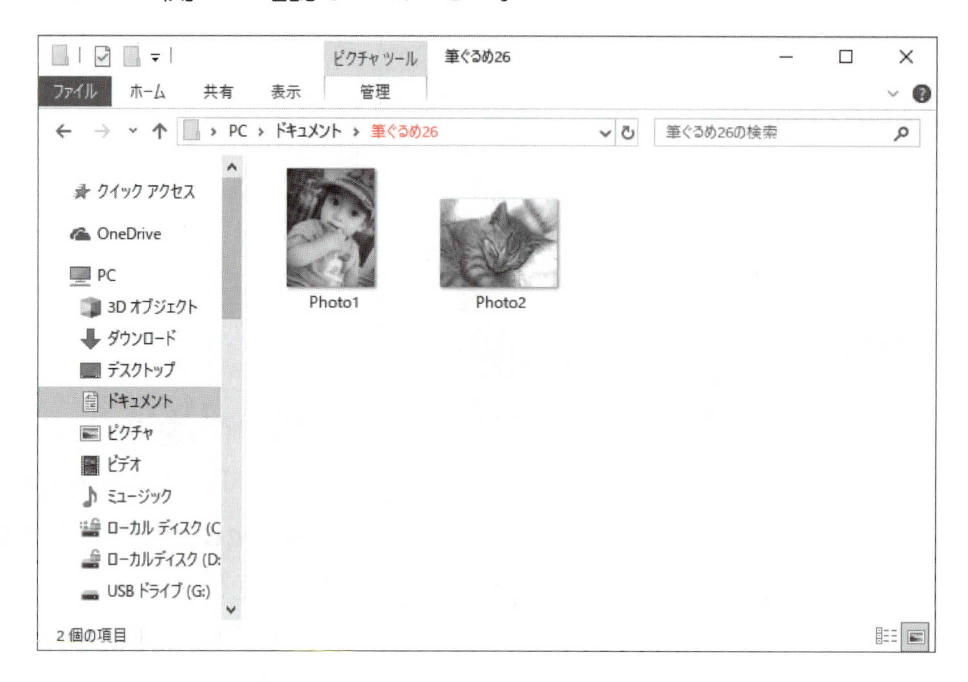

◆学習ファイルの場所

本書では、学習ファイルの場所を《**ドキュメント**》内のフォルダー「**筆ぐるめ26**」としています。《**ドキュメント**》以外の場所に解凍した場合は、フォルダーを読み替えてください。

5 本書の最新情報について

本書に関する最新のQ＆A情報や訂正情報、重要なお知らせなどについては、FOM出版のホームページで確認してください。

ホームページ・アドレス

http://www.fom.fujitsu.com/goods/

ホームページ検索用キーワード

FOM出版

よくわかる

第1章

Chapter 1

筆ぐるめの基礎知識

Step 1 筆ぐるめの概要

1 筆ぐるめの概要

筆ぐるめは、住所録や年賀状の作成・印刷が、簡単にできるはがき作成ソフトです。名刺カードやタックシールなども作成できるので、プライベートからビジネスまで幅広く活用できます。

1 住所録の作成

宛て名カードに必要な項目を入力するだけで、簡単に住所録を作成できます。ひとつの住所録には2万件のデータを登録でき、はがきや封筒、タックシールなどに印刷できます。

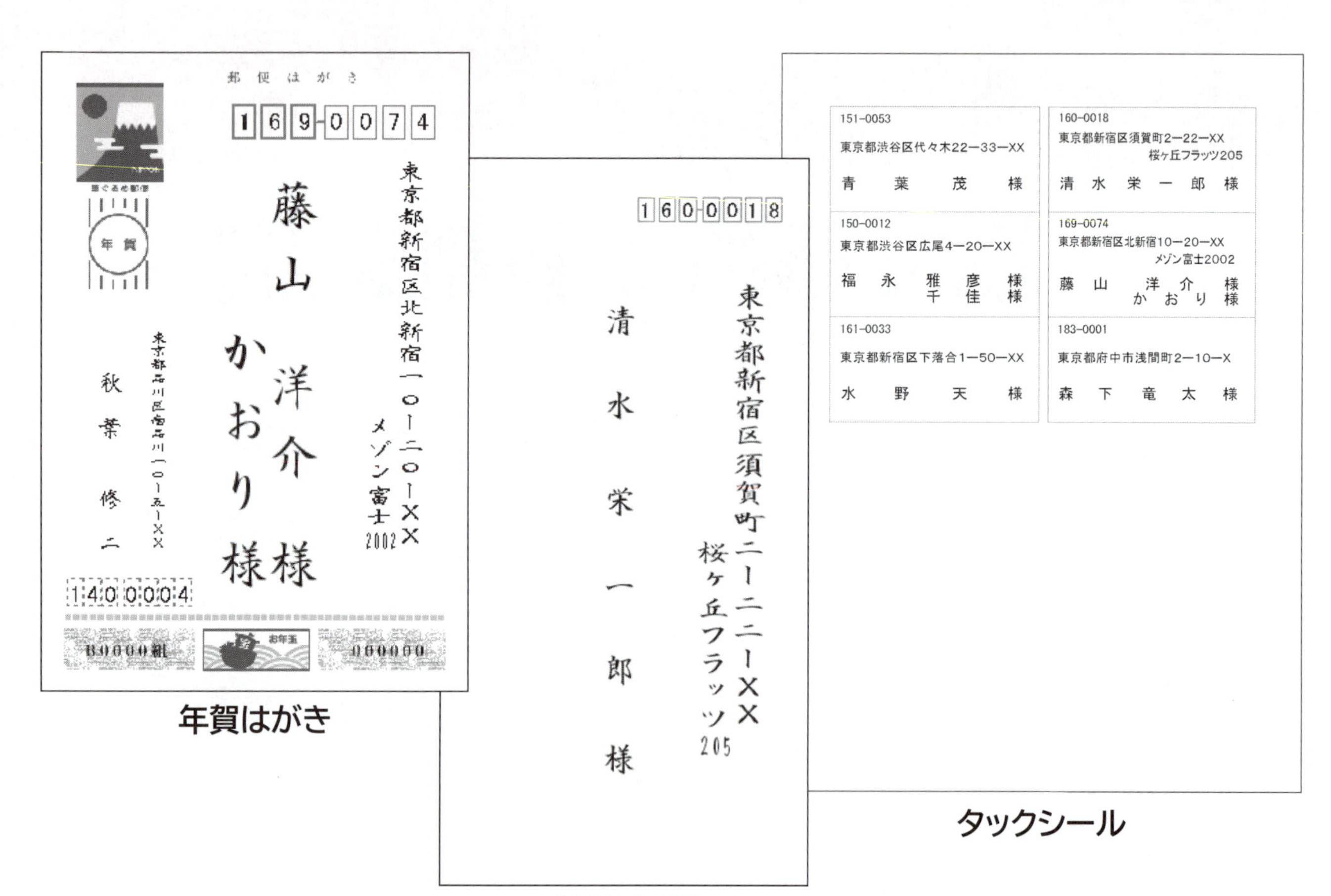

年賀はがき

封筒長3号

タックシール

2 年賀状の作成

豊富なイラストや背景、例文などがあらかじめ用意されており、必要に応じて選択するだけで簡単に年賀状を作成できます。年賀状には、デジタルカメラで撮影した写真を取り込んで、オリジナリティのある作品に仕上げることも可能です。
また、年賀状だけでなく、暑中見舞い、転居通知、クリスマスカード、誕生日カード、カレンダー、名刺カード、CDラベルなども簡単に作成できます。

年賀状

カレンダー

筆ぐるめの製品に関するお問い合わせ先

筆ぐるめの製品に関するご質問は、**「筆ぐるめ インフォメーションセンター」**にお問い合わせください。

筆ぐるめ インフォメーションセンター

TEL　：0570-550-211
※一般通話と同等の通話料金がかかります。
※PHS、IP電話をご利用の方は、03-5638-6139におかけください。
※携帯電話会社等が展開している定額プランの対象外となる場合がありますので、ご注意ください。

受付時間：9:30～12:00、13:00～17:00
月曜日～金曜日（祝祭日、および休業日を除く）
※ただし、11/1～12/30は、無休サポート

URL　：https://fudegurume.jp/

Step2 筆ぐるめを起動する

1 筆ぐるめを起動しよう

筆ぐるめを起動しましょう。

※お使いのWindowsによって、筆ぐるめの起動方法は異なります。
ここでは、Windows 10で起動する方法を紹介します。

① (スタート)をクリックします。

スタートメニューが表示されます。

※上から「0-9」「A-Z」「あ-ん」の順番で一覧になっています。

②《は》の《**筆ぐるめメニュー**》をクリックします。

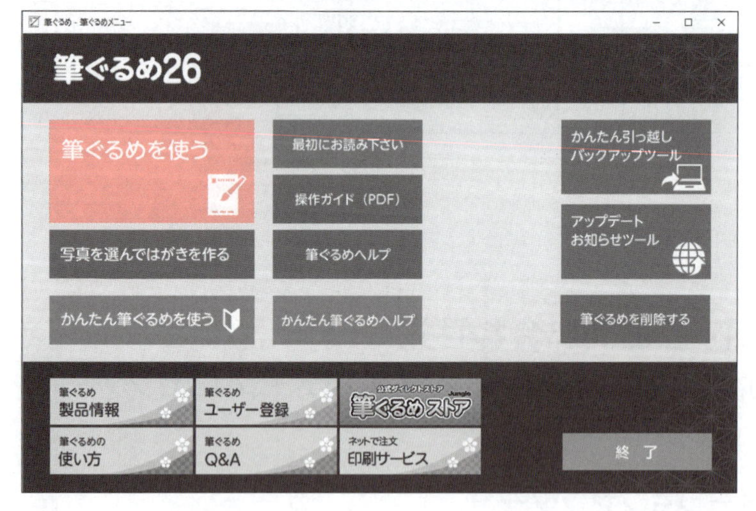

筆ぐるめメニューが表示されます。

③《**筆ぐるめを使う**》をクリックします。

※《ユーザー登録のお願い》が表示される場合は、《すぐに筆ぐるめを使う》をクリックします。

※《旧バージョンの筆ぐるめで作成したグループ情報を移行しますか?》が表示される場合は、必要に応じて《はい》または《いいえ》をクリックします。

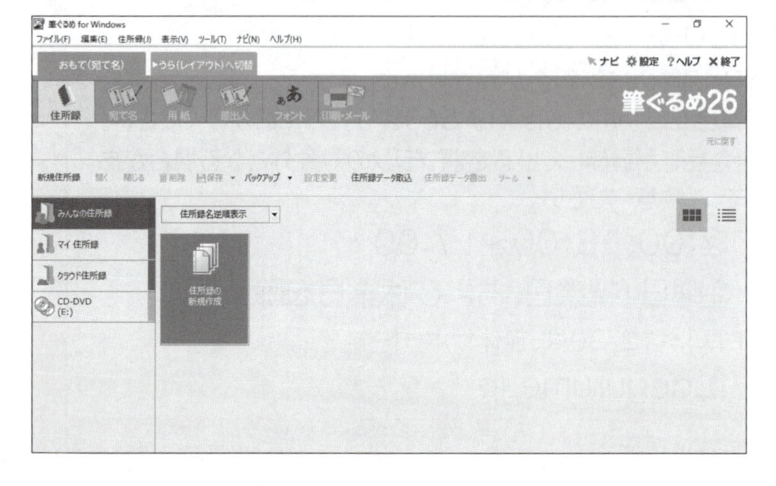

筆ぐるめが起動します。

その他の方法（筆ぐるめメニューの表示）

◆デスクトップの（筆ぐるめメニュー）をダブルクリック

その他の方法（筆ぐるめの起動）

◆（スタート）→《筆ぐるめ26》→《筆ぐるめ26》

POINT ▶▶▶

筆ぐるめメニュー

「筆ぐるめメニュー」には、筆ぐるめに用意されている各種サービスが一覧で表示されます。

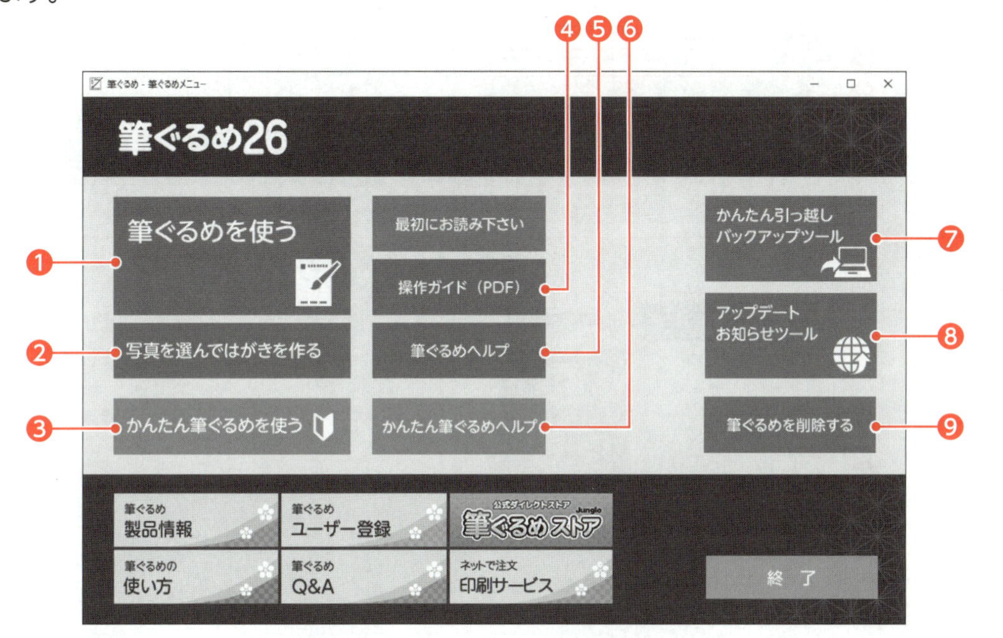

❶筆ぐるめを使う
筆ぐるめを起動します。

❷写真を選んではがきを作る
パソコン内に保存されている写真を選択してから、はがきを作成します。

❸かんたん筆ぐるめを使う
かんたん筆ぐるめを起動します。
かんたん筆ぐるめは、筆ぐるめの様々な機能を簡素化して、より簡単な操作で、宛て名やはがきが作成できるように設計されたアプリです。

❹操作ガイド（PDF）
筆ぐるめの操作ガイド（PDFファイル）を表示します。

❺筆ぐるめヘルプ
筆ぐるめのヘルプを表示します。使い方がわからないときに、目次やキーワードから解決策を探すことができます。

❻かんたん筆ぐるめヘルプ
かんたん筆ぐるめのヘルプを表示します。使い方がわからないときに、目次やキーワードから解決策を探すことができます。

❼かんたん引っ越しバックアップツール
住所録やはがきのデータをバックアップしたり、バックアップから戻したりします。

❽アップデートお知らせツール
筆ぐるめのアップデートの有無を確認します。

❾筆ぐるめを削除する
パソコンにインストールされている筆ぐるめをアンインストールします。

筆ぐるめの画面を確認する

1 筆ぐるめの画面を確認しよう

筆ぐるめには、はがきや封筒の宛て名になる住所録を作成する**「おもて面」**と紙面に文字やイラストをレイアウトする**「うら面」**があります。
おもて面とうら面で共通の画面構成を確認しましょう。

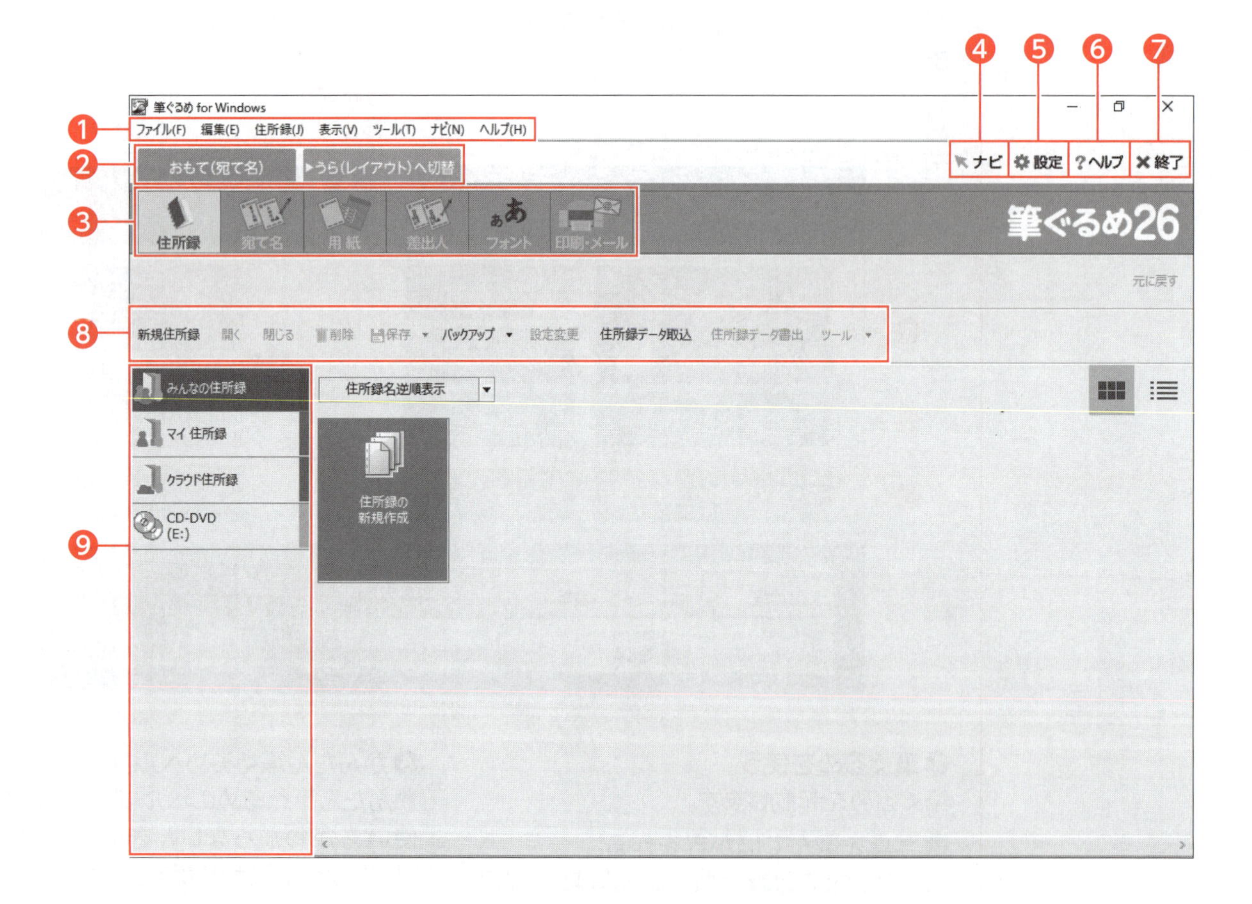

❶メニューバー
筆ぐるめの機能を実現するためのコマンド（命令）が登録されています。

❷《おもて（宛て名）》タブ／《うら（レイアウト）》タブ
おもて面とうら面を切り替えます。
※タブの切り替えを行うごとに、タブの名称は、《おもて（宛て名）へ切替》や《うら（レイアウト）へ切替》に変更されます。

❸メインツールバー
それぞれの設定画面を表示します。

❹ナビ
ナビゲーションを表示して、住所録やはがきを作成する場合に使います。

❺設定
筆ぐるめの環境設定を行います。

❻ヘルプ
筆ぐるめのヘルプを表示します。使い方がわからないときに、目次やキーワードから解決策を探すことができます。

❼終了
筆ぐるめを終了します。また、筆ぐるめメニューに戻ることもできます。

❽ファイルの操作ボタン
住所録やはがきを新規に作成する、保存する、開く、閉じるなどを行います。

❾グループバー
グループの一覧が表示されます。保存先一覧、イラストのカテゴリ一覧など、作業状況に応じて変更されます。

Step4 筆ぐるめを終了する

1 筆ぐるめを終了しよう

筆ぐるめを終了しましょう。

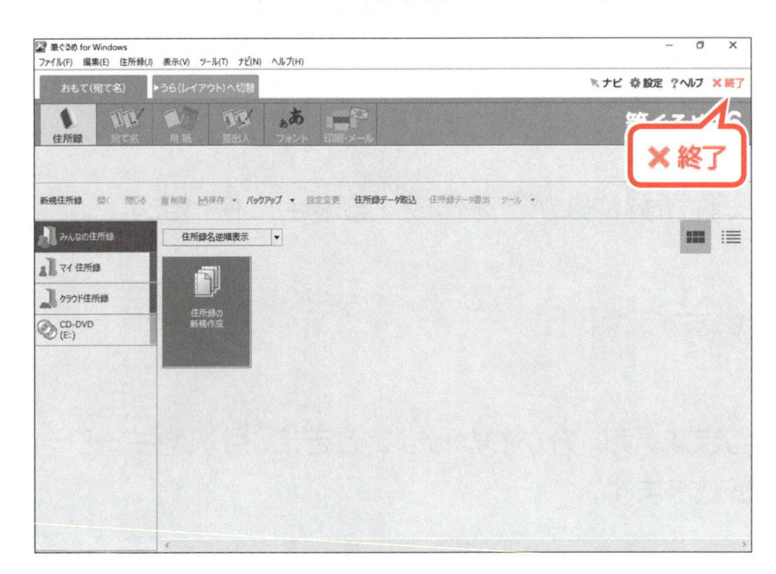

①《終了》をクリックします。

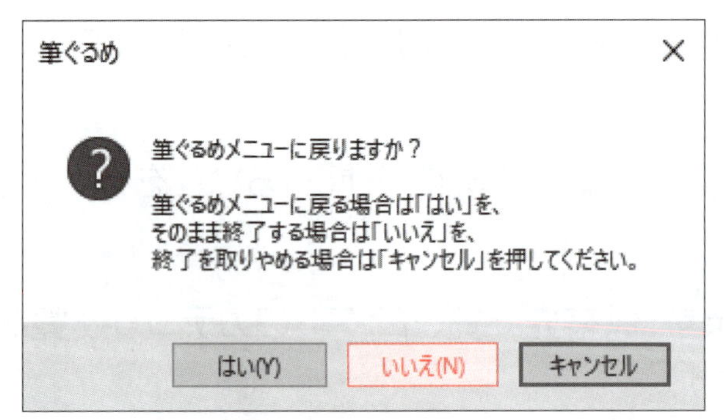

図のようなメッセージが表示されます。

②《いいえ》をクリックします。

※《はい》をクリックすると、筆ぐるめメニューに戻ります。

筆ぐるめが終了します。

POINT

保存時のメッセージ

入力途中の住所録の宛て名カードや作成途中のはがきがある場合、次のようなメッセージが表示されます。

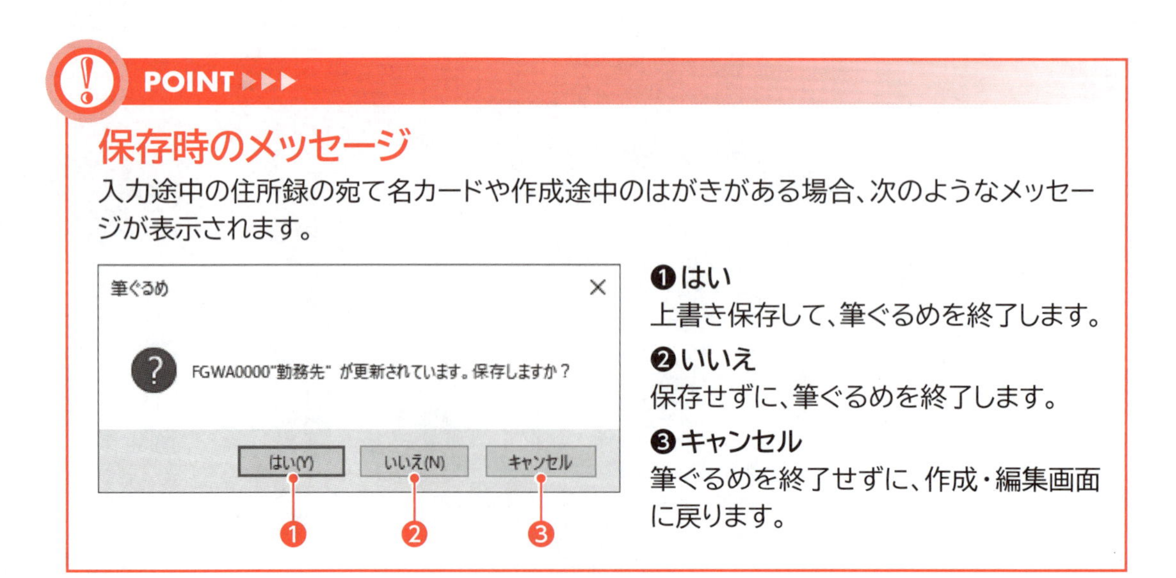

❶はい
上書き保存して、筆ぐるめを終了します。

❷いいえ
保存せずに、筆ぐるめを終了します。

❸キャンセル
筆ぐるめを終了せずに、作成・編集画面に戻ります。

第2章

Chapter 2

住所録を作成しよう

Step1 住所録（おもて面）を作成する

1 住所録（おもて面）の作成

はがきのおもて面に宛て名を印刷するには、あらかじめ**「住所録」**を作成しておく必要があります。住所録には、宛先となる人の氏名や住所を登録しておきます。住所録を作成しておけば、はがきだけでなく、封筒やタックシールなどでも利用できます。

2 住所録（おもて面）の作成手順を確認しよう

住所録を作成する流れを確認しましょう。
住所録は、**《おもて（宛て名）》**タブに表示されているボタンの順番に作成していきます。

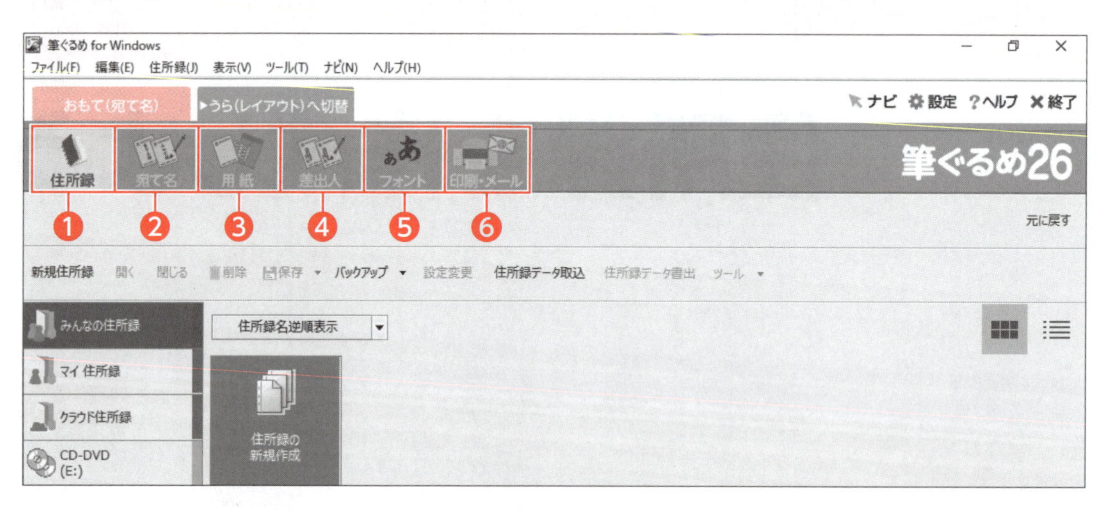

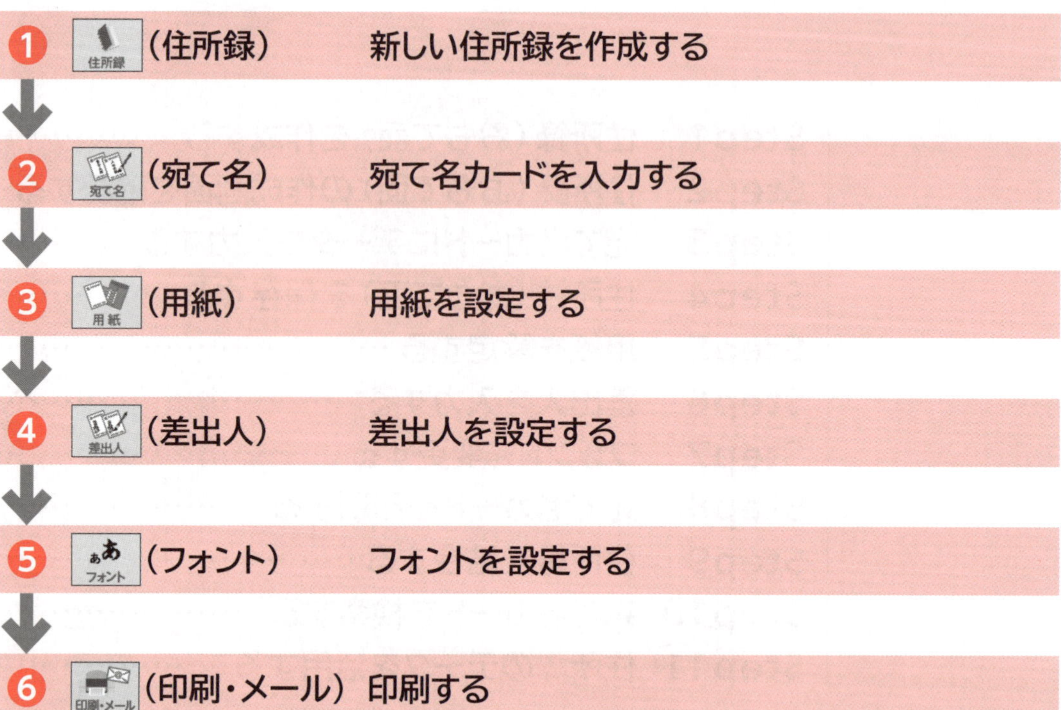

1. （住所録） 新しい住所録を作成する
2. （宛て名） 宛て名カードを入力する
3. （用紙） 用紙を設定する
4. （差出人） 差出人を設定する
5. （フォント） フォントを設定する
6. （印刷・メール） 印刷する

3 住所録（おもて面）の保存先を確認しよう

住所録の保存先には、次のようなものがあります。

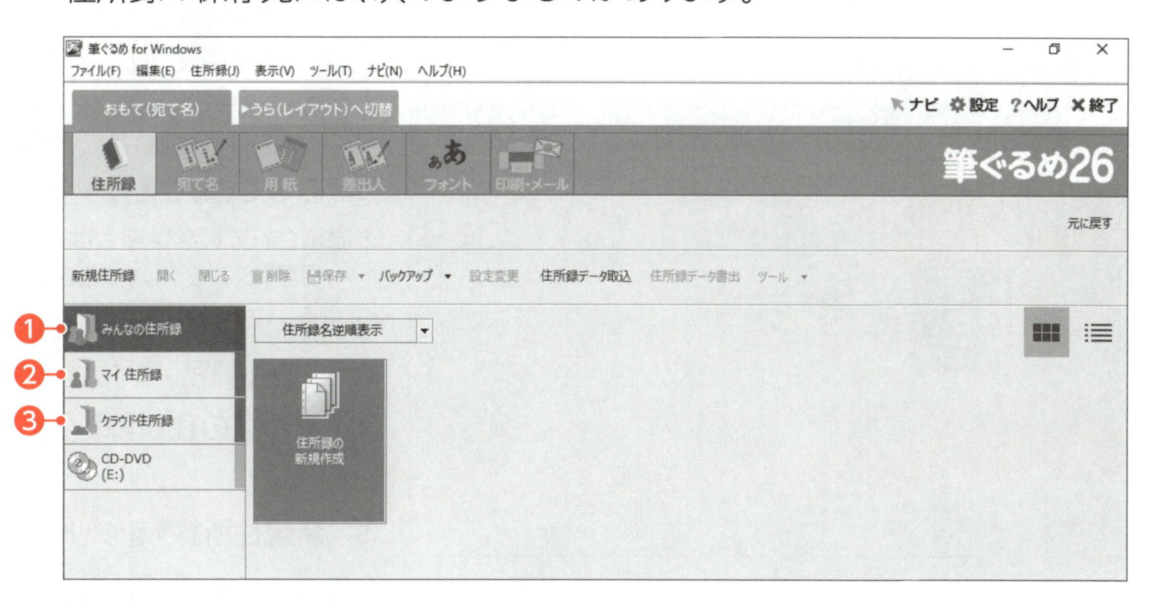

❶みんなの住所録

パソコンを使うすべてのユーザーが住所録を利用できます。ほかのユーザーと共有する場合に選択します。

❷マイ住所録

現在利用中のユーザーだけが住所録を利用できます。個人用として利用する場合に選択します。

❸クラウド住所録

インターネット上の領域に住所録が保存され、インターネットを介して、ほかのパソコンからアクセスできるようになります。複数台のパソコンで共有する場合に便利です。

※各パソコンに筆ぐるめがインストールされている必要があります。

クラウド機能の使用

クラウド住所録に保存するには、クラウド機能を使用できるように設定しておく必要があります。

◆《設定》→《クラウド》タブ→《☑クラウド機能を使用する》

※クラウド機能を使用するには、ユーザー登録をした後に、シリアル番号による製品登録をする必要があります。

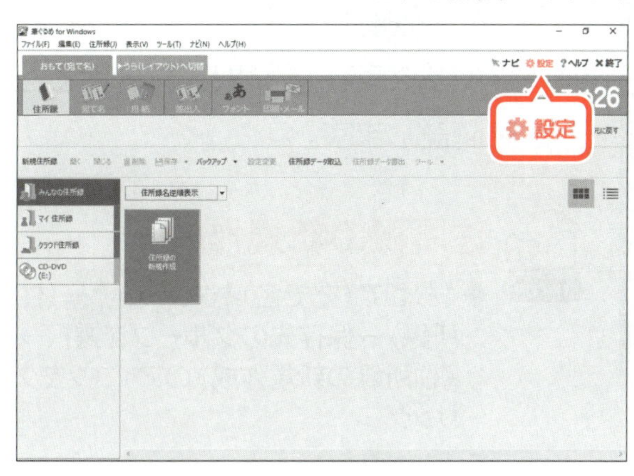

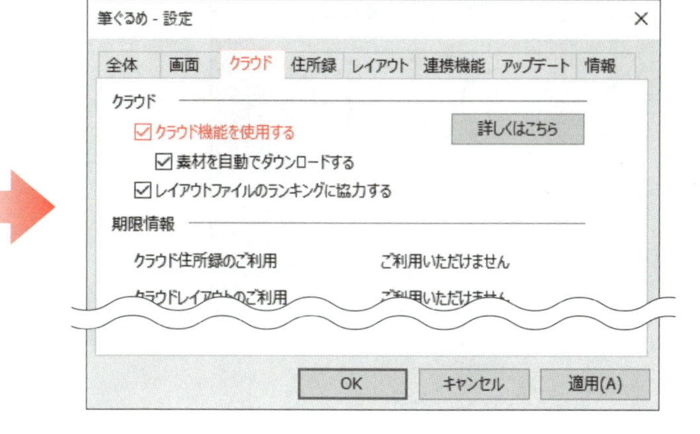

4 新しい住所録（おもて面）を作成しよう

《みんなの住所録》グループに新しい住所録**「勤務先」**を作成しましょう。

①筆ぐるめを起動します。

※ （スタート）→《筆ぐるめメニュー》→《筆ぐるめを使う》の順番に操作します。

②**《おもて（宛て名）》**タブを表示します。

※表示されていない場合は、《おもて（宛て名）へ切替》タブをクリックします。

③ （住所録）が選択されていることを確認します。

④**《みんなの住所録》**グループを選択します。

⑤**《新規住所録》**をクリックします。

《筆ぐるめ-住所録設定》ダイアログボックスが表示されます。

⑥**《アイコン選択》**の一覧から任意のアイコンを選択します。

⑦**《住所録名》**に**「勤務先」**と入力します。

※漢字・ひらがな・カタカナを入力するときは、入力モードを あ に切り替えます。半角/全角/漢字 を押すと、あ と A が交互に切り替わります。

⑧**《OK》**をクリックします。

新しい住所録が作成され、先頭の宛て名カードが表示されます。

⑨住所録名**「勤務先」**が表示されていることを確認します。

⑩ （宛て名）が選択されていることを確認します。

STEP UP 住所録の新規作成

◆《おもて（宛て名）》タブ→ （住所録）→保存先のグループを選択→《住所録の新規作成》のアイコンをクリック

Step2 住所録（おもて面）の作成画面を確認する

1 住所録（おもて面）の作成画面を確認しよう

住所録の作成画面を確認しましょう。

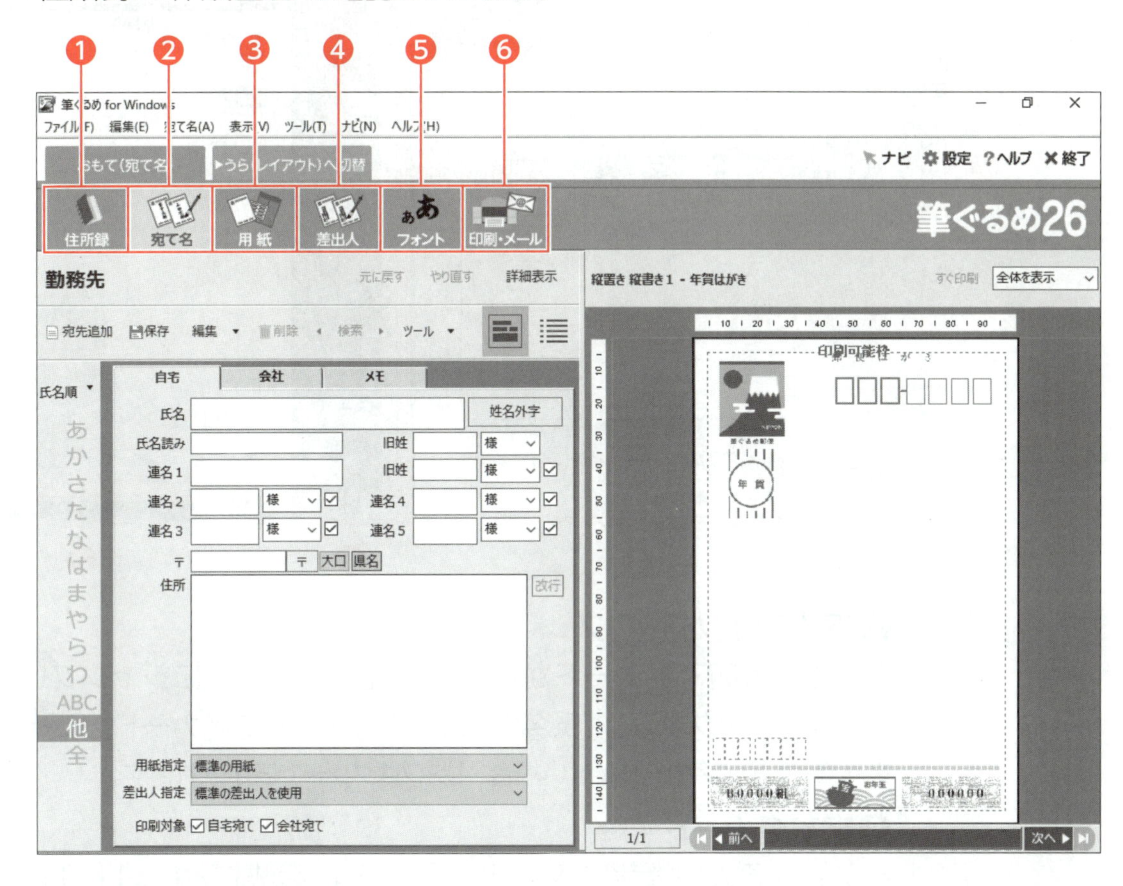

❶ （住所録）

住所録の新規作成や編集など、住所録を管理します。

❷ （宛て名）

自宅や会社などの宛て名の情報を入力します。

❸ （用紙）

はがきや封筒、タックシールなど宛て名を印刷する用紙の種類やレイアウトを設定します。

❹ （差出人）

差出人の住所や名前などの情報を入力します。

❺ （フォント）

宛て名のフォントを設定します。

❻ （印刷・メール）

はがきや封筒、タックシールなどに宛て名を印刷します。

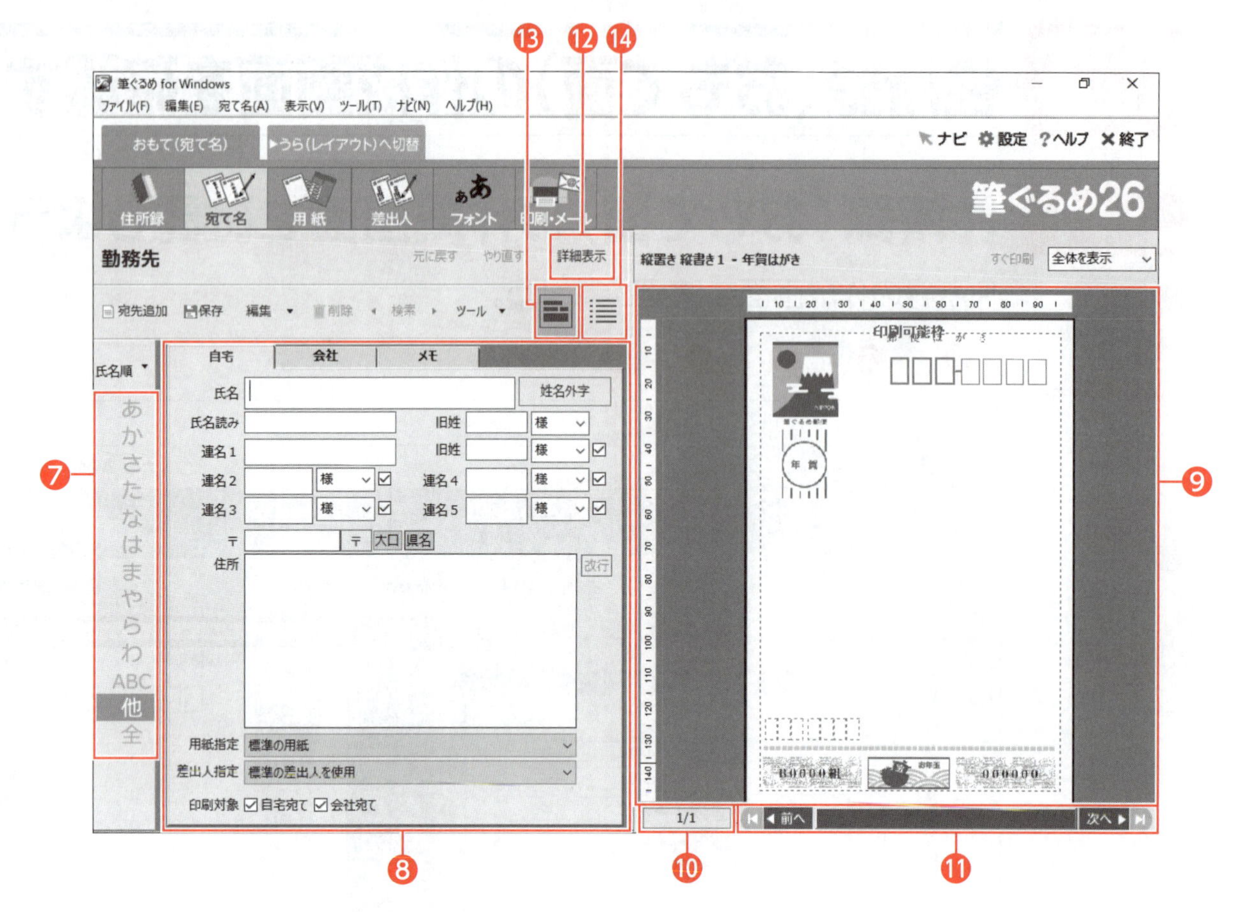

❼五十音インデックス

たくさんの宛て名カードから目的の宛て名カードにジャンプします。例えば、**「た」**をクリックすると、氏名が**「た」**で始まる宛て名カードにジャンプします。

※該当する宛て名カードがない場合、ボタンはグレーで表示されます。

❽宛て名カード

宛先となる人の情報を入力する領域です。宛先ごとに、1件1件登録します。

❾プレビュー画面

入力した宛て名や差出人の情報を表示して、印刷イメージを確認できます。

❿表示中のカード番号/カード総件数

画面に表示されている宛て名カードの番号と、住所録に登録されている宛て名カードの総件数を表示します。

⓫カード選択ボタン

画面に表示する宛て名カードを切り替えます。

⓬詳細表示

プレビュー画面が非表示になり、宛て名カードの詳細が表示されます。

※《詳細表示》をクリックすると、ボタン名が《プレビュー表示》になります。
　《プレビュー表示》をクリックすると、プレビュー画面が再表示されます。

⓭（カード形式）

宛て名の情報をカード形式で表示します。

⓮（一覧形式）

宛て名の情報を一覧形式で表示します。

2 宛て名カードの項目を確認しよう

宛て名カードには、**《自宅》《会社》《メモ》**の3つのタブが用意されています。それぞれのタブに用意されている項目を確認しましょう。

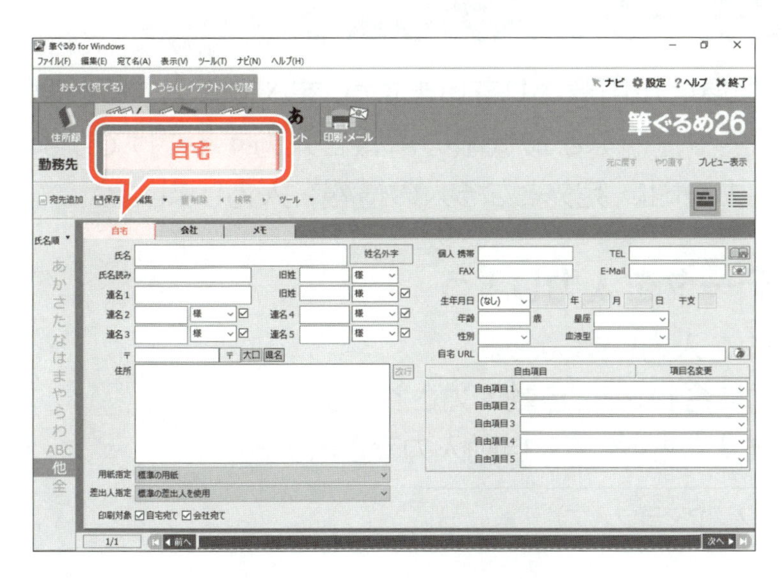

●《自宅》タブ

自宅の住所や電話番号、生年月日などプライベートな情報を入力します。

※《詳細表示》をクリックし、宛て名カードの詳細を表示しておきましょう。

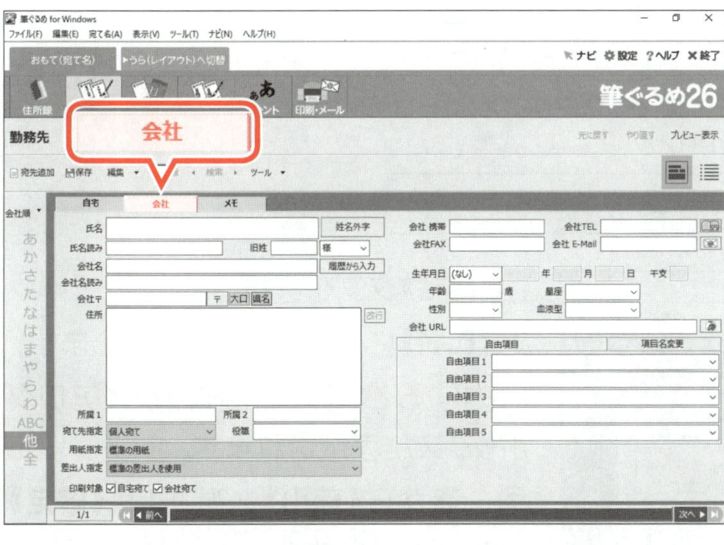

●《会社》タブ

会社の住所や電話番号、役職などビジネス情報を入力します。

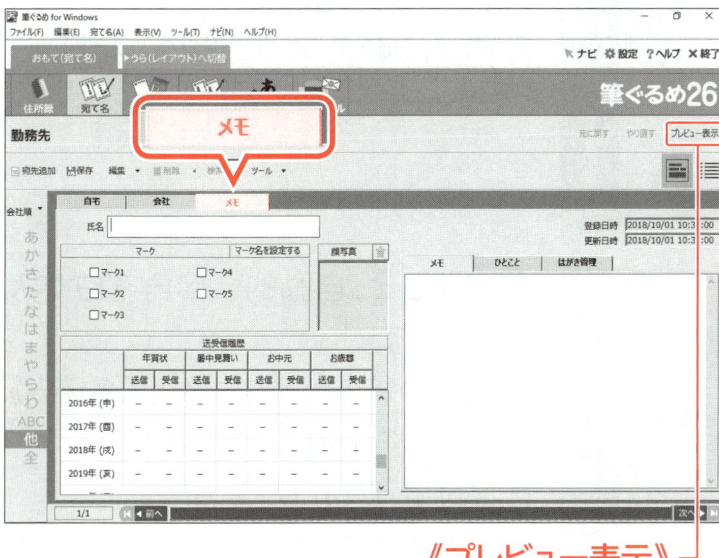

●《メモ》タブ

年賀状やお歳暮などの送受信履歴を記録したり、顔写真などを登録したりします。

※《プレビュー表示》をクリックし、プレビュー画面を再表示しておきましょう。

Step3 宛て名カードにデータを入力する

1 宛て名カードにデータを入力しよう

宛て名カードには、様々な項目が用意されていますが、すべて入力する必要はありません。まずは、氏名や住所など最低限の情報を入力するだけでかまいません。1件目の宛て名カードに、宛先となる人の情報を入力しましょう。

1 《自宅》タブにデータを入力しよう

《自宅》タブに、次のデータを入力しましょう。
氏名の読みは氏名の入力に合わせて、自動入力されます。
また、住所は郵便番号をもとに検索して、自動入力できます。

氏名	藤山 洋介（フジヤマヨウスケ）
連名1	かおり
〒	1690074
住所	東京都新宿区北新宿10-20-XX メゾン富士2002
TEL	03-3368-XXXX

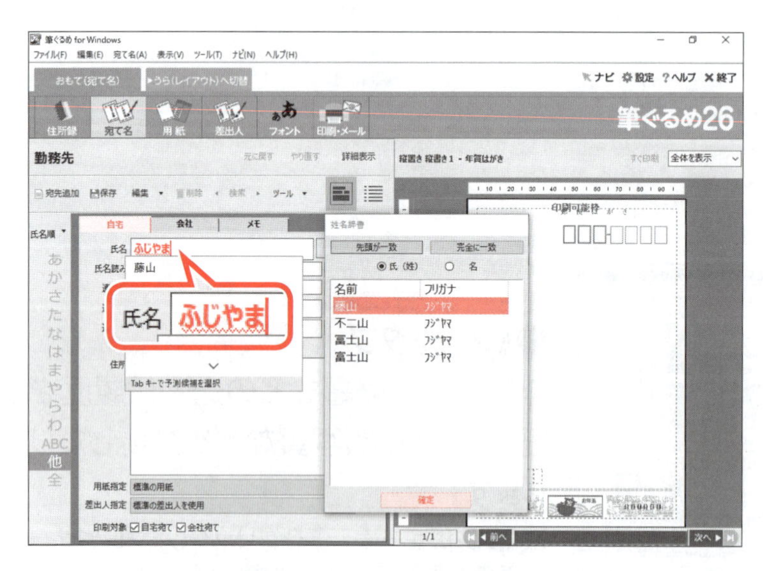

①**《自宅》**タブを選択します。
②**《氏名》**に**「ふじやま」**と入力します。
入力すると、**《姓名辞書》**ダイアログボックスが表示されます。
③一覧から**《藤山》**を選択し、**《確定》**をクリックします。
※《姓名辞書》ダイアログボックスを使わず、[ ]や[変換]で変換することもできます。

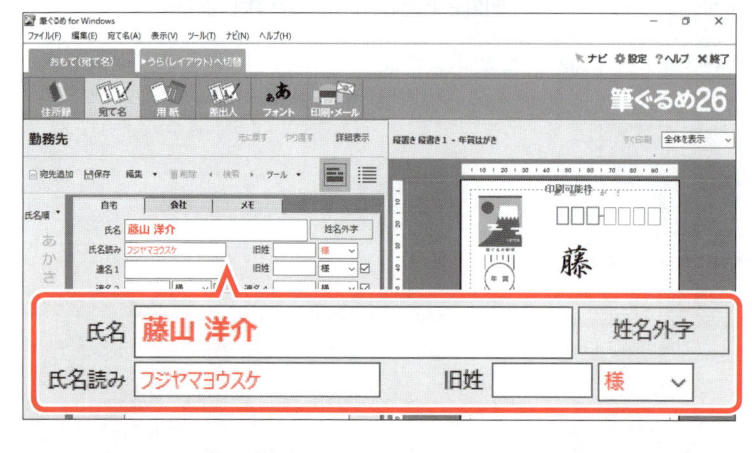

確定すると、自動的に半角空白が入力されます。
入力時の読みがそのまま**《氏名読み》**に表示されます。
④続けて、**「洋介」**と入力します。
⑤敬称欄が**《様》**になっていることを確認します。

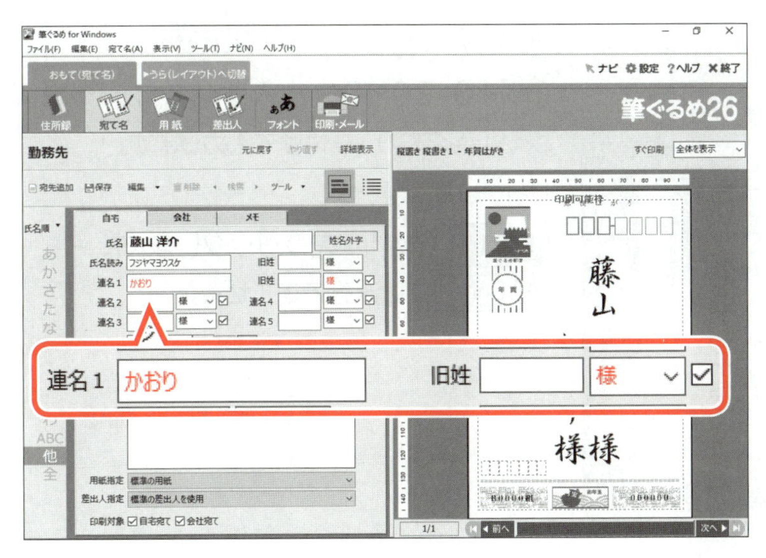

⑥**《連名1》**に**「かおり」**と入力します。

⑦敬称欄が**《様》**になっていることを確認します。

※連名は5件まで入力・印刷できます。

連名の表示/非表示

敬称欄の右側にあるチェックボックスで、連名の表示/非表示を切り替えることができます。

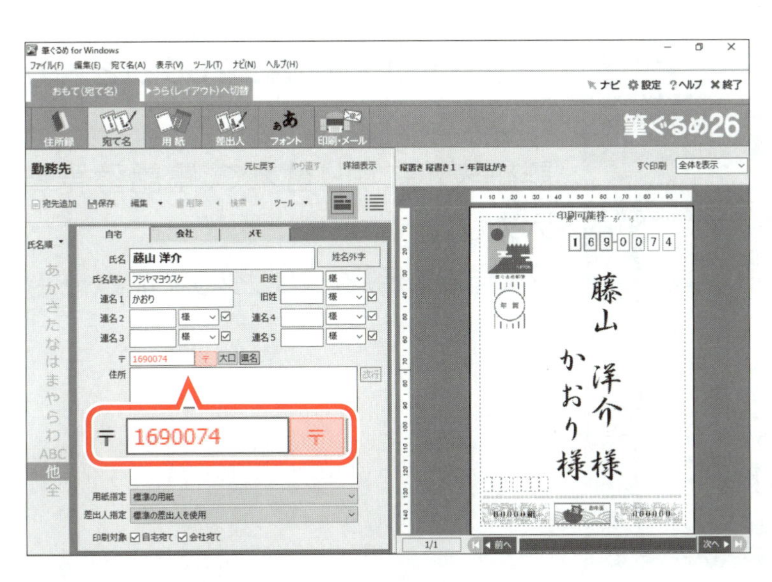

⑧**《〒》**に**「1690074」**と入力します。

※半角英数字を入力するときは、入力モードを A に切り替えます。［半角/全角 漢字］を押すと、あ と A が交互に切り替わります。

※「-（ハイフン）」は省略します。

入力した郵便番号をもとに住所を検索します。

⑨ 〒 （〒）をクリックします。

※［Enter］を押してもかまいません。

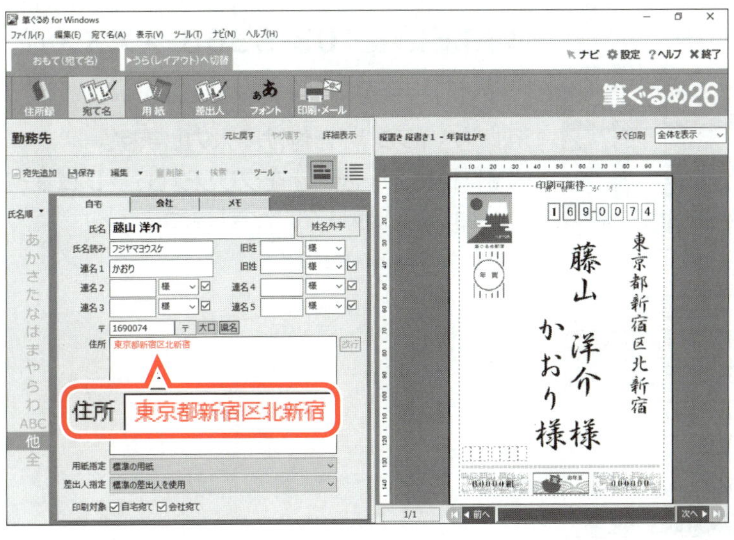

《住所》に該当する住所が表示されます。

都道府県名の表示/非表示

県名 （県名）を使うと、都道府県名の表示/非表示を切り替えることができます。

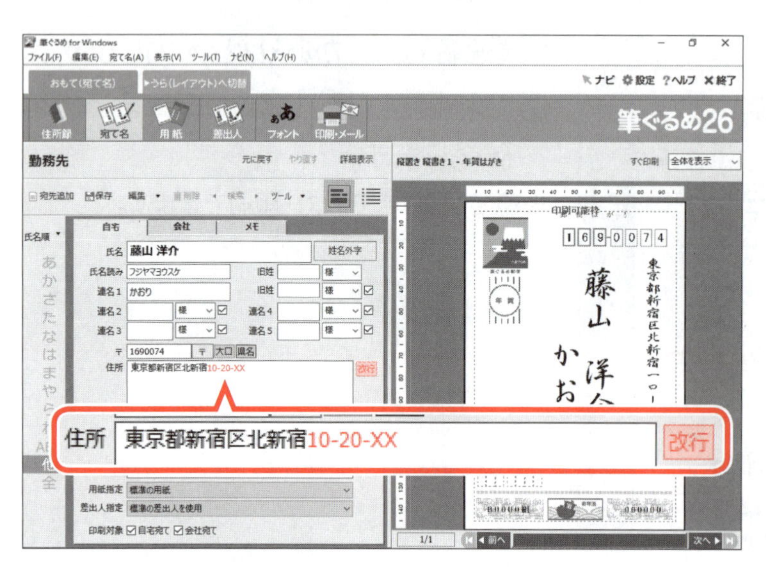

⑩住所の後ろにカーソルを移動します。

⑪**「10-20-XX」**と入力します。

※「-(ハイフン)」を付けて入力します。

改行します。

⑫ 改行 (改行)をクリックします。

※ Enter では改行できません。

その他の方法(改行)

◆ Ctrl + Enter

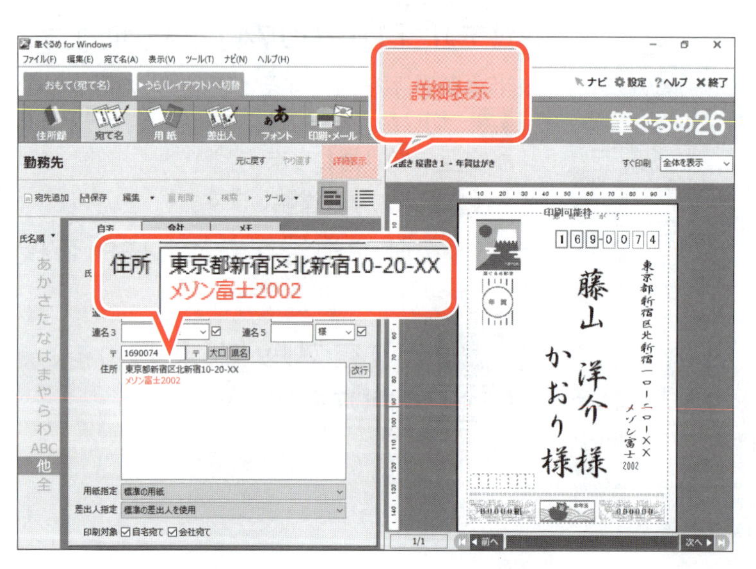

⑬2行目に**「メゾン富士2002」**と入力します。

詳細表示に切り替えて、電話番号を入力します。

⑭**《詳細表示》**をクリックします。

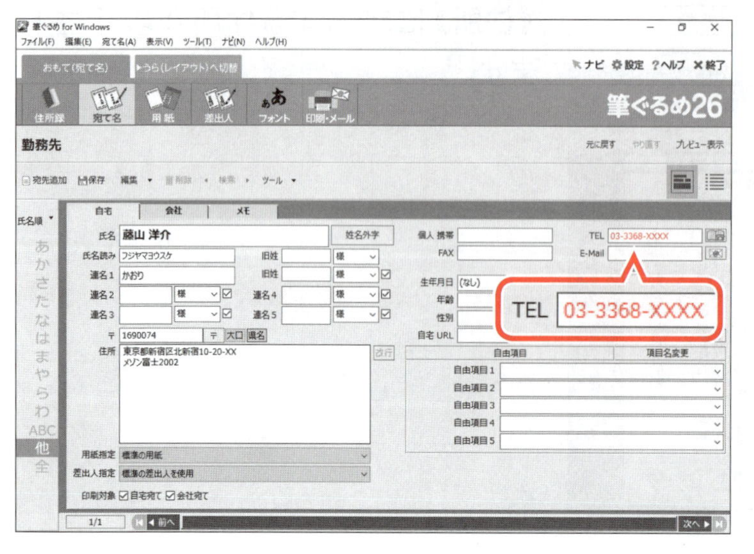

⑮**《TEL》**に**「03-3368-XXXX」**と入力します。

※「-(ハイフン)」を付けて入力します。

※《プレビュー表示》をクリックし、プレビュー画面を再表示しておきましょう。

POINT ▶▶▶

元に戻すとやり直す

操作を間違えた場合、《元に戻す》をクリックすると直前の操作を取り消すことができます。また、《やり直す》をクリックすると取り消した操作をやり直すことができます。

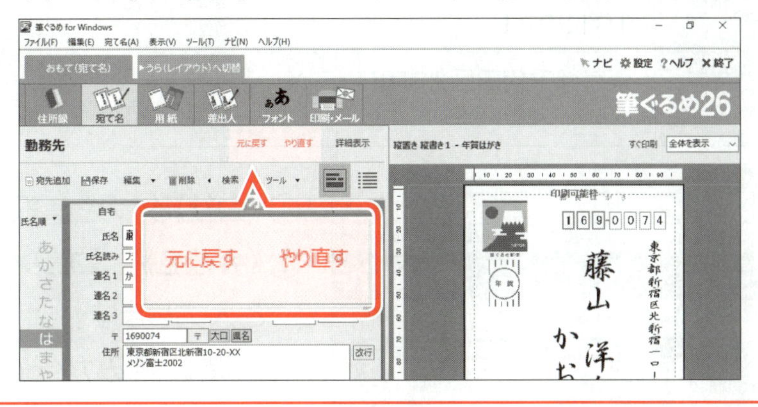

項目間のカーソル移動

STEP UP

データを入力する際、キーボードを使うと効率よく項目間を移動できます。

移動場所	キー
次の項目	Enter または Tab
前の項目	Shift + Enter または Shift + Tab

郵便番号がわからない場合

STEP UP

郵便番号がわからない場合は、住所を入力して、〒（〒）をクリックすると、該当する郵便番号を自動入力できます。

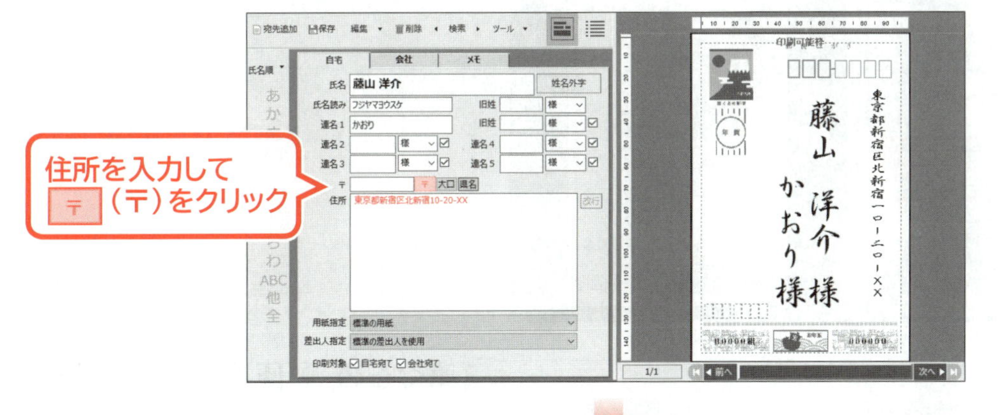

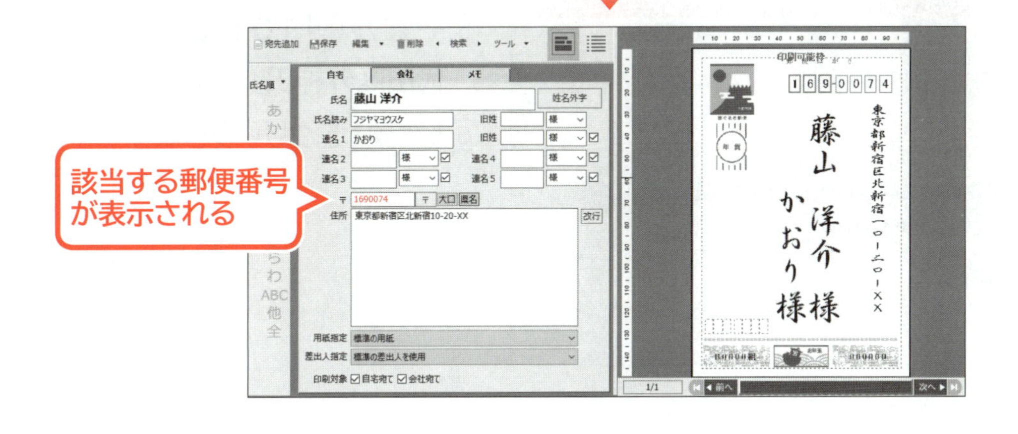

2 《会社》タブにデータを入力しよう

《会社》タブに、次のデータを入力しましょう。

会社名	エフオーエム株式会社
会社〒	1010021
住所	東京都千代田区外神田1-5-X グリーンビル8F

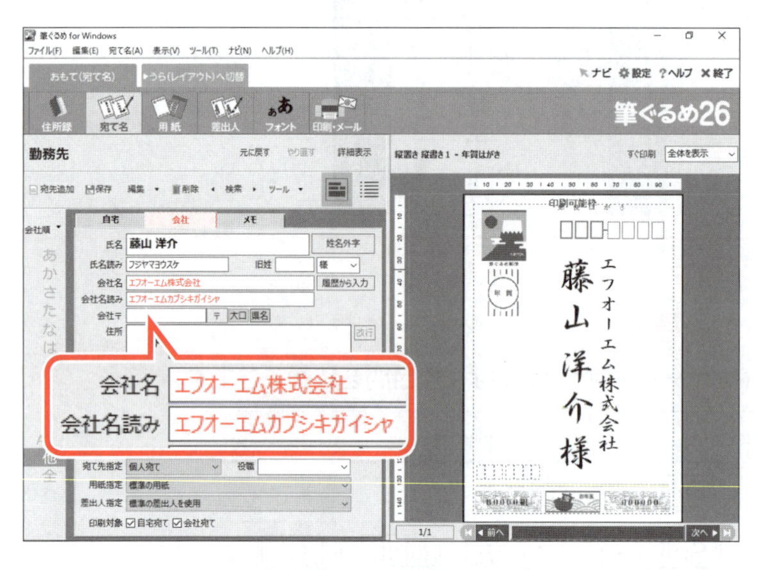

①《会社》タブを選択します。

②《会社名》に「**エフオーエム株式会社**」と入力します。

入力時の読みがそのまま《**会社名読み**》に表示されます。

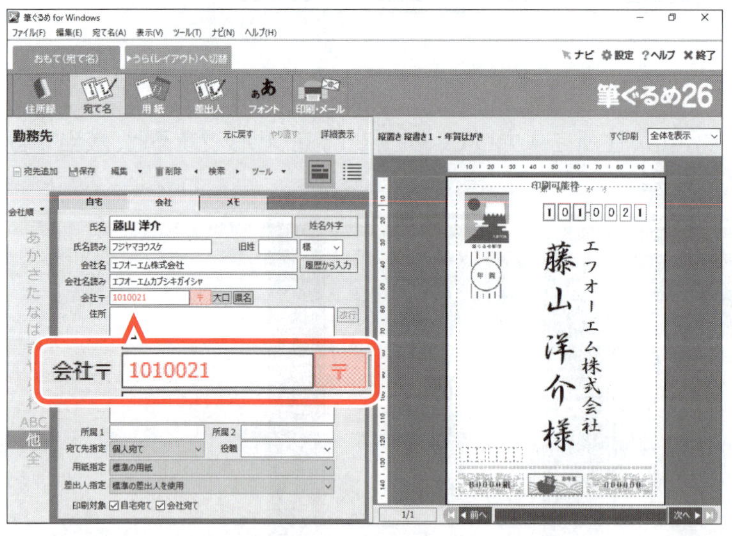

③《**会社〒**》に「**1010021**」と入力します。

※「-（ハイフン）」は省略します。

④ 〒 （〒）をクリックします。

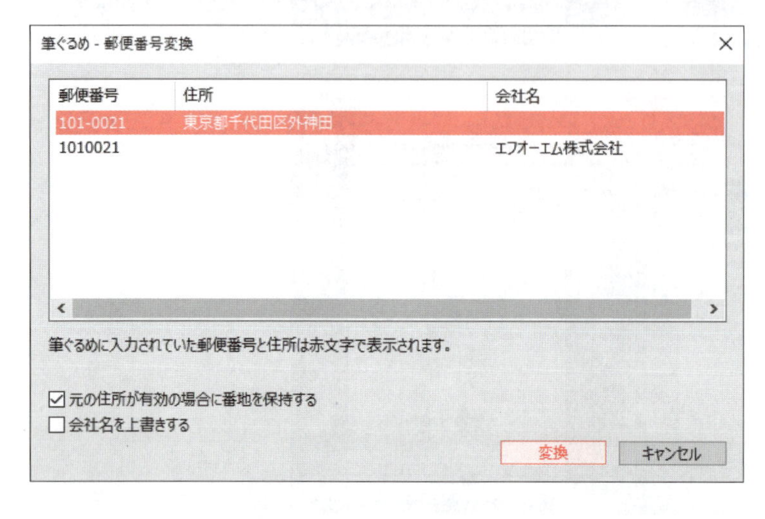

《**筆ぐるめ-郵便番号変換**》ダイアログボックスが表示されます。

⑤一覧から「**101-0021　東京都千代田区外神田**」を選択します。

⑥《**変換**》をクリックします。

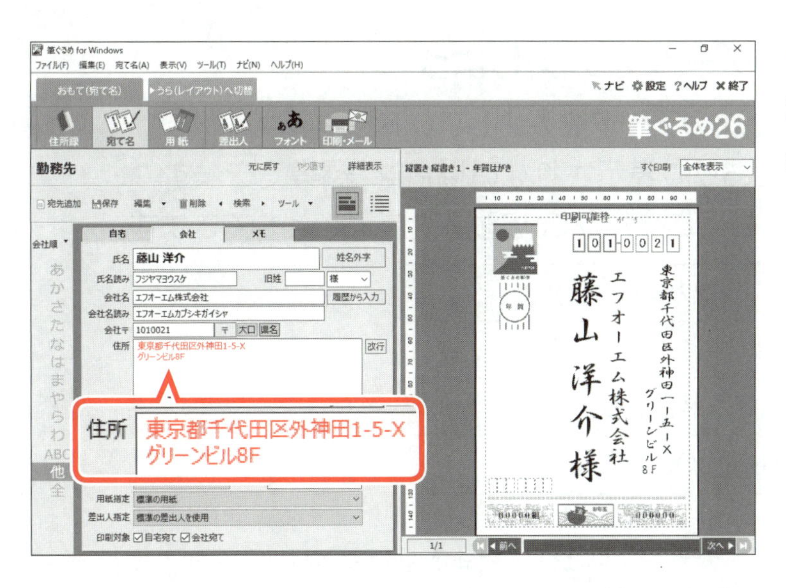

《**住所**》に選択した住所が表示されます。

⑦住所の続きを入力します。

2 宛て名カードを追加しよう

新しい宛て名カードを追加し、2件目のデータを入力しましょう。

1 宛て名カードを追加しよう

住所録「**勤務先**」に新しい宛て名カードを追加しましょう。

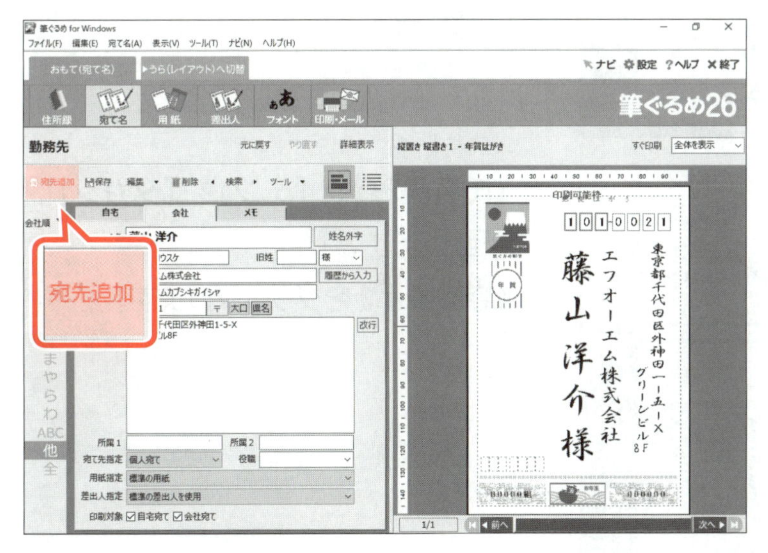

①《**宛先追加**》をクリックします。

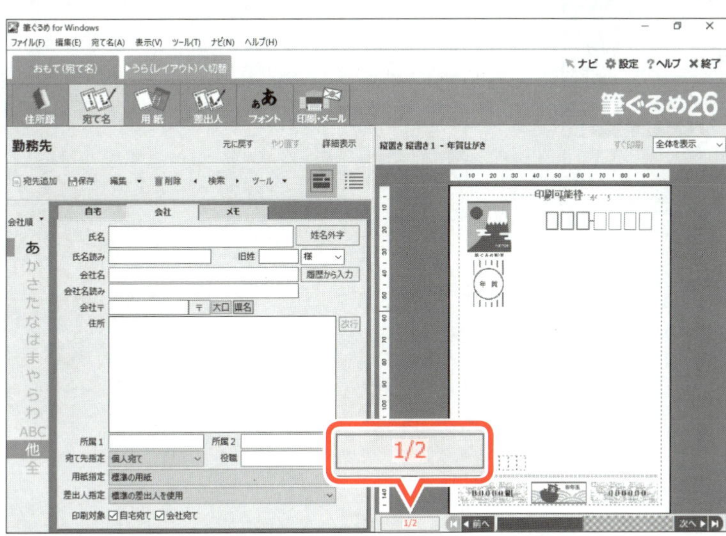

新しい宛て名カードが追加されます。

②「**表示中のカード番号/カード総件数**」が「**1/2**」になっていることを確認します。

2 宛て名カードにデータを入力しよう

追加した宛て名カードに、次のデータを入力しましょう。
氏名の読みが意図するとおりに表示されない場合は、編集できます。
また、住所は電話番号をもとに検索して、自動入力することもできます。

氏名	水野 天(ミズノタカシ)
〒	1610033
住所	東京都新宿区下落合1-50-XX
TEL	03-3366-XXXX

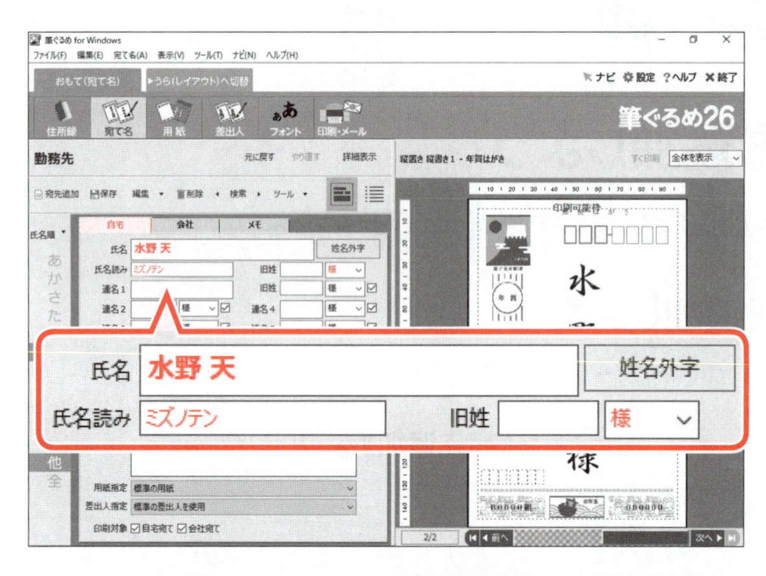

①《**自宅**》タブを選択します。
②《**氏名**》に「**水野 天**」と入力します。
※「天」は、「てん」と入力して変換します。
※「水野」と入力し確定すると、自動的に半角空白が入力されます。
《**氏名読み**》に「**ミズノテン**」と表示されます。
③敬称欄が《**様**》になっていることを確認します。

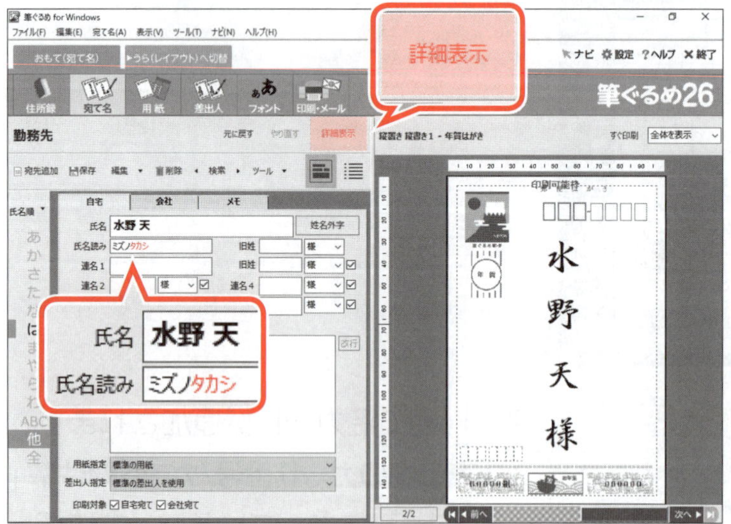

④《**氏名読み**》の「**テン**」を「**タカシ**」に修正します。
⑤《**詳細表示**》をクリックします。

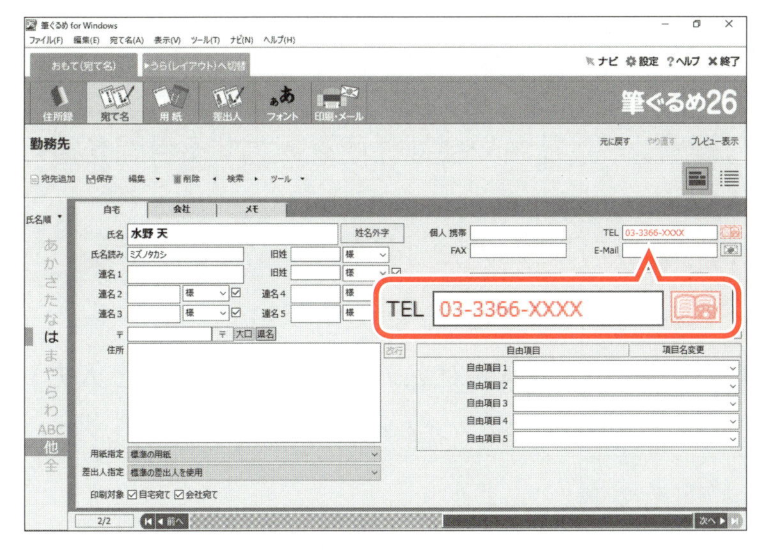

⑥《**TEL**》に「**03-3366-XXXX**」と入力します。

※「-(ハイフン)」を付けて入力します。

入力した電話番号をもとに住所を検索します。

⑦ をクリックします。

筆ぐるめ - 電話番号辞書選択

電話ソフト： 内蔵辞書を利用

OK キャンセル

《**筆ぐるめ-電話番号辞書選択**》ダイアログボックスが表示されます。

※電話番号辞書をインストールしていない場合や電話番号辞書が付いていない製品では、表示されません。

⑧《**OK**》をクリックします。

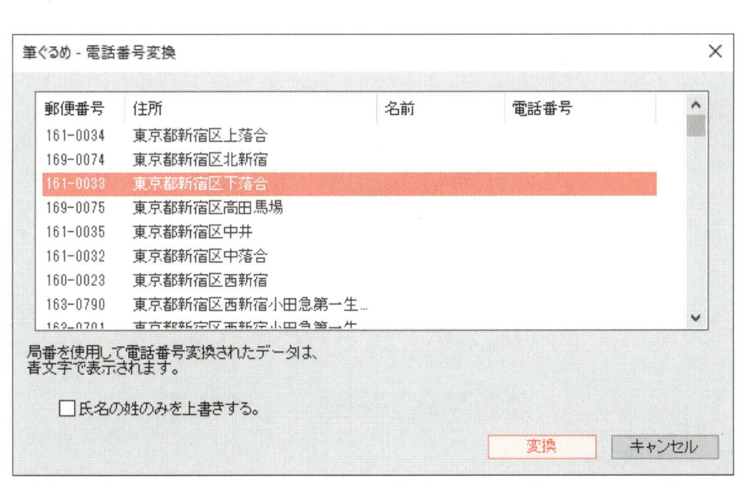

《**筆ぐるめ-電話番号変換**》ダイアログボックスが表示されます。

⑨一覧から「**161-0033　東京都新宿区下落合**」を選択します。

⑩《**変換**》をクリックします。

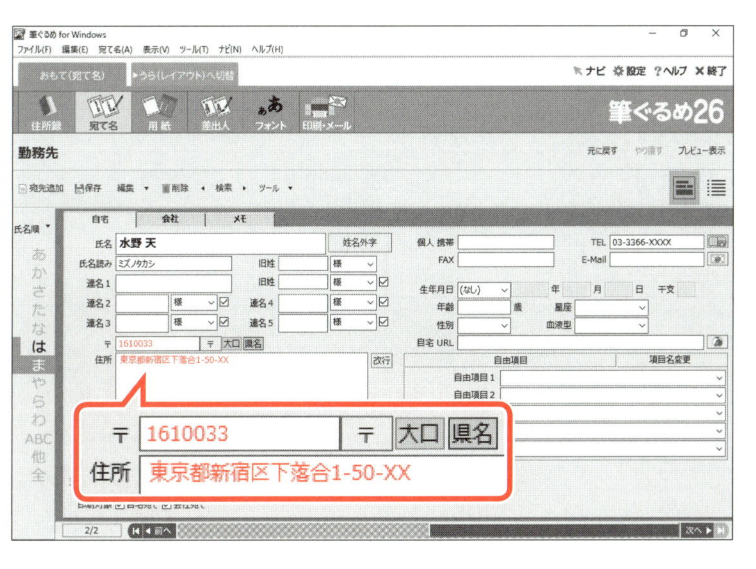

《**〒**》に選択した郵便番号、《**住所**》に選択した住所が表示されます。

⑪住所の続きに「**1-50-XX**」と入力します。

3 会社情報をコピーしよう

《**会社**》タブの《**履歴から入力**》を使うと、一度入力した会社情報をリストから選択して、コピーできます。繰り返し会社名や会社住所を入力する手間を省くことができ、効率的です。
水野天さんの《**会社**》タブに、藤山洋介さんの会社情報を入力しましょう。

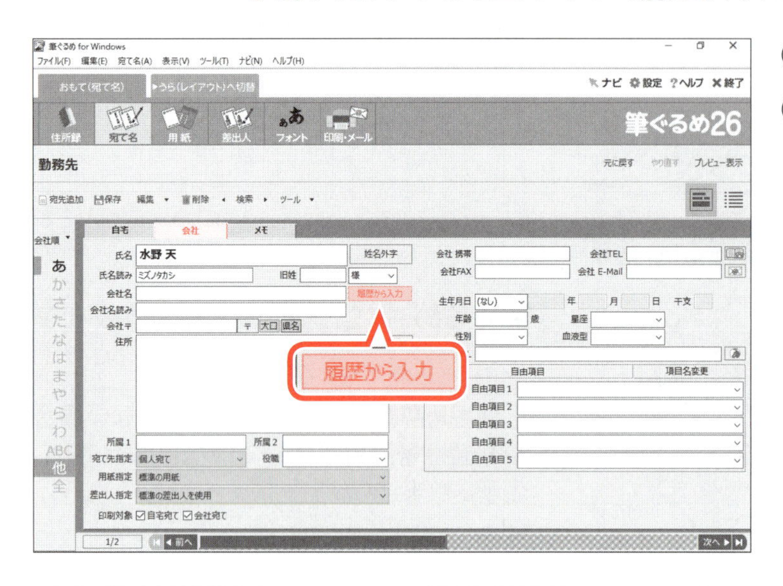

①《**会社**》タブを選択します。
②《**会社名**》の右側の《**履歴から入力**》をクリックします。

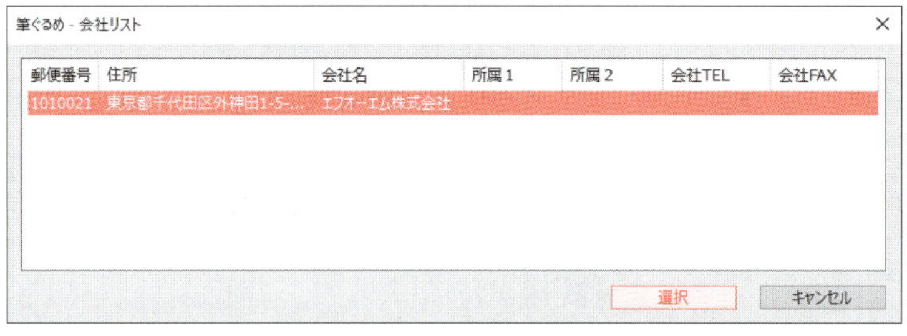

《**筆ぐるめ-会社リスト**》ダイアログボックスが表示されます。
※入力した会社情報の履歴が新しいものから10件分表示されます。
③一覧から「**エフオーエム株式会社**」をクリックします。
④《**選択**》をクリックします。

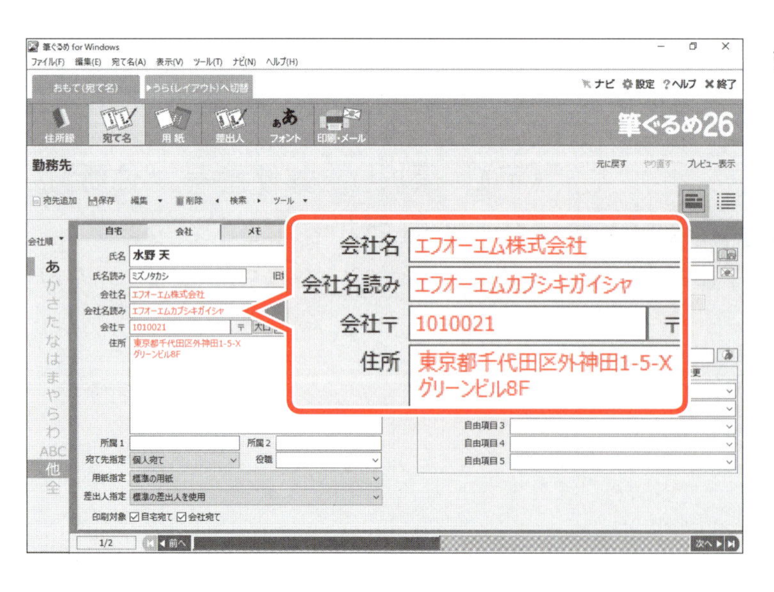

会社情報がコピーされます。

3 宛て名カードを編集しよう

入力済みの宛て名カードを編集するには、対象となる宛て名カードを表示して、データを修正します。宛て名カードは**《氏名読み》**を基準に五十音順に並んでいるので、**「五十音インデックス」**を使って、目的の宛て名カードに切り替えます。

1 性別や生年月日を入力しよう

宛て名カードには、**《性別》**や**《生年月日》**などの情報を入力できます。
宛て名カードに次のデータを入力しましょう。

宛て名カード	生年月日	性別	血液型
藤山 洋介	1975年10月10日	男性	A
水野 天	1978年8月25日	男性	O

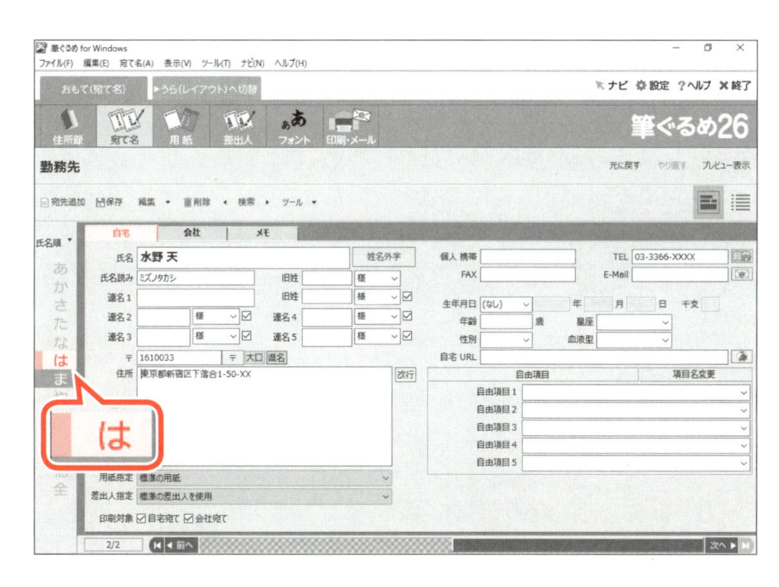

①**《自宅》**タブを選択します。
※《会社》タブのとき、五十音インデックスは利用できません。

藤山洋介さんの宛て名カードに切り替えます。

②五十音インデックスの**《は》**をクリックします。

藤山洋介さんの宛て名カードに切り替わります。

③**《生年月日》**の ⌄ をクリックし、一覧から**《西暦》**を選択します。

④**《年》**に**「1975」**、**《月》**に**「10」**、**《日》**に**「10」**と入力し、Enter を押します。

《干支》《年齢》《星座》が自動的に表示されます。

1
2
3
4
5
6
索引

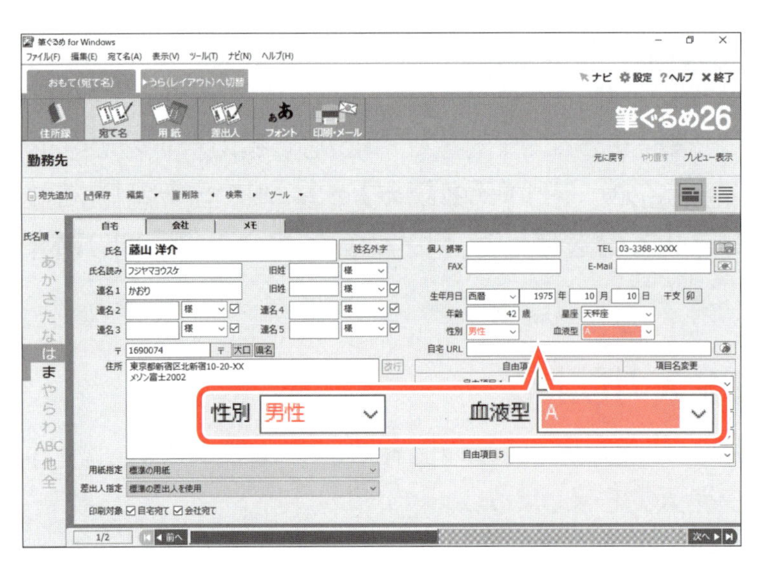

⑤**《性別》**の[v]をクリックし、一覧から**《男性》**を選択します。

⑥**《血液型》**の[v]をクリックし、一覧から**《A》**を選択します。

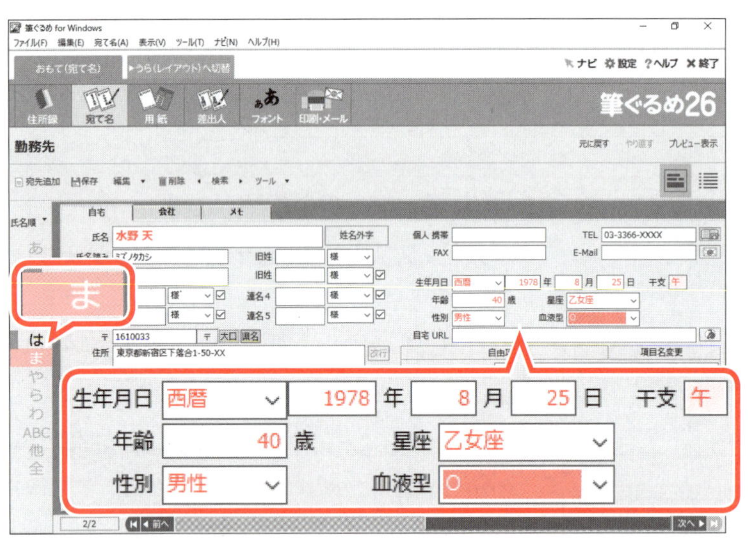

水野天さんの宛て名カードに切り替えます。

⑦五十音インデックスの**《ま》**をクリックします。

⑧同様に、**《生年月日》《性別》《血液型》**を入力します。

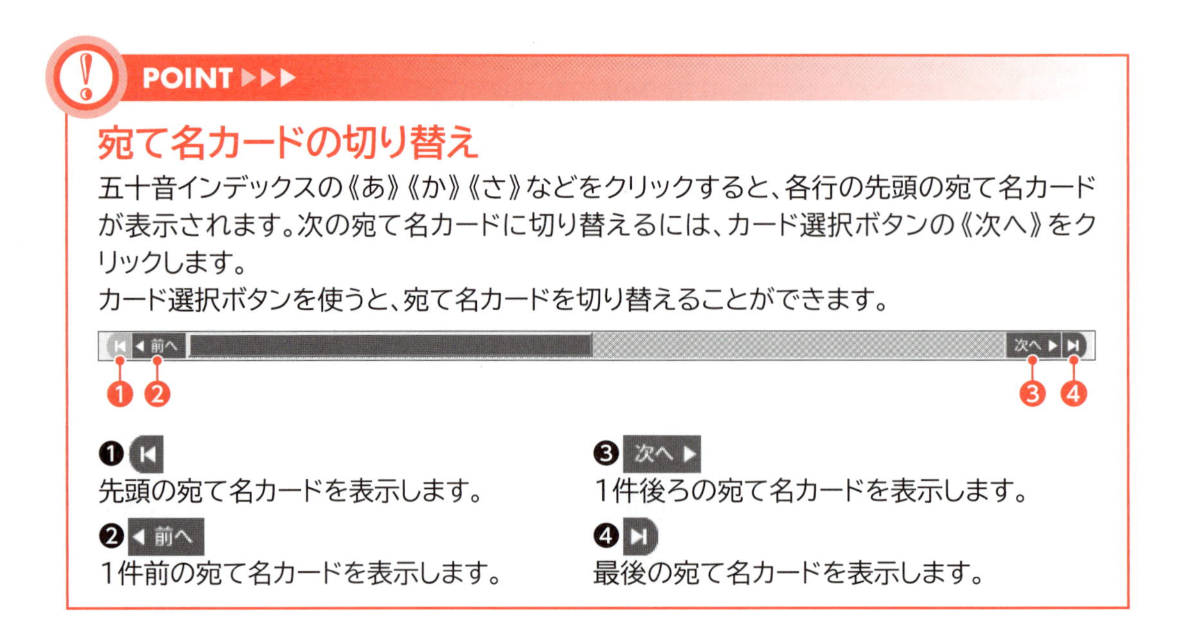

POINT ▶▶▶

宛て名カードの切り替え

五十音インデックスの《あ》《か》《さ》などをクリックすると、各行の先頭の宛て名カードが表示されます。次の宛て名カードに切り替えるには、カード選択ボタンの《次へ》をクリックします。

カード選択ボタンを使うと、宛て名カードを切り替えることができます。

❶ 先頭の宛て名カードを表示します。

❷ 前へ
1件前の宛て名カードを表示します。

❸ 次へ
1件後ろの宛て名カードを表示します。

❹ 最後の宛て名カードを表示します。

2 送受信履歴を入力しよう

藤山洋介さんの**《メモ》**タブに、年賀状の送受信履歴を入力しましょう。

	年賀状	
	送信	受信
2018年（戌）	○	○

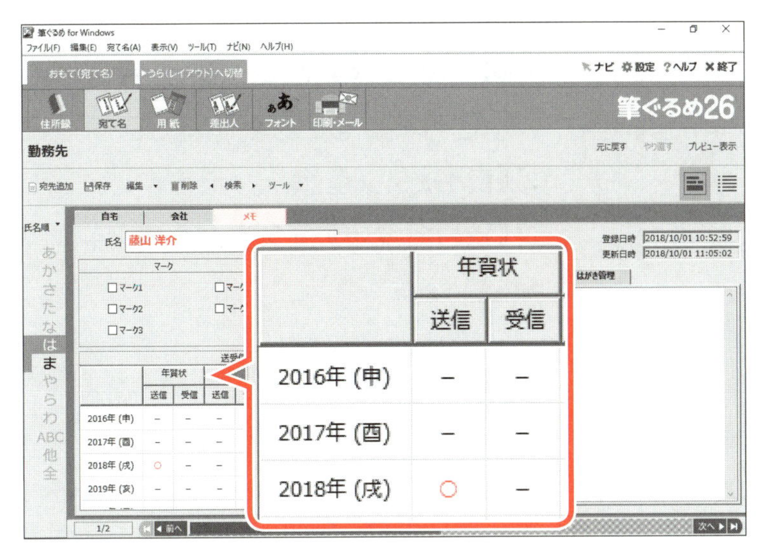

①藤山洋介さんの宛て名カードを表示します。

②**《メモ》**タブを選択します。

③**《送受信履歴》**の**《年賀状》《送信》《2018年（戌）》**欄の**《－》**を2回クリックし、**《○》**にします。

※クリックするごとに、《－》→《■》→《○》→《×》の順番に表示が切り替わります。

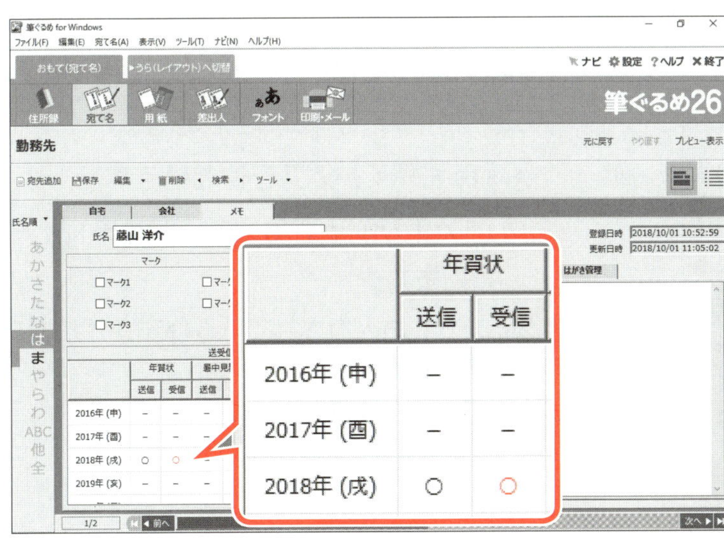

④同様に、**《年賀状》《受信》《2018年（戌）》**欄の**《－》**を2回クリックし、**《○》**にします。

POINT

送受信履歴の記号

送受信履歴の記号には、次のような意味があります。

記号	意味
○	送信/受信した
×	送信/受信していない
－	不明
■	喪中はがきを送信/受信した

4 宛て名カードにオリジナルの項目を設定しよう

宛て名カードの**《自宅》**タブと**《会社》**タブには、それぞれ5つずつの**「自由項目」**が用意されています。ここには、ユーザーがオリジナルの項目を作成して情報を登録できます。
宛て名カードに**「趣味」**という項目を作成し、藤山洋介さんの**「趣味」**に**「ゴルフ」**と入力しましょう。

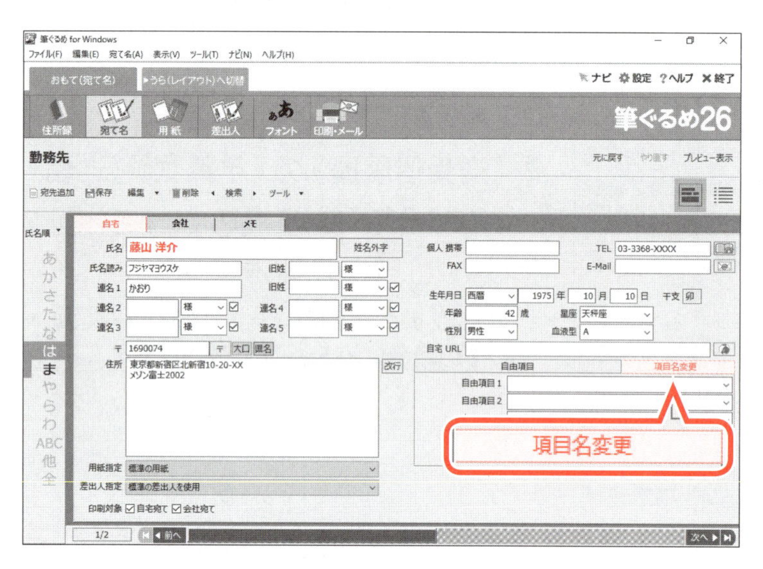

①藤山洋介さんの宛て名カードが表示されていることを確認します。
②**《自宅》**タブを選択します。
③**《項目名変更》**をクリックします。

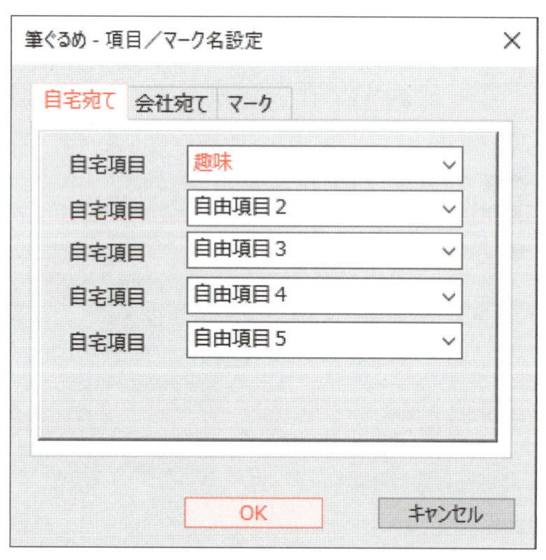

《筆ぐるめ-項目／マーク名設定》ダイアログボックスが表示されます。
④**《自宅宛て》**タブを選択します。
⑤1つ目の**《自宅項目》**に**「趣味」**と入力します。
※あらかじめ入力されている「自由項目1」に上書きします。
⑥**《OK》**をクリックします。

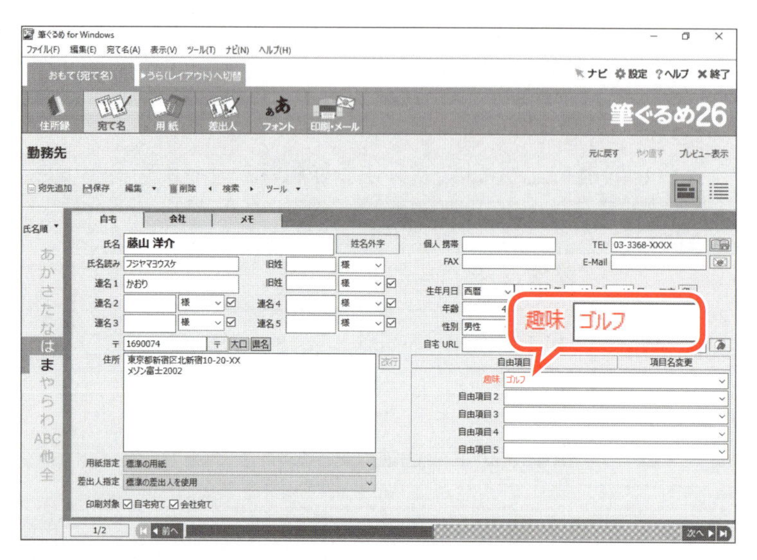

1つ目の自由項目の名称が**「趣味」**に変更されます。
⑦**「ゴルフ」**と入力します。
※水野天さんの宛て名カードに切り替えて、「趣味」の項目が表示されていることを確認しておきましょう。

5 マークを使って宛て名カードを分類しよう

宛て名カードに**「マーク」**を付けておくと、そのマークを基準にして宛て名カードを分類できます。例えば、マークが付いている宛て名カードだけ印刷する、または印刷しないといった使い方が可能になります。

宛て名カードに**「喪中」**というマークを作成し、藤山洋介さんはオフ、水野天さんはオンにそれぞれ設定しましょう。

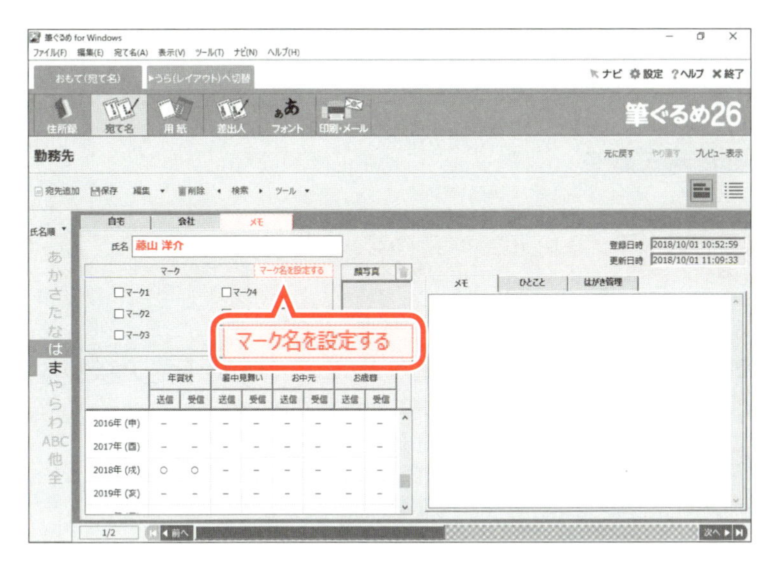

①藤山洋介さんの宛て名カードを表示します。

②**《メモ》**タブを選択します。

③**《マーク名を設定する》**をクリックします。

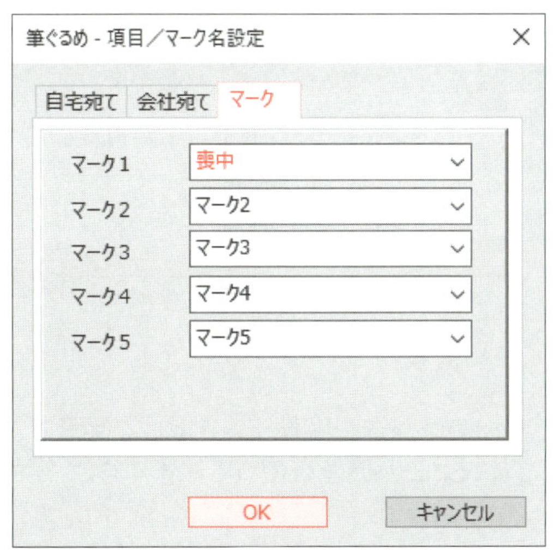

《筆ぐるめ-項目／マーク名設定》ダイアログボックスが表示されます。

④**《マーク》**タブを選択します。

⑤**《マーク1》**に**「喪中」**と入力します。

※あらかじめ入力されている「マーク1」に上書きします。

⑥**《OK》**をクリックします。

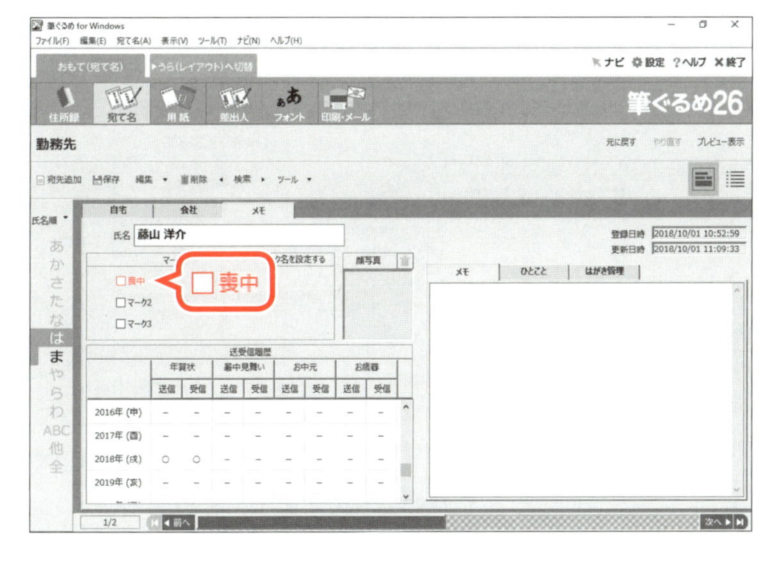

1つ目のマークの名称が**「喪中」**に変更されます。

⑦□になっていることを確認します。

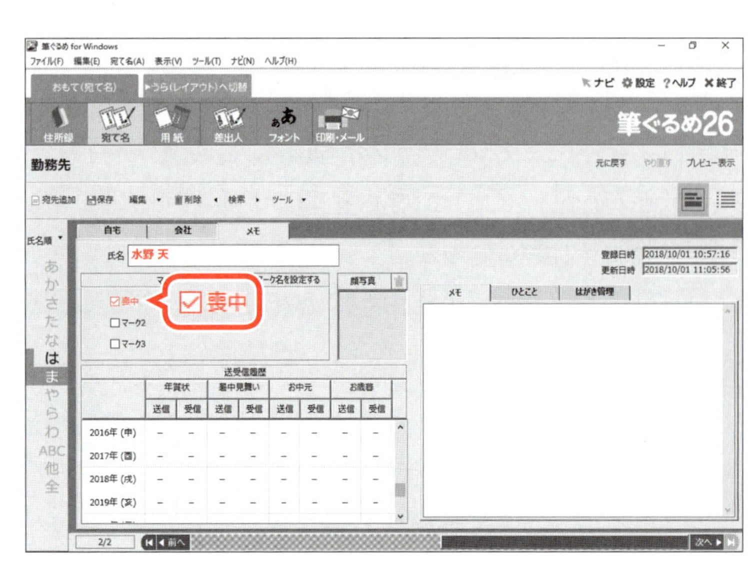

⑧水野天さんの宛て名カードを表示します。

⑨**「喪中」**を☑にします。

POINT ▶▶▶

宛て名カードの削除

不要になった宛て名カードを削除するには、宛て名カードを表示して《削除》をクリックします。削除した直後であれば、《元に戻す》で元に戻すことができます。

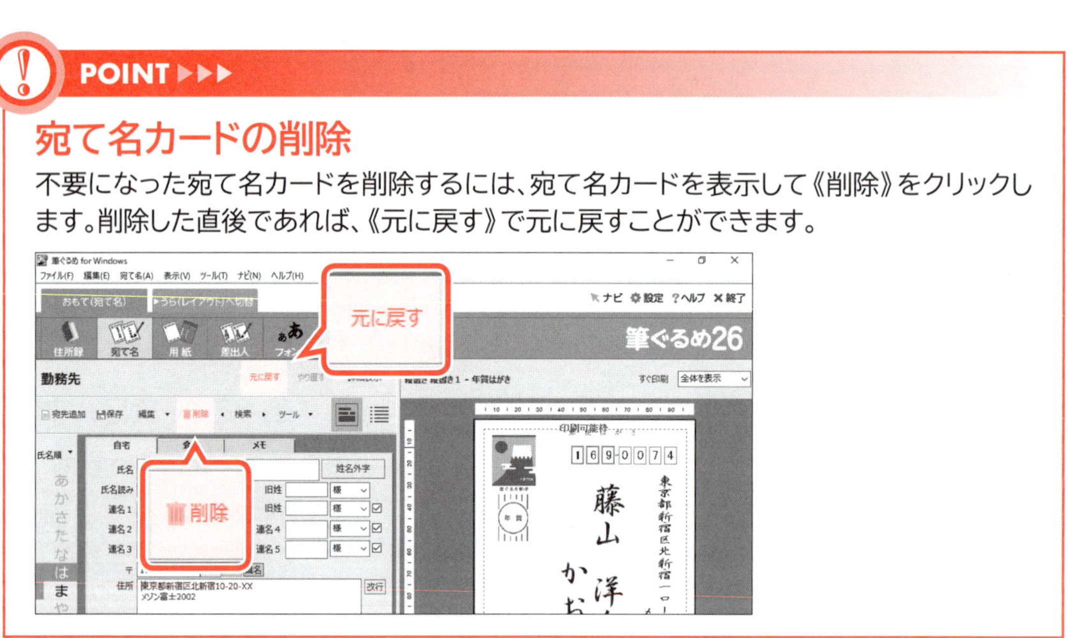

STEP UP

はがき管理

筆ぐるめには、実際にやり取りした実物のはがきを画像データとして保管できる機能が備わっています。年々増えていく年賀状も、この機能を使って保管すると、場所を取らず便利です。

◆宛て名カードを詳細表示→《メモ》タブ→《はがき管理》タブ→《年》を選択→《年賀状》《暑中見舞い》《その他》の《登録》

※はがきは、あらかじめ画像データにしてパソコンに取り込んでおく必要があります。

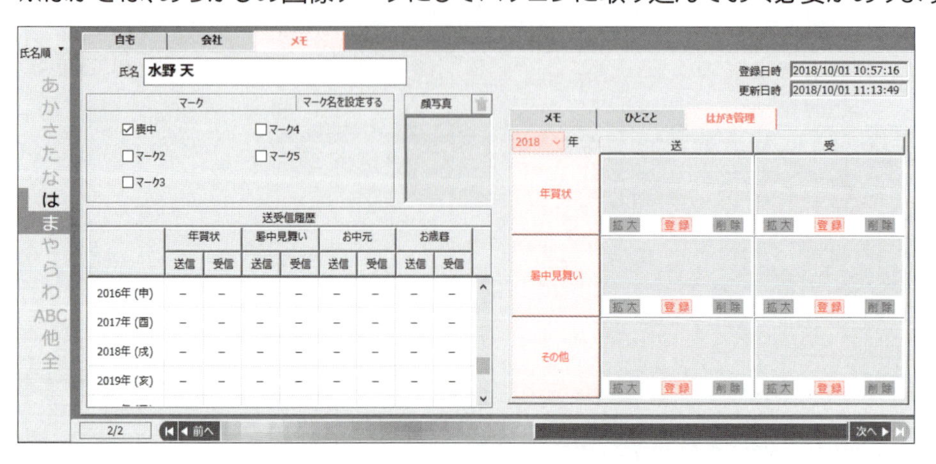

6 かんたん宛先追加を使ってデータを入力しよう

「かんたん宛先追加」を使うと、宛て名カード追加時にダイアログボックスが表示され、対話形式で氏名、住所、電話番号などの基本情報を入力できるようになります。

1 かんたん宛先追加を有効にしよう

かんたん宛先追加の機能が有効になるように、設定を変更しましょう。

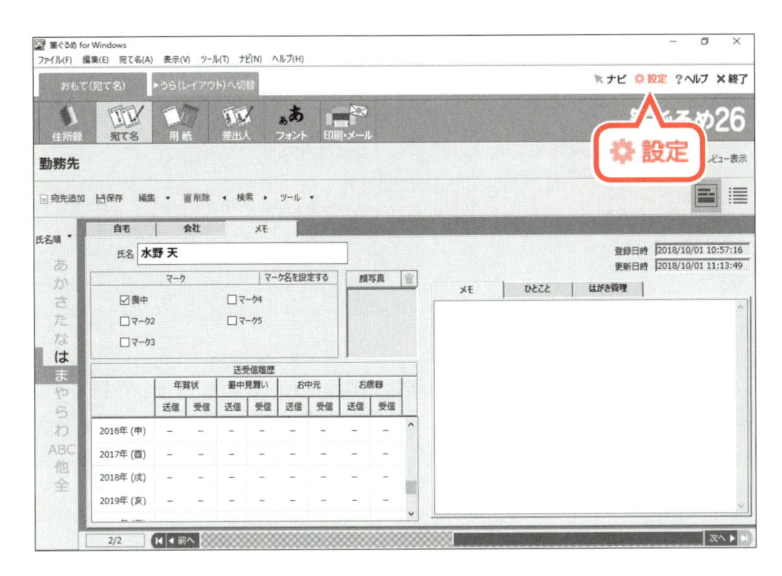

①**《設定》**をクリックします。

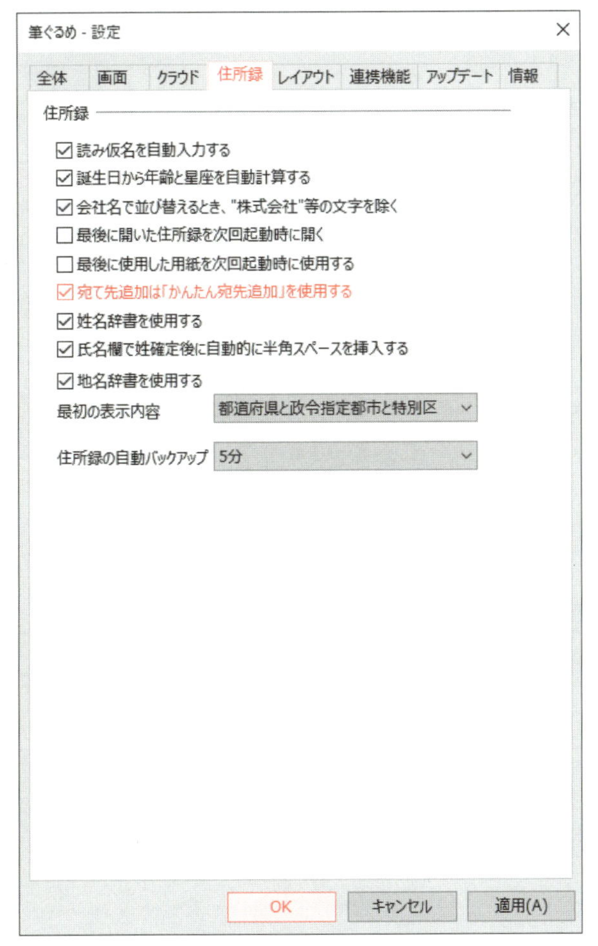

《筆ぐるめ-設定》ダイアログボックスが表示されます。

②**《住所録》**タブを選択します。

③**《宛て先追加は「かんたん宛先追加」を使用する》**を☑にします。

④**《OK》**をクリックします。

かんたん宛先追加の機能が有効になります。

※これ以降、《宛先追加》をクリックすると、ダイアログボックスが表示され、対話形式でデータを入力できる状態になります。

2 宛て名カードを追加しよう

かんたん宛先追加を使って、新しい宛て名カードに次のデータを入力しましょう。

氏名	森下 竜太(モリシタ リュウタ)
〒	1830001
住所	東京都府中市浅間町2-10-X
TEL	042-335-XXXX

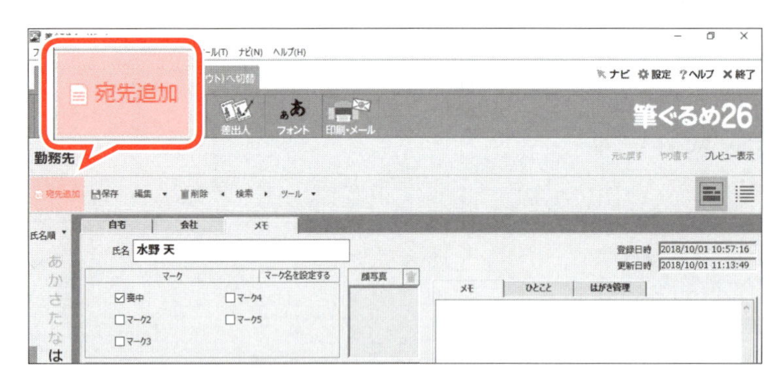

①《**宛先追加**》をクリックします。

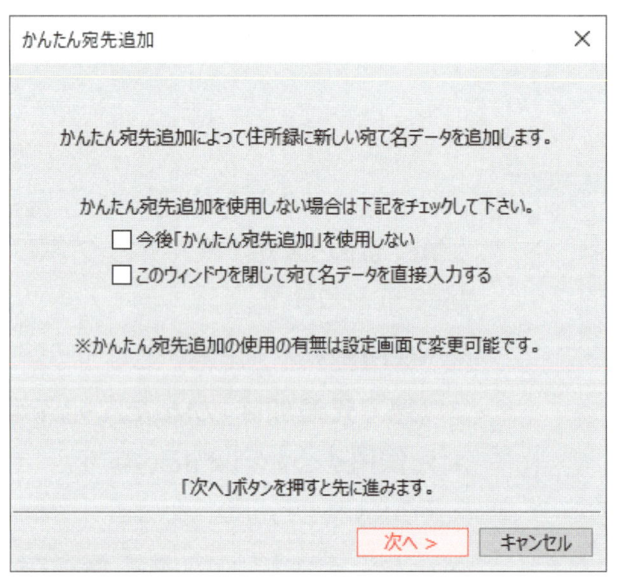

《**かんたん宛先追加**》ダイアログボックスが表示されます。

②《**次へ**》をクリックします。

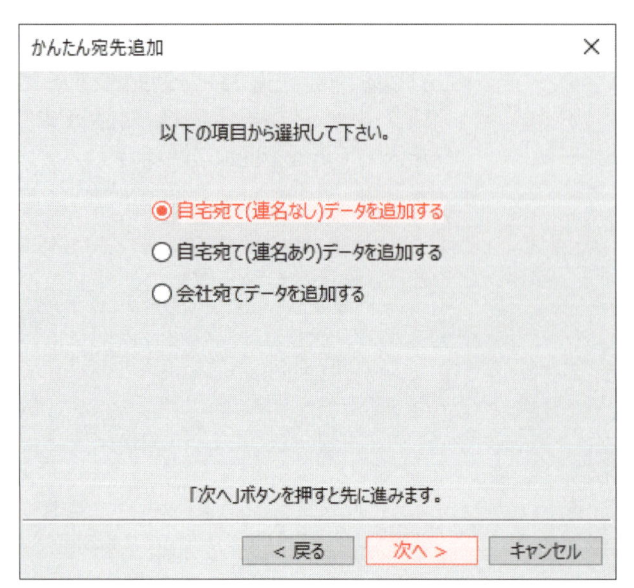

③《**自宅宛て(連名なし)データを追加する**》を◉にします。

④《**次へ**》をクリックします。

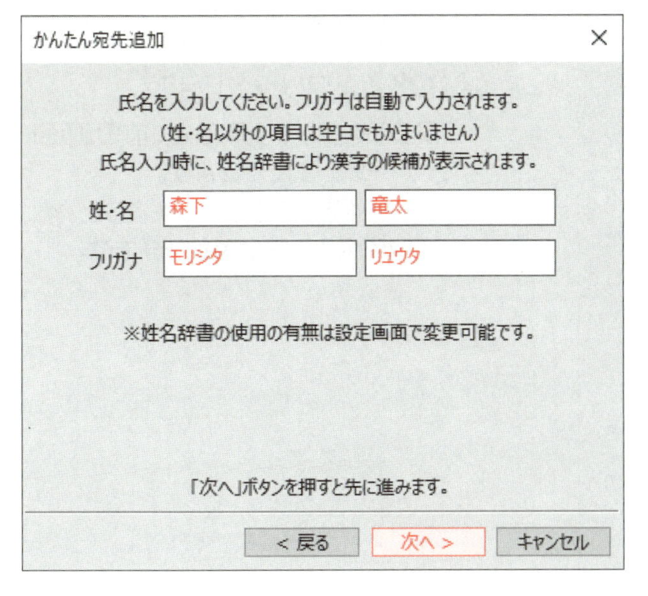

⑤《**姓・名**》に**「森下」「竜太」**と入力します。

⑥フリガナに**「モリシタ」「リュウタ」**と表示されていることを確認します。

⑦《**次へ**》をクリックします。

かんたん宛先追加

追加する宛先の「〒番号」と「電話番号」を入力して下さい。
（不明の項目は、空白でもかまいません）

〒 183 0001

電話番号 042-335-XXXX

例)03-0000-0000 （ハイフン有
0300000000 （ハイフン無

「次へ」を押すと〒番号もしくは電話番号により辞書検索で
住所を自動で入力します。住所の候補が複数ある場合は、
リストの中から当てはまる住所を選択してください。

「次へ」ボタンを押すと先に進みます。

< 戻る　次へ >　キャンセル

⑧《**〒**》に**「183」「0001」**と入力します。

⑨《**電話番号**》に**「042-335-XXXX」**と入力します。

※「-（ハイフン）」を付けて入力します。

⑩《**次へ**》をクリックします。

かんたん宛先追加

住所を入力して下さい。
（改行する場合は[Ctrl]キーを押しながら[Enter]キーを押してください）

〒 1830001

電話番号 042-335-XXXX

住所 東京都府中市浅間町2-10-X

「次へ」ボタンを押すと先に進みます。

< 戻る　次へ >　キャンセル

《**住所**》に該当する住所が表示されます。

⑪住所の続きに**「2-10-X」**と入力します。

⑫《**次へ**》をクリックします。

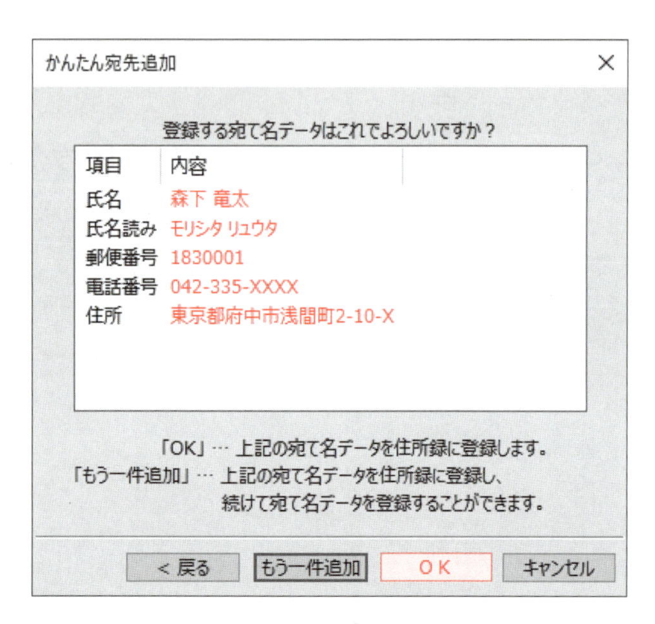

⑬入力した内容を確認します。

⑭《OK》をクリックします。

※《戻る》をクリックすると、前の画面に戻って、データを修正できます。

※《もう一件追加》をクリックすると、続けて新しい宛て名カードを追加できます。

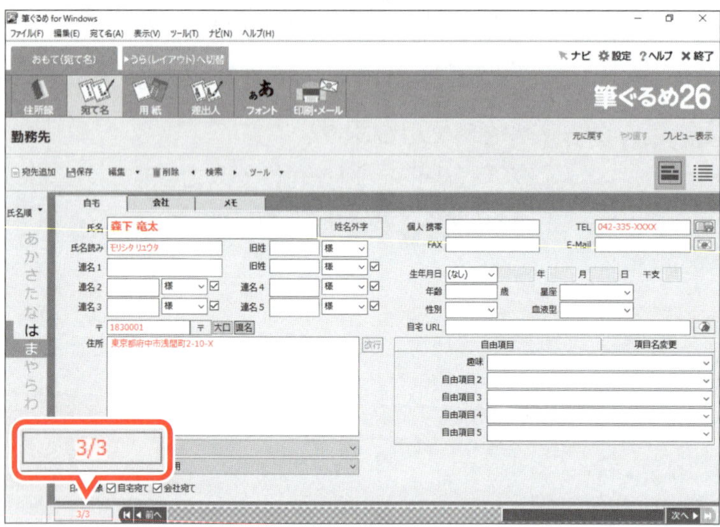

森下竜太さんの宛て名カードが追加されます。

⑮**「表示中のカード番号/カード総件数」**が**「3/3」**になっていることを確認します。

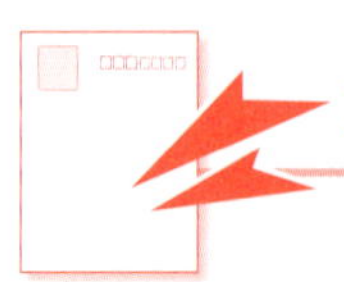

次に進む前に必ず操作しよう

かんたん宛先追加の機能を無効にしましょう。

操作手順

①《設定》をクリック
②《住所録》タブを選択
③《宛て先追加は「かんたん宛先追加」を使用する》を□にする
④《OK》をクリック

Step4 住所録（おもて面）を保存する

1 住所録（おもて面）を保存しよう

必要な件数分の宛て名カードを入力したら、住所録を保存します。
住所録**「勤務先」**を保存しましょう。

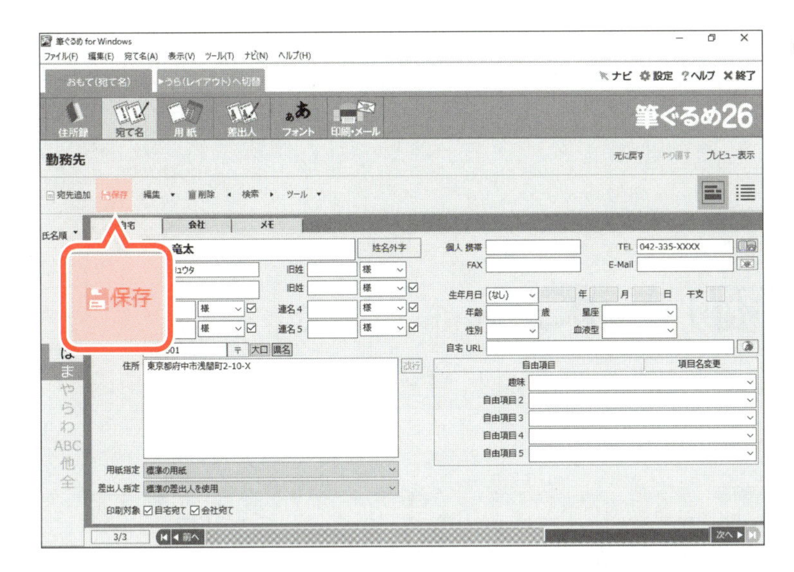

①**《保存》**をクリックします。

その他の方法（住所録の保存）

◆ （住所録）→《保存》の▪→《保存》

2 住所録（おもて面）を閉じよう

住所録**「勤務先」**を閉じましょう。

《住所録》設定画面を表示します。

①（住所録）をクリックします。

②住所録**「勤務先」**が開かれていることを確認します。

③**《閉じる》**をクリックします。

1
2
3
4
5
6
索引

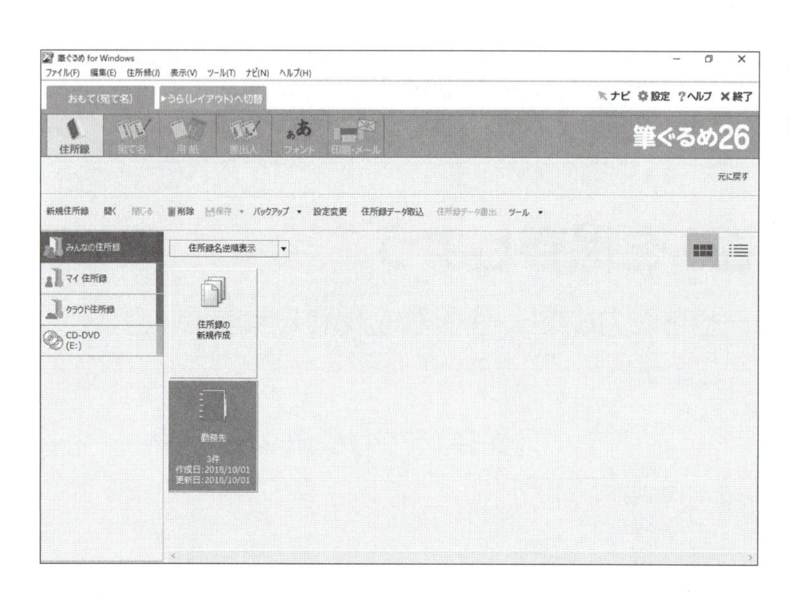

住所録が閉じられます。

④住所録**「勤務先」**の表示が消えていることを確認します。

3 住所録（おもて面）を開こう

宛て名カードを追加したり編集したりするには、住所録を開いて操作します。
住所録**「勤務先」**を開きましょう。

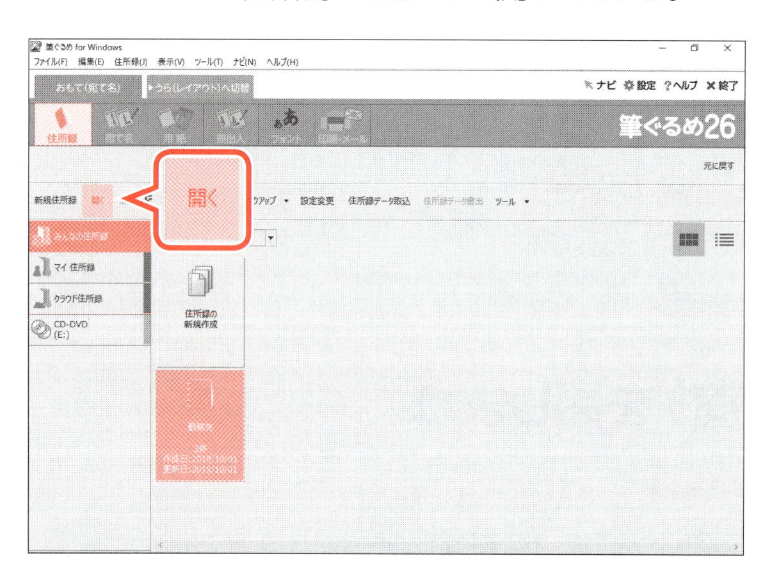

①（住所録）が選択されていることを確認します。

②**《みんなの住所録》**グループを選択します。

③住所録**「勤務先」**のアイコンを選択します。

④**《開く》**をクリックします。

住所録**「勤務先」**が開かれ、五十音順で先頭の宛て名カードが表示されます。

⑤**《次へ》**をクリックします。

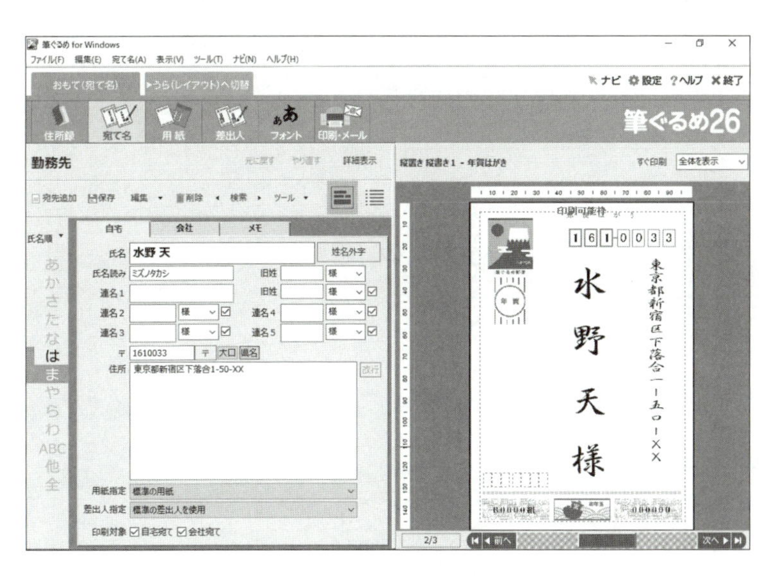

次の宛て名カードが表示されます。

※同様に、その他の宛て名カードを確認しておきましょう。

※住所録「勤務先」を閉じておきましょう。

その他の方法(住所録を開く)

STEP UP

- ◆ (住所録)→住所録のアイコンをダブルクリック
- ◆ (住所録)→住所録のアイコンを右クリック→《開く》

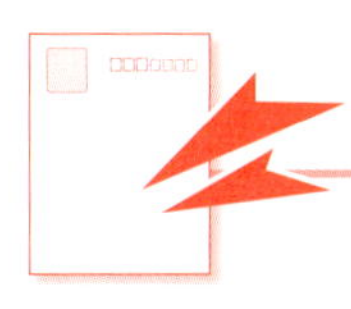

次に進む前に必ず操作しよう

①《**みんなの住所録**》グループに、**「同期」**という名前で新規に住所録を作成しましょう。

※アイコンは任意のものを選択します。

②1件目の《**自宅**》タブに、次のデータを入力しましょう。

氏名	青葉 茂(アオバシゲル)
〒	1510053
住所	東京都渋谷区代々木22-33-XX
TEL	03-3379-XXXX
生年月日	1989年12月25日
性別	男性
血液型	B
趣味	釣り

③1件目の**《メモ》**タブに、次のデータを入力しましょう。

喪中	オン

《送受信履歴》

	年賀状		暑中見舞い	
	送信	受信	送信	受信
2017年(酉)			×	○
2018年(戌)	○	○		

④2件目の**《自宅》**タブに、次のデータを入力しましょう。

氏名	福永 雅彦(フクナガマサヒコ)
連名1	千佳
〒	1500012
住所	東京都渋谷区広尾4-20-XX
個人携帯	090-6514-XXXX
生年月日	1988年7月19日
性別	男性
血液型	O
趣味	音楽鑑賞

⑤3件目の**《自宅》**タブに、次のデータを入力しましょう。

氏名	清水 栄一郎(シミズエイイチロウ)
〒	1600018
住所	東京都新宿区須賀町2-22-XX 桜ヶ丘フラッツ205
個人携帯	090-3258-XXXX
生年月日	1988年2月6日
性別	男性
血液型	A
趣味	スキー

⑥住所録**「同期」**を保存し、閉じましょう。

⑦住所録**「勤務先」**を開きましょう。

操作手順

①

①（住所録）をクリック
②《みんなの住所録》グループを選択
③《新規住所録》をクリック
④《アイコン選択》の一覧から任意のアイコンを選択
⑤《住所録名》に「同期」と入力
⑥《OK》をクリック

②

①《自宅》タブを選択
②《氏名》に「青葉 茂」と入力
③続けて、《〒》《住所》を入力
④《詳細表示》をクリック
⑤続けて、《TEL》《生年月日》《性別》《血液型》を入力
⑥《項目名変更》をクリック
⑦《自宅宛て》タブを選択
⑧1つ目の《自宅項目》に「趣味」と入力
⑨《OK》をクリック
⑩「趣味」に「釣り」と入力

③

①《メモ》タブを選択
②《マーク名を設定する》をクリック
③《マーク》タブを選択
④《マーク1》に「喪中」と入力
⑤《OK》をクリック
⑥「喪中」を☑にする
⑦《送受信履歴》の《年賀状》《送信》《2018年（戌）》欄を「○」、《受信》《2018年（戌）》欄を「○」に設定
⑧《送受信履歴》の《暑中見舞い》《送信》《2017年（酉）》欄を「×」、《受信》《2017年（酉）》欄を「○」に設定

④

①《宛先追加》をクリック
②《自宅》タブを選択
③《氏名》に「福永 雅彦」と入力
④続けて、《連名1》《〒》《住所》《個人携帯》《生年月日》《性別》《血液型》「趣味」を入力

⑤

①《宛先追加》をクリック
②《自宅》タブを選択
③《氏名》に「清水 栄一郎」と入力
④続けて、《〒》《住所》《個人携帯》《生年月日》《性別》《血液型》「趣味」を入力

⑥

①《保存》をクリック
②（住所録）をクリック
③《閉じる》をクリック

⑦

①（住所録）をクリック
②《みんなの住所録》グループを選択
③住所録「勤務先」のアイコンを選択
④《開く》をクリック

Step5 用紙を設定する

1 用紙を設定しよう

《用紙》設定画面では、はがきの種類や項目の印刷レイアウトなどを設定できます。
用紙を設定しましょう。

①住所録**「勤務先」**が開かれていることを確認します。

《用紙》設定画面を表示します。

②（用紙）をクリックします。

③**《はがき（差出人あり）》**グループの**《年賀はがき》**が選択されていることを確認します。

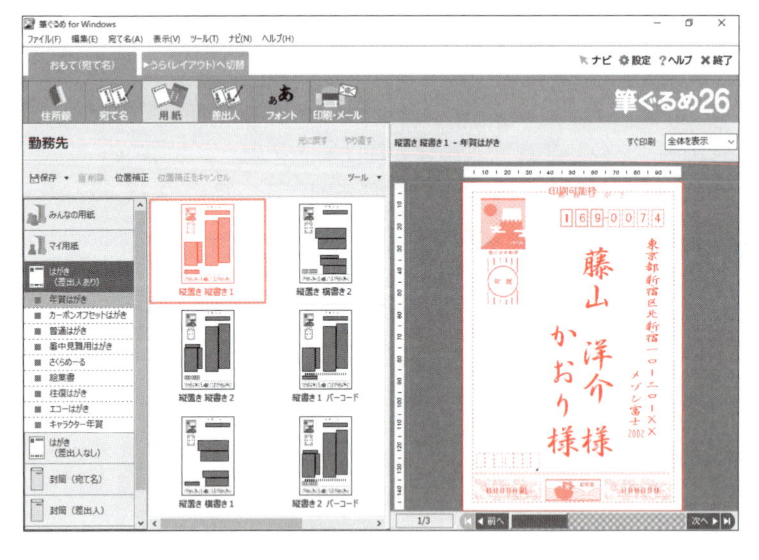

④一覧から**《縦置き 縦書き1》**を選択します。

選択したはがきの印刷レイアウトがプレビュー画面に表示されます。

STEP UP

位置補正

プレビュー画面に住所や氏名が意図するとおりに表示されない場合は、位置やサイズを調整できます。位置やサイズを調整した印刷レイアウトは、新しい印刷レイアウトとして保存したうえで利用します。
宛て名の位置やサイズを調整する方法は、次のとおりです。

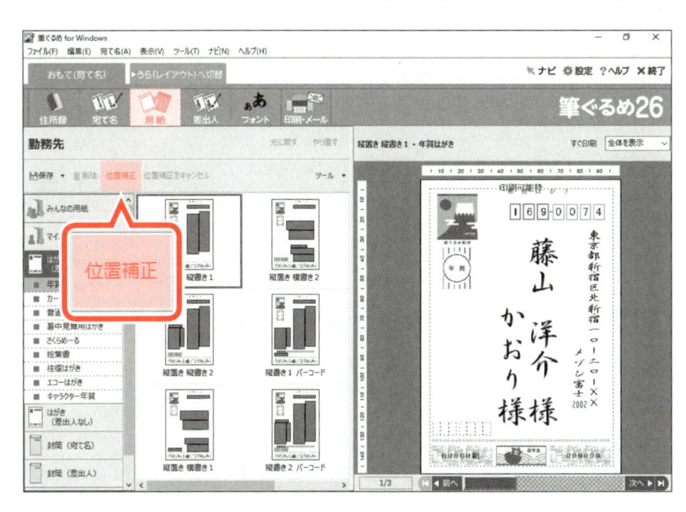

①（用紙）をクリック
②《位置補正》をクリック

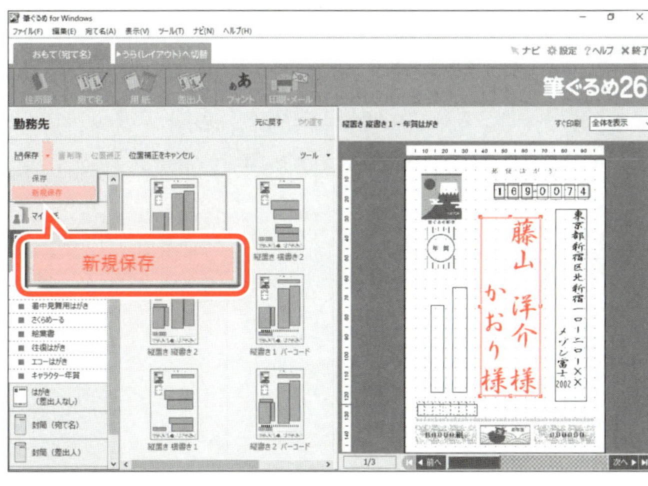

③プレビュー画面で調整する項目をクリック
④ドラッグして、移動
⑤■（ハンドル）をドラッグして、サイズ変更
⑥《保存》の・をクリックし、一覧から《新規保存》を選択

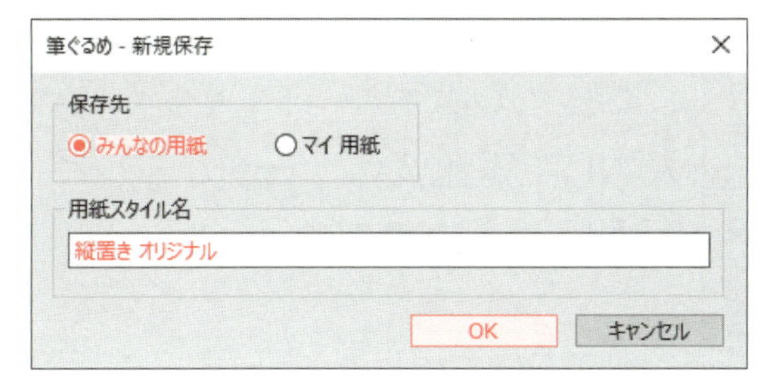

《筆ぐるめ-新規保存》ダイアログボックスが表示される
⑦《保存先》を選択
⑧《用紙スタイル名》を入力
⑨《OK》をクリック

Step6 差出人を入力する

1 差出人のデータを入力しよう

差出人のデータは、《**差出人**》設定画面に入力します。
差出人として、次のデータを入力しましょう。

氏名	秋葉 修二
自宅〒	1400004
自宅住所	東京都品川区南品川10-5-XX
TEL	03-3472-XXXX

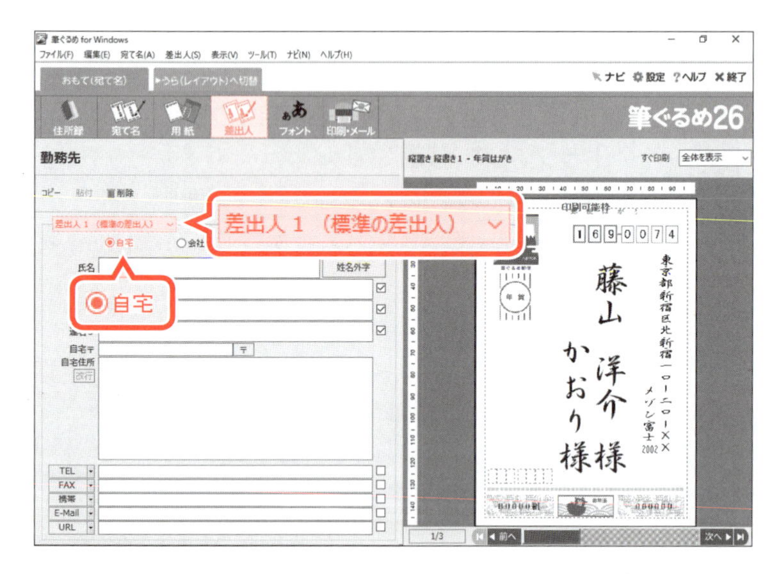

《**差出人**》設定画面を表示します。

①（差出人）をクリックします。

②《**差出人1（標準の差出人）**》が表示されていることを確認します。

③《**自宅**》を◉にします。

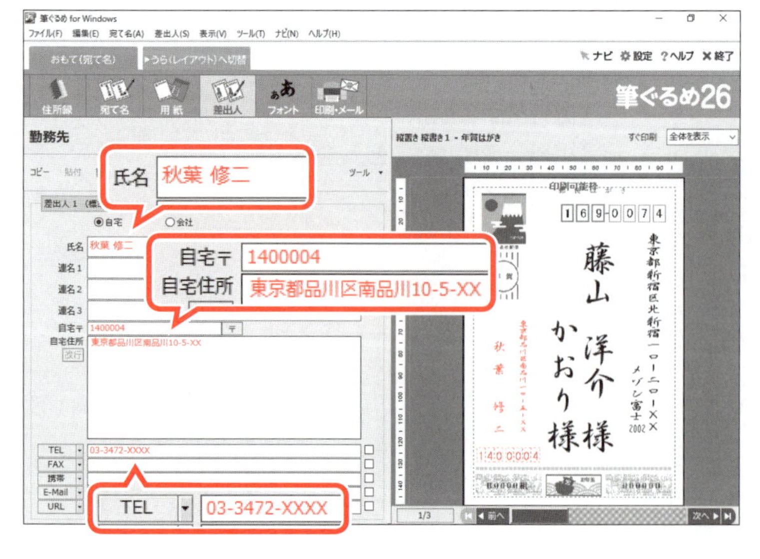

④《**氏名**》《**自宅〒**》《**自宅住所**》《**TEL**》を入力します。

入力した差出人のデータがプレビュー画面に表示されます。

2 複数の差出人を使い分けよう

筆ぐるめでは、相手や用途によって、複数の差出人を使い分けることができます。差出人のデータは、自宅用10件分、会社用10件分まで設定できます。

1 複数の差出人を設定しよう

2人目の差出人として、次のデータを入力しましょう。
住所や電話番号が共通の場合は、すでに設定してある差出人のデータをコピーすると便利です。

氏名	秋葉 恭子
自宅〒	1400004
自宅住所	東京都品川区南品川10-5-XX
TEL	03-3472-XXXX

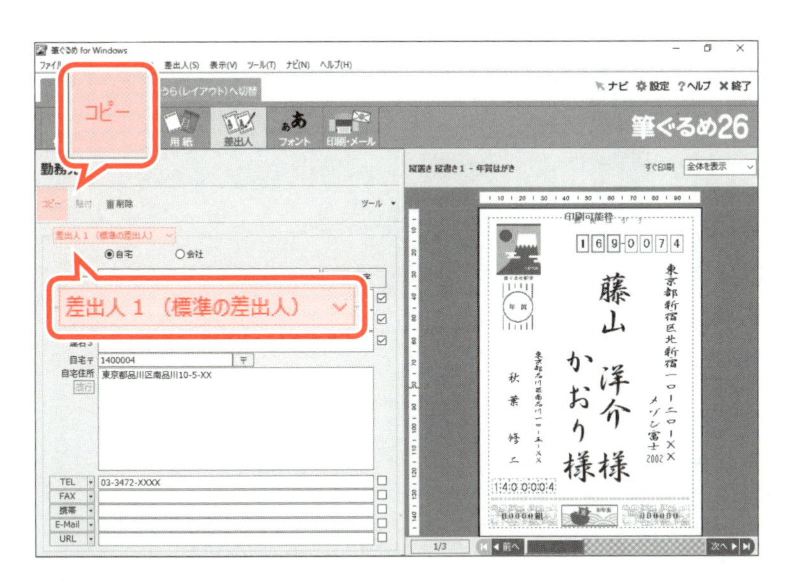

①コピー元の**《差出人1（標準の差出人）》**が表示されていることを確認します。
②**《コピー》**をクリックします。

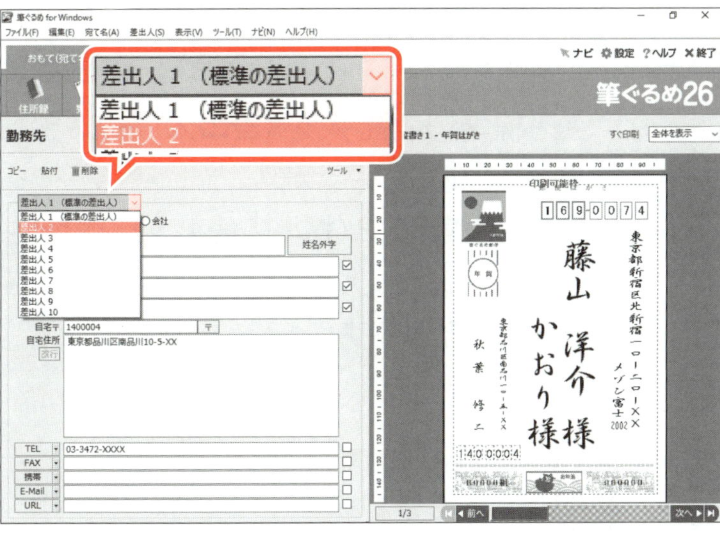

コピー先の**《差出人2》**を表示します。
③**《差出人1（標準の差出人）》**の ∨ をクリックし、一覧から**《差出人2》**を選択します。

1
2
3
4
5
6
索引

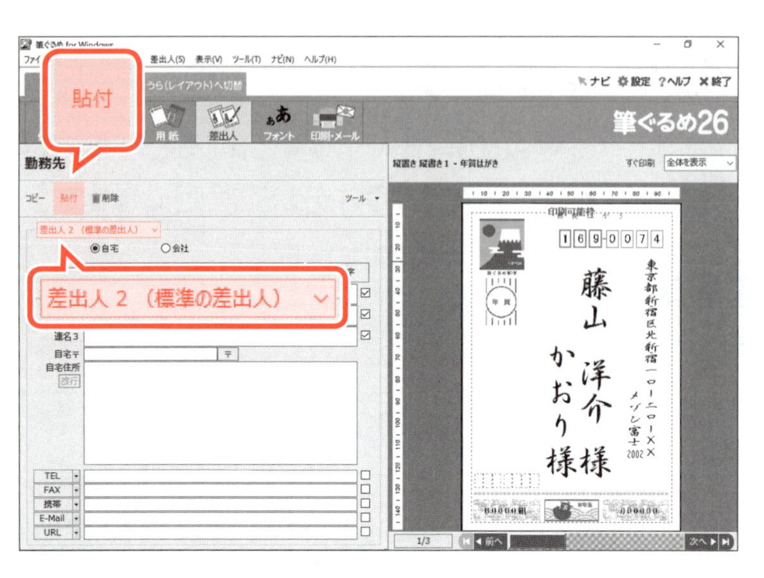

《差出人2（標準の差出人）》と表示されます。

④《貼付》をクリックします。

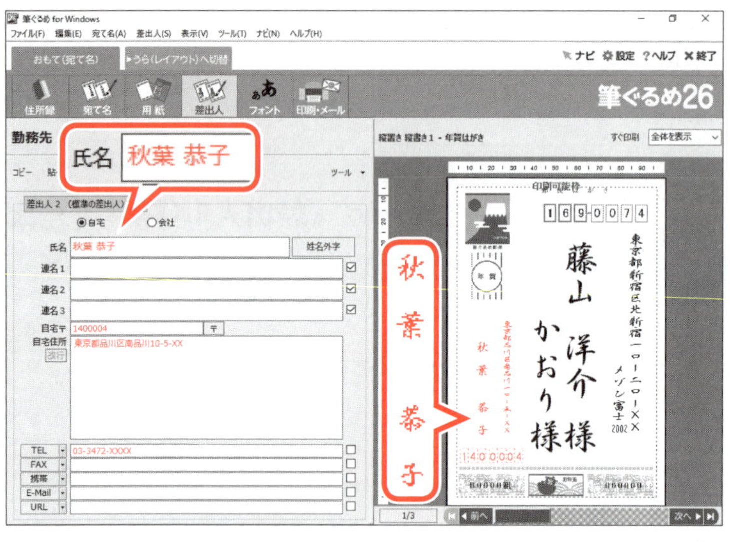

《差出人1》のデータがコピーされます。

⑤《氏名》の「秋葉　修二」を「秋葉　恭子」に修正します。

変更した差出人のデータがプレビュー画面に表示されます。

2 差出人を変更しよう

宛て名カードごとに差出人を変更する操作は、《宛て名》設定画面で行います。すべての宛て名カードの差出人を「秋葉　修二」に設定し、森下竜太さんの宛て名カードだけ「秋葉 恭子」に変更しましょう。

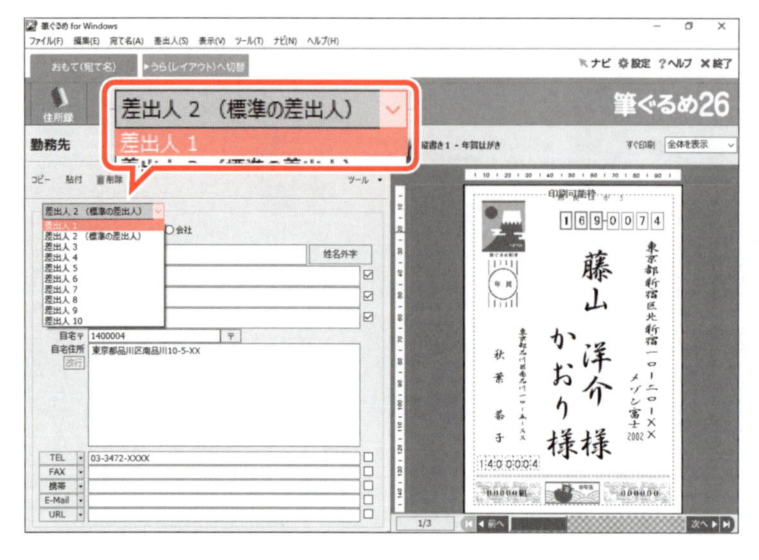

標準の差出人を《差出人1》の「秋葉　修二」に設定します。

①《差出人2（標準の差出人）》の ∨ をクリックし、一覧から《差出人1》を選択します。

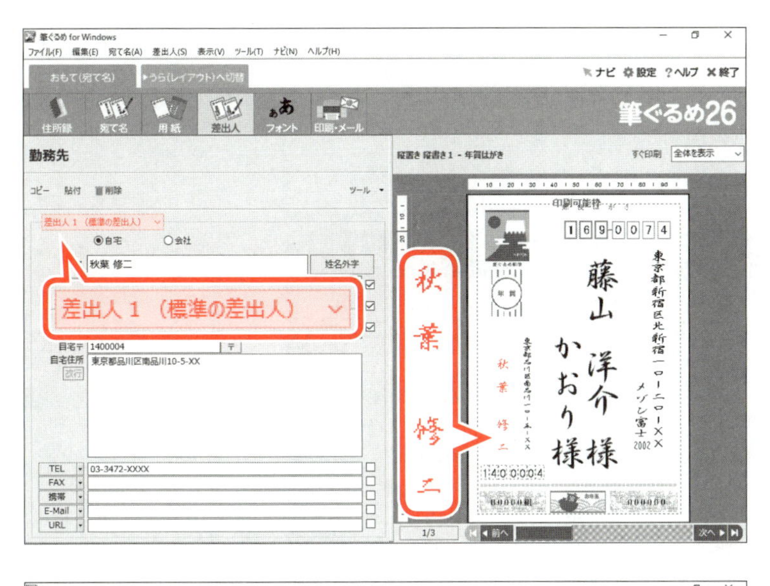

《差出人１（標準の差出人）》と表示されます。

プレビュー画面の差出人が**「秋葉　修二」**になります。

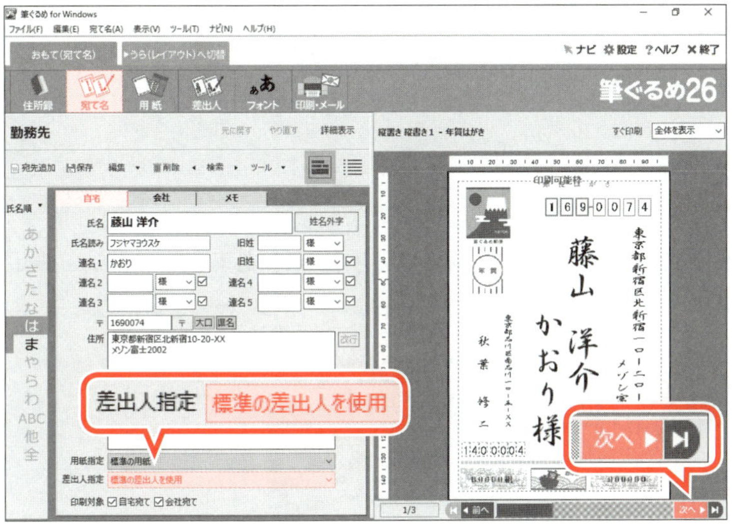

《宛て名》設定画面に切り替えます。

② （宛て名）をクリックします。

③**《自宅》**タブを選択します。

④先頭の宛て名カードの**《差出人指定》**が**《標準の差出人を使用》**になっていることを確認します。

⑤**《次へ》**をクリックして、その他の宛て名カードの差出人を確認します。

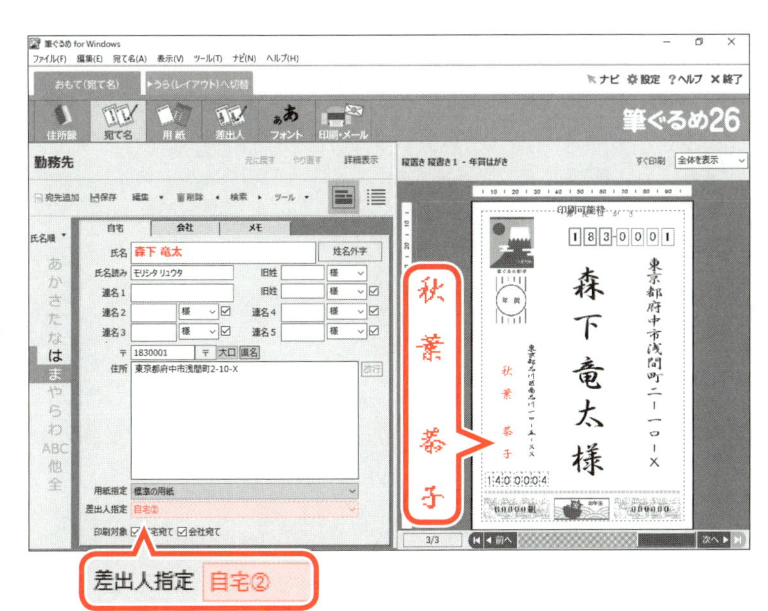

森下竜太さんだけ**《差出人２》**の**「秋葉　恭子」**に変更します。

⑥森下竜太さんの宛て名カードを表示します。

⑦**《差出人指定》**の をクリックし、一覧から**《自宅②》**を選択します。

※《自宅②》は、「自宅」の「差出人2」という意味です。

プレビュー画面の差出人が**「秋葉　恭子」**になります。

差出人を印刷しない

《宛て名》設定画面の《差出人指定》で《差出人を印刷しない》を選択すると、おもて面に差出人は印刷されません。

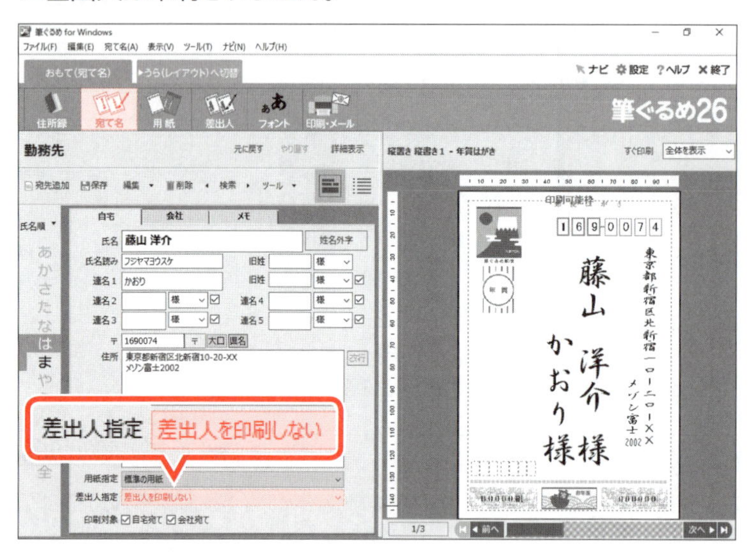

差出人の印刷項目の設定

《差出人》設定画面の各項目の右側にある□で、その項目を印刷するかどうかを設定できます。☑にすると、印刷されます。

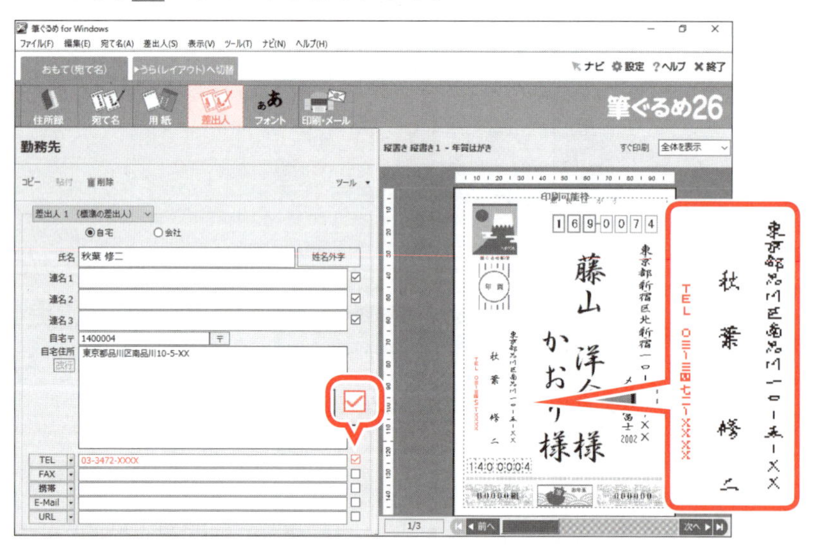

POINT ▶▶▶

差出人の削除

差出人のデータを削除する方法は、次のとおりです。

◆ (差出人)→削除する差出人のデータを表示→《削除》

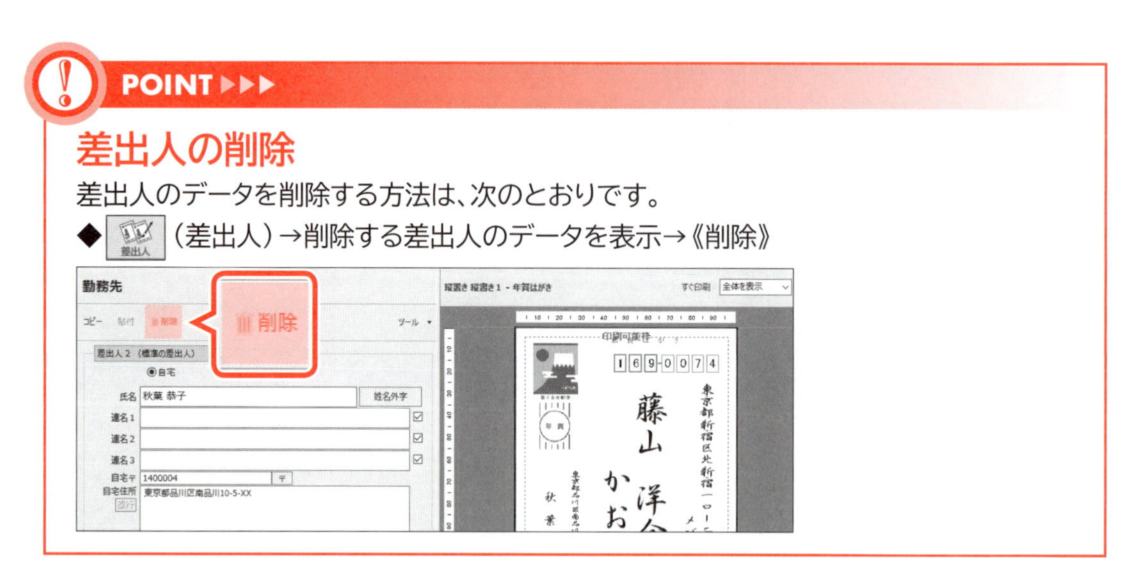

Step7 フォントを変更する

1 おもて面のフォントを変更しよう

宛て名や差出人のフォントは変更できます。
おもて面のすべてのフォントを**「有澤楷書（日本語）」**に変更しましょう。

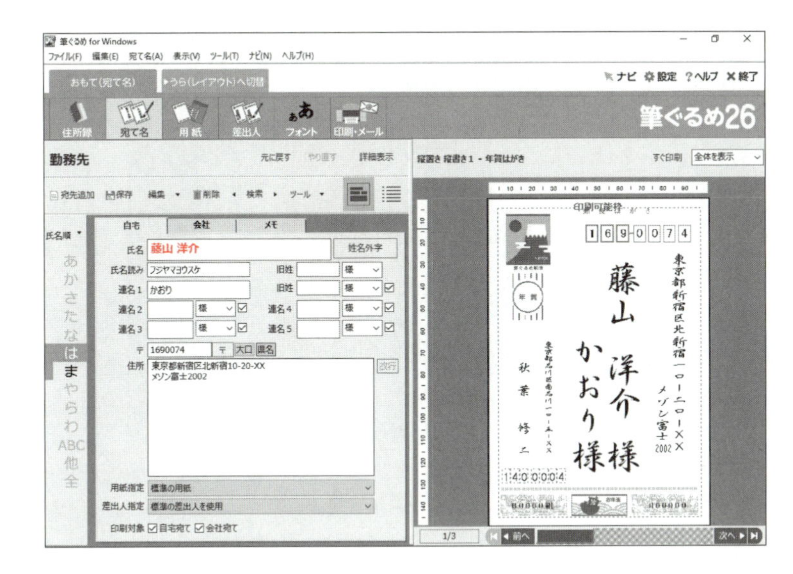

①藤山洋介さんの宛て名カードを表示します。

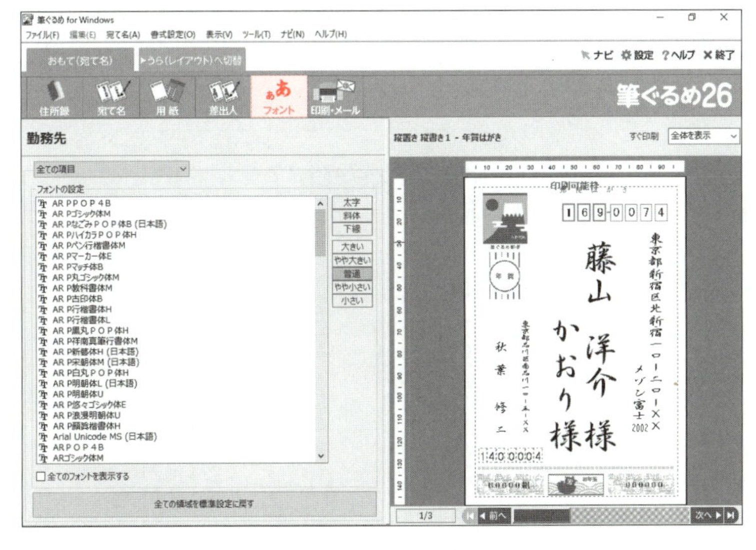

《フォント》設定画面を表示します。

②（フォント）をクリックします。

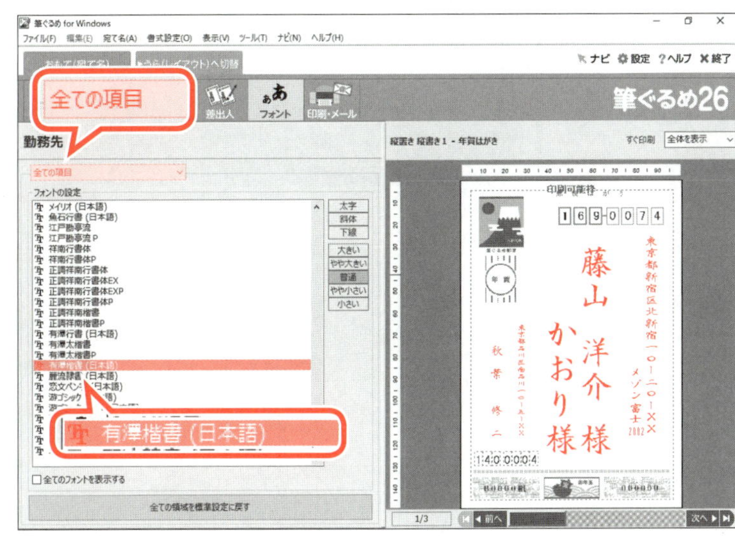

③**《全ての項目》**が表示されていることを確認します。

④**《フォントの設定》**の一覧から**《有澤楷書（日本語）》**を選択します。

すべての項目のフォントが変更されます。

項目ごとのフォント設定

氏名、郵便番号、住所など項目ごとに、異なるフォントを設定することもできます。
《フォント》設定画面のプレビュー画面で項目をクリックしてから、フォントを選択します。

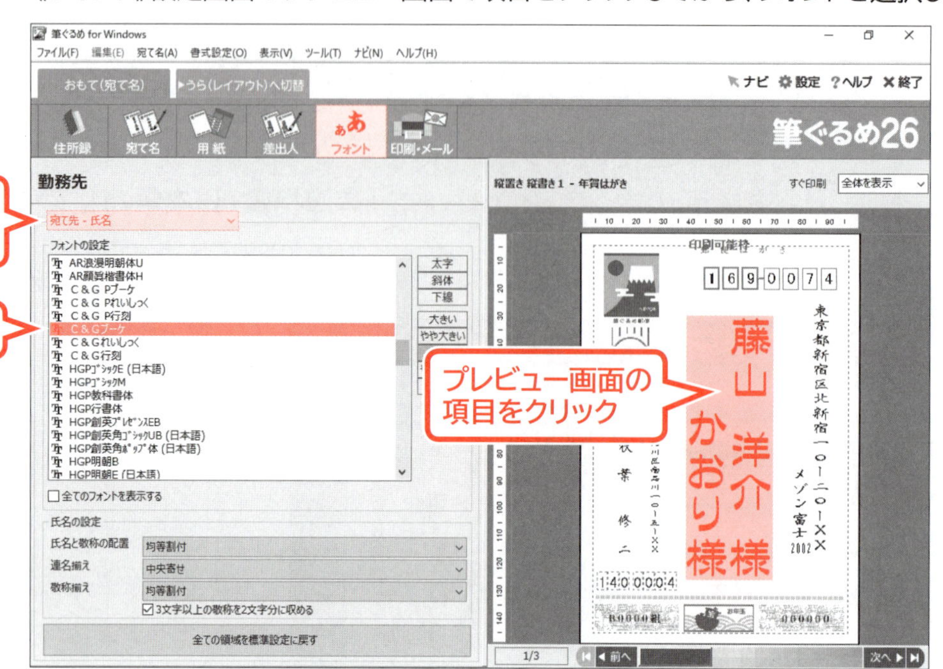

フォントのリセット

《フォント》設定画面の《全ての領域を標準設定に戻す》を使うと、宛て名と差出人のフォントをまとめて標準の設定に戻すことができます。

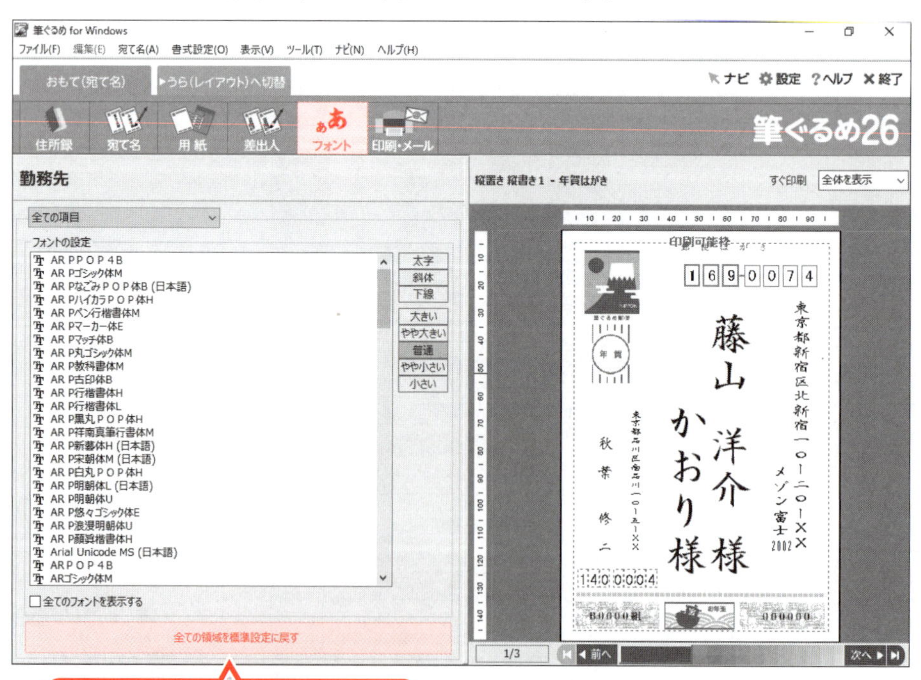

2 宛て名の文字サイズを変更しよう

宛て名や差出人の文字サイズは変更できます。
宛て名の氏名の文字サイズをやや小さめに変更しましょう。

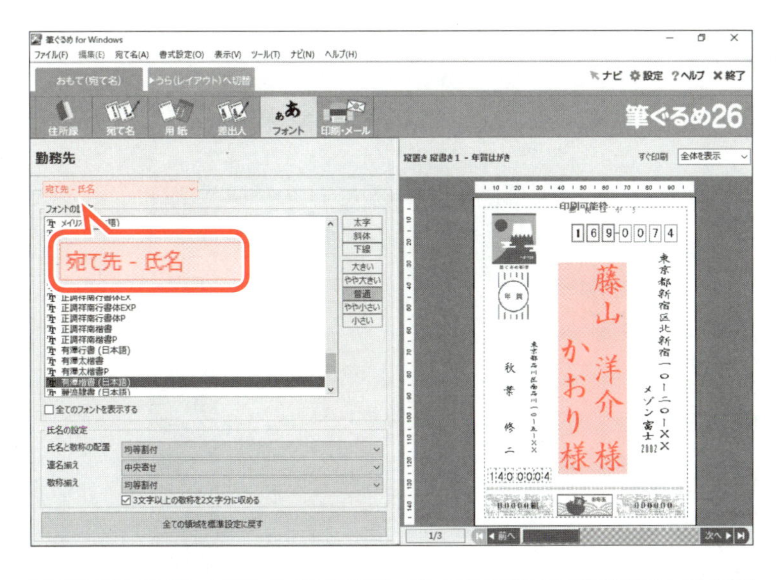

①プレビュー画面の宛て名の氏名をクリックします。

②**《宛て先-氏名》**になっていることを確認します。

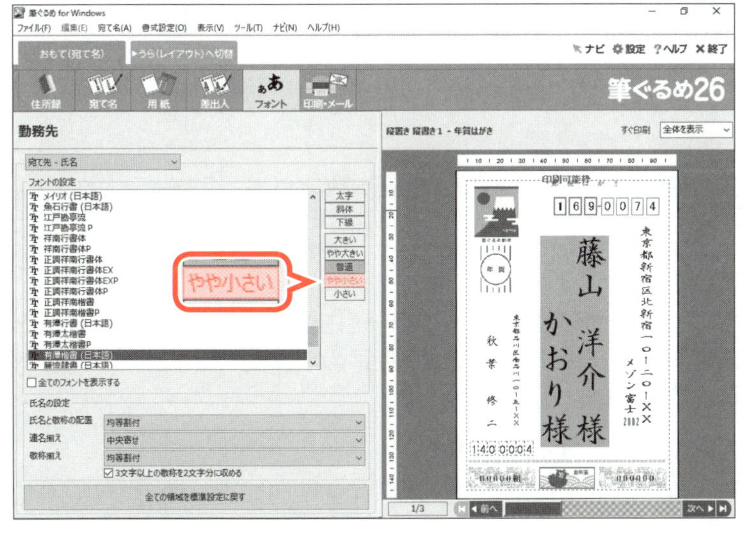

③**《やや小さい》**をクリックします。

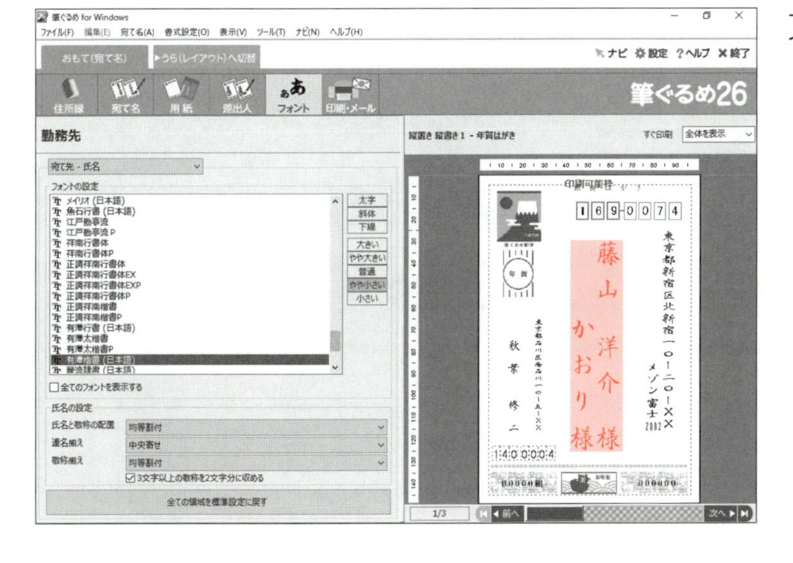

文字サイズが変更されます。

連名の配置の調整

STEP UP

連名の文字数が異なる場合、中央寄せや均等割付などにして配置を調整できます。

◆ （フォント）→プレビュー画面の氏名をクリック→《氏名の設定》の《連名揃え》の →一覧から選択

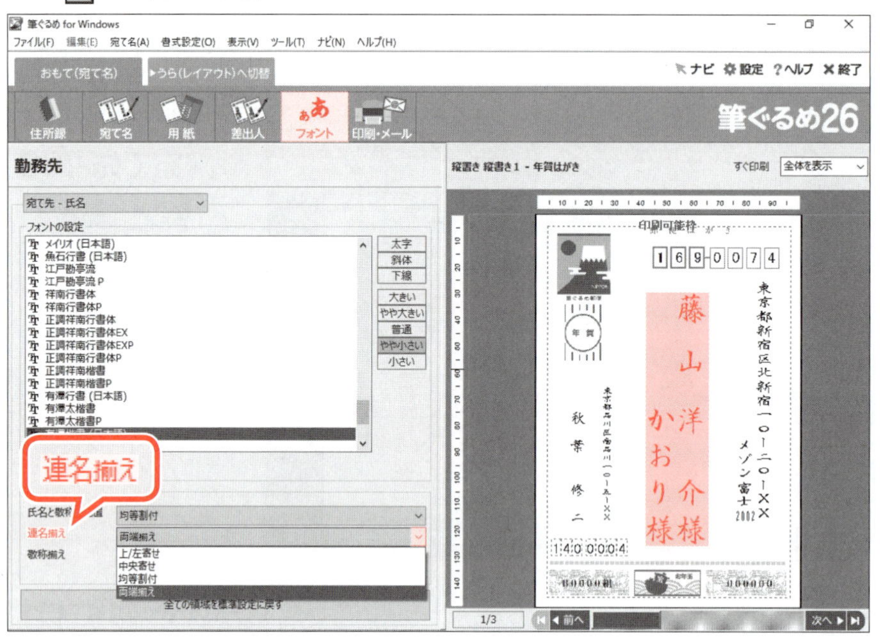

住所の数字の表示

STEP UP

初期の設定では、住所の1行目は漢数字、2行目はアラビア数字が横1行で表示されます。両方とも漢数字にしたり、両方ともアラビア数字にしたりできます。

両方とも漢数字にする方法は、次のとおりです。

◆ （フォント）→プレビュー画面の住所をクリック→《住所の設定》の →《数字を漢数字にする（縦書き）》→《□二行目はアラビア数字のまま横一行に表示》→《□二行目は英字とアラビア数字を横一行に表示》

両方ともアラビア数字にする方法は、次のとおりです。

◆ （フォント）→プレビュー画面の住所をクリック→《住所の設定》の →《数字を横一行に表示》

Step8 宛て名カードを印刷する

1 すべての宛て名カードを印刷しよう

住所録に入力したすべての宛て名カードを、はがきに印刷しましょう。
印刷した宛て名カードには、送信したことを表す履歴を残すことができます。

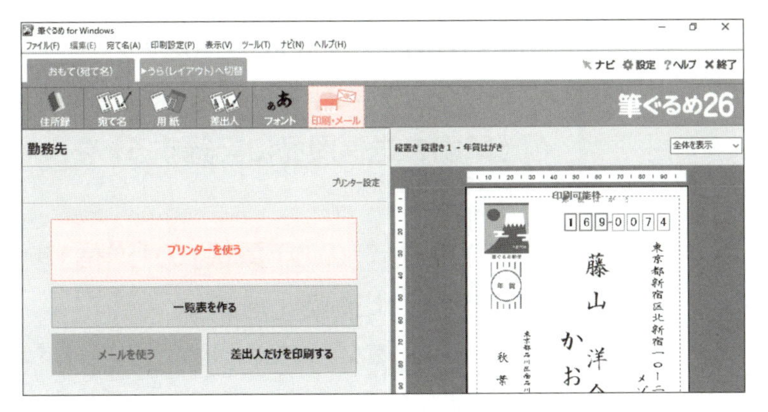

《印刷・メール》設定画面を表示します。

①（印刷・メール）をクリックします。

②《プリンターを使う》をクリックします。

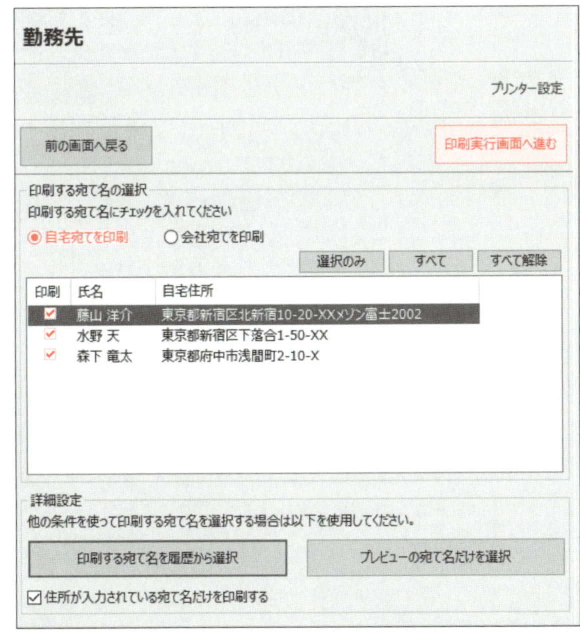

宛て名選択画面が表示されます。

③《自宅宛てを印刷》を◉にします。

④すべての宛て名が☑になっていることを確認します。

※なっていない場合は、《すべて》をクリックします。

⑤《印刷実行画面へ進む》をクリックします。

勤務先
位置補正　プレビュー　プリンター設定
前の画面へ戻る　印刷実行
印刷設定
使用プリンター　Fujitsu Printer
用紙サイズ　ハガキ 100 x 148 mm
印刷部数　1 部
用紙の向き　縦
薄墨印刷をする　自動両面印刷
プリンター簡単設定
メニュー　(選択してください)
給紙元　自動給紙選択

印刷実行画面が表示されます。

※お使いのプリンターによって、画面の表示は異なります。

⑥《用紙サイズ》が《ハガキ》になっていることを確認します。

⑦プリンターに試し印刷用のはがきをセットします。

※郵便番号の印刷位置や文字サイズを確認するため、必ず試し印刷をします。

※はがきの向きや表裏など、はがきが正しくセットされていることを確認しておきましょう。

⑧《印刷実行》をクリックします。

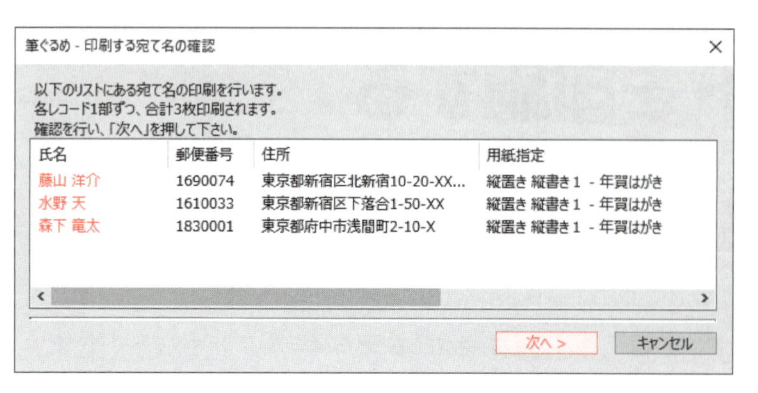

《筆ぐるめ-印刷する宛て名の確認》ダイアログボックスが表示されます。

⑨印刷する宛て名を確認します。

⑩《次へ》をクリックします。

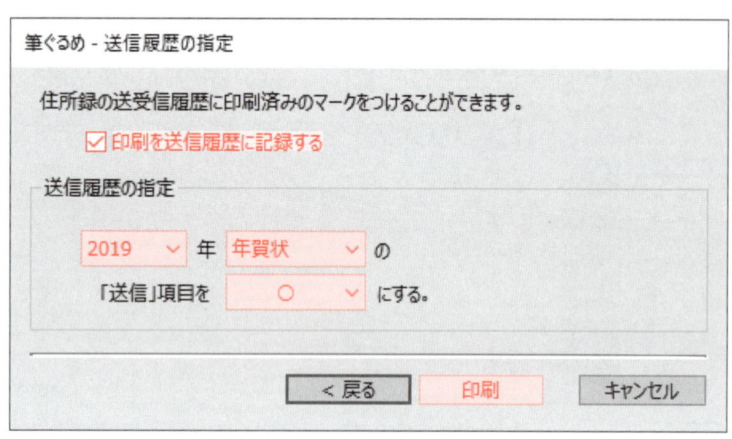

《筆ぐるめ-送信履歴の指定》ダイアログボックスが表示されます。

⑪《印刷を送信履歴に記録する》を☑にします。

⑫「2019」年の「年賀状」の「送信」項目を「○」に設定します。

※それぞれ⌄をクリックし、一覧から選択します。

⑬《印刷》をクリックします。

※印刷しない場合は、《キャンセル》をクリックします。

すべての宛て名カードが印刷されます。

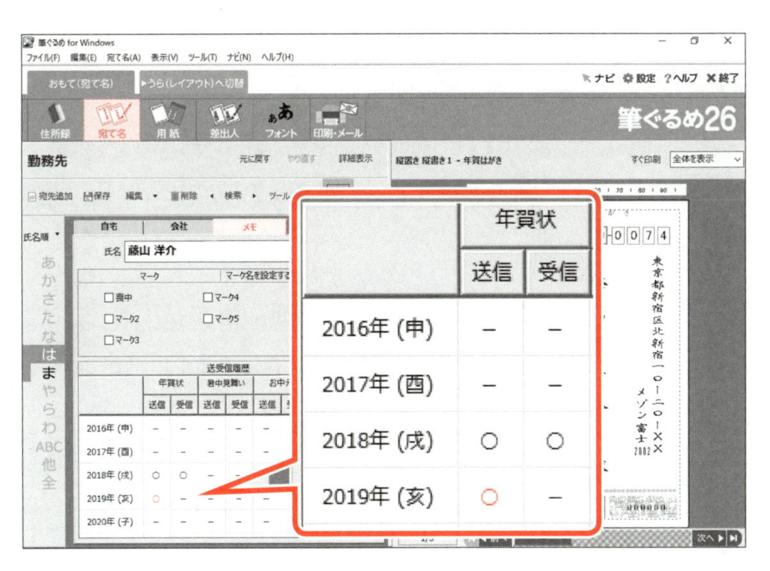

《宛て名》設定画面を表示します。

⑭ （宛て名）をクリックします。

⑮《メモ》タブを選択します。

⑯《送受信履歴》の《年賀状》《送信》《2019年（亥）》欄が《○》になっていることを確認します。

※すべての宛て名カードが、同様に設定されていることを確認しておきましょう。

STEP UP 印刷する宛て名の選択

住所録の中から特定の宛て名だけを印刷できます。

◆宛て名選択画面で印刷する宛て名は☑、印刷しない宛て名は☐にする

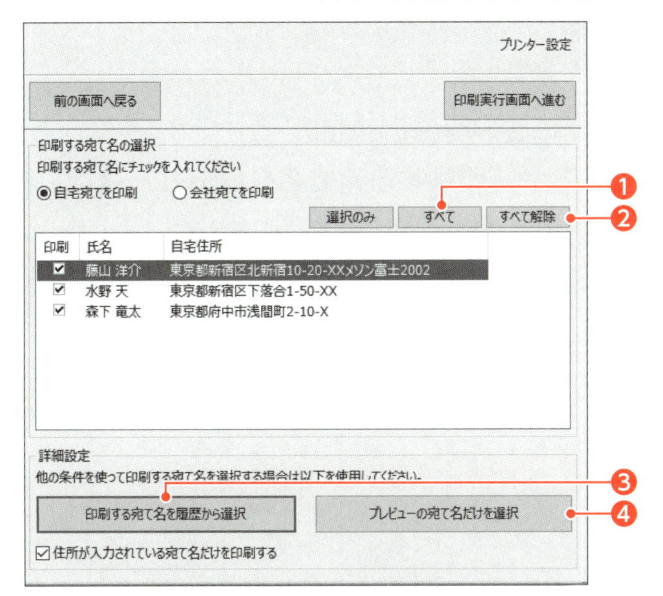

❶ **すべて**
すべての宛て名を☑にします。

❷ **すべて解除**
すべての宛て名を☐にします。

❸ **印刷する宛て名を履歴から選択**
過去の送信履歴や受信履歴から宛て名を選択します。

❹ **プレビューの宛て名だけを選択**
プレビュー画面に表示されている宛て名だけを選択します。

STEP UP 位置補正

プリンターの使用状況や用紙の紙質などによって、印字位置がずれてしまうことがありますが、筆ぐるめには印字位置を微調整できる機能が備わっています。

◆印刷実行画面の《位置補正》

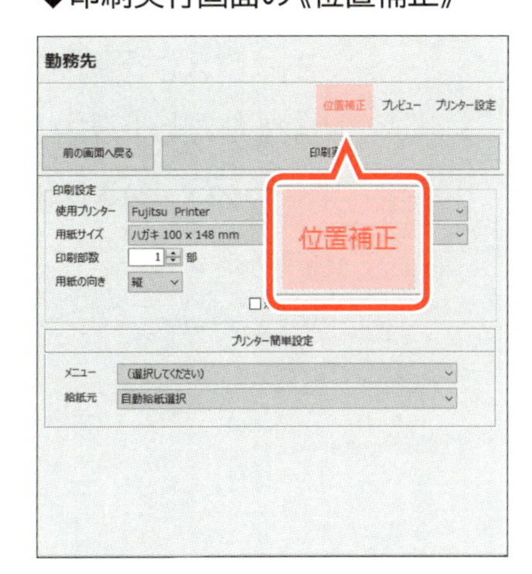

2 選択した宛て名カードを印刷しよう

マークを付けた宛て名だけを印刷する、または印刷しないように設定できます。マークの**「喪中」**が☑になっている宛て名を除いて、その他の宛て名を印刷しましょう。

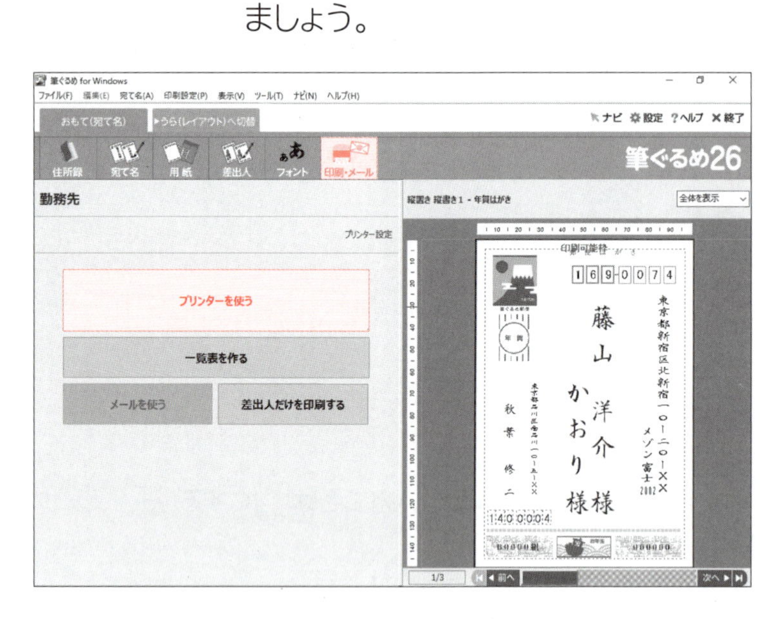

《印刷・メール》設定画面を表示します。

①（印刷・メール）をクリックします。

②**《プリンターを使う》**をクリックします。

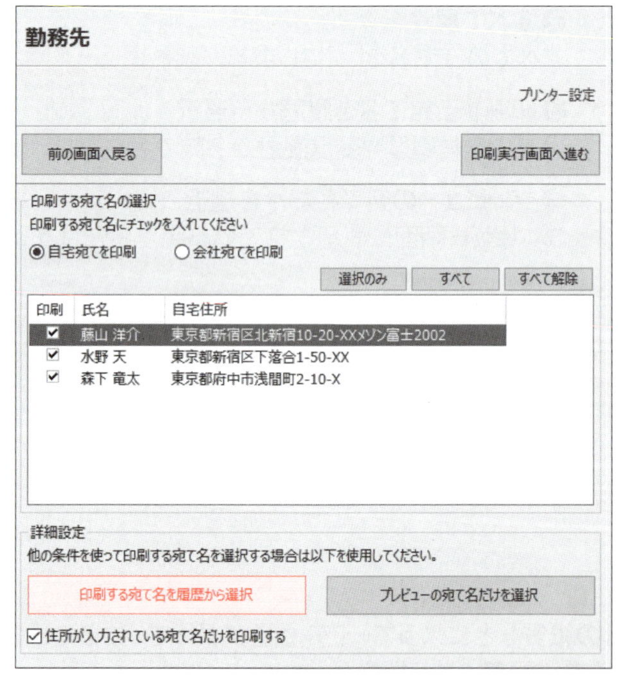

宛て名選択画面が表示されます。

③**《印刷する宛て名を履歴から選択》**をクリックします。

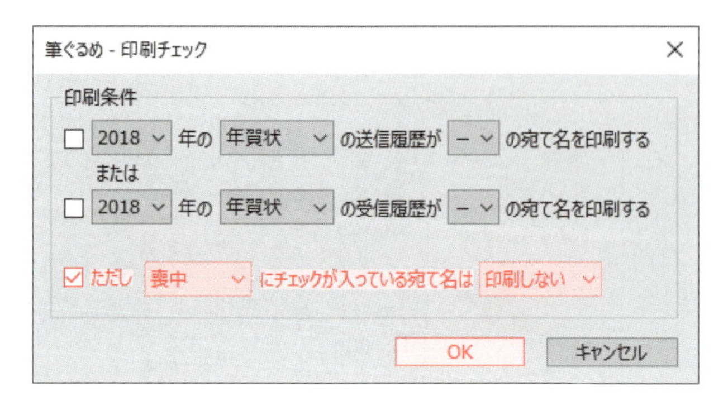

《筆ぐるめ-印刷チェック》ダイアログボックスが表示されます。

④**《ただし「喪中」にチェックが入っている宛て名は「印刷しない」》**を☑にします。

⑤**《OK》**をクリックします。

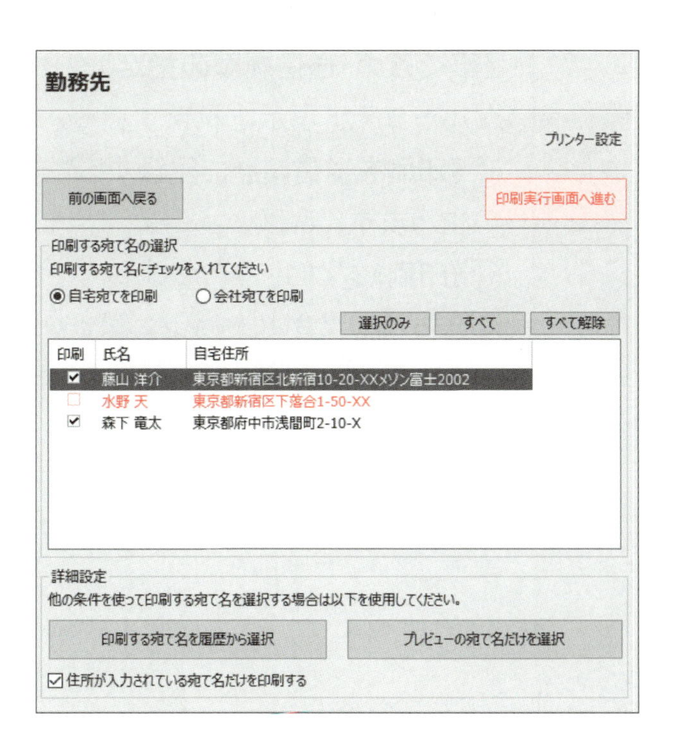

宛て名選択画面に戻ります。

⑥**「水野　天」**のチェックボックスが□になっていることを確認します。

⑦**《印刷実行画面へ進む》**をクリックします。

印刷実行画面が表示されます。

※お使いのプリンターによって、画面の表示は異なります。

⑧**《用紙サイズ》**が**《ハガキ》**になっていることを確認します。

⑨プリンターに試し印刷用のはがきをセットします。

⑩**《印刷実行》**をクリックします。

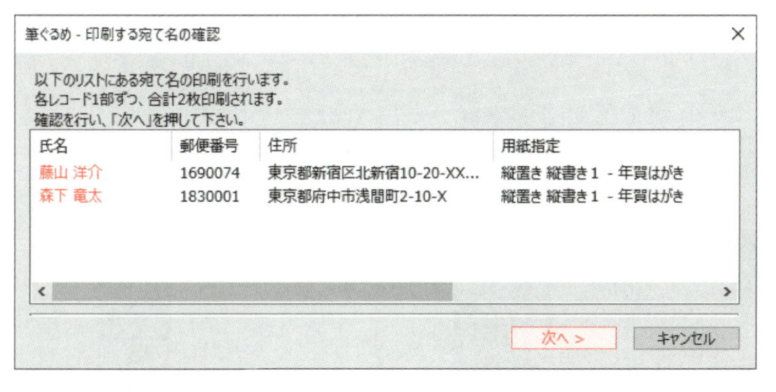

《筆ぐるめ-印刷する宛て名の確認》ダイアログボックスが表示されます。

⑪印刷する宛て名を確認します。

⑫**《次へ》**をクリックします。

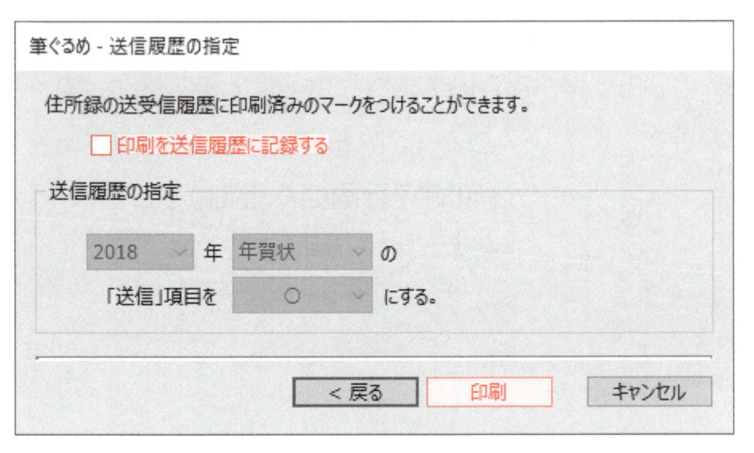

《筆ぐるめ-送信履歴の指定》ダイアログボックスが表示されます。

⑬《印刷を送信履歴に記録する》を□にします。

⑭《印刷》をクリックします。

※印刷しない場合は、《キャンセル》をクリックします。

喪中を除く宛て名カードが印刷されます。

薄墨印刷

宛て名を薄墨で印刷できます。喪中はがきの宛て名を印刷するときに便利です。

◆印刷実行画面の《☑薄墨印刷をする》

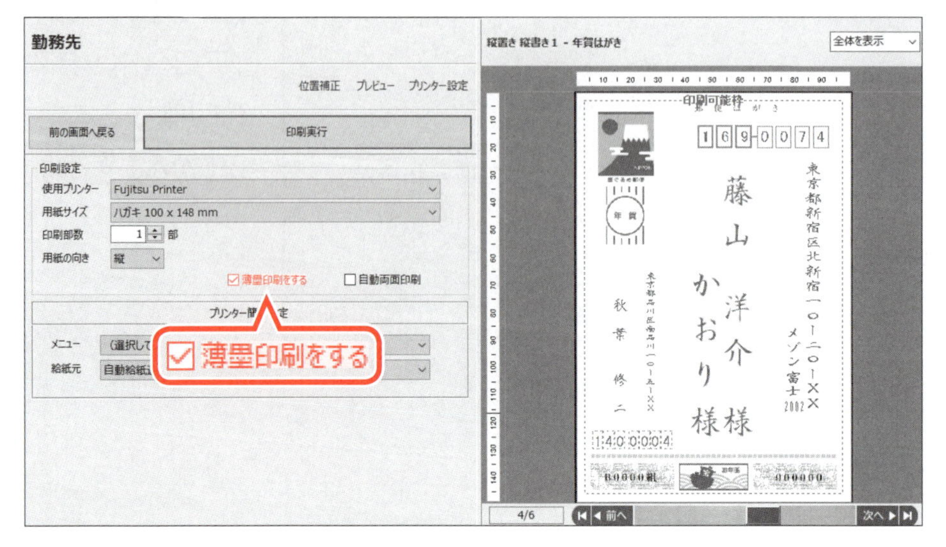

3 一覧表を印刷しよう

宛て名の情報を一覧表の形式で印刷できます。印刷する項目は自宅用や会社用など、目的に合わせて選択できます。また、項目の順番を設定することもできます。

1 印刷項目を設定しよう

宛て名カードの項目を次の順番に並べて、一覧表を作成しましょう。

氏名読み
氏名
自宅郵便番号
自宅住所
送受信履歴・ひとこと：2019年の年賀状の送信・受信の履歴

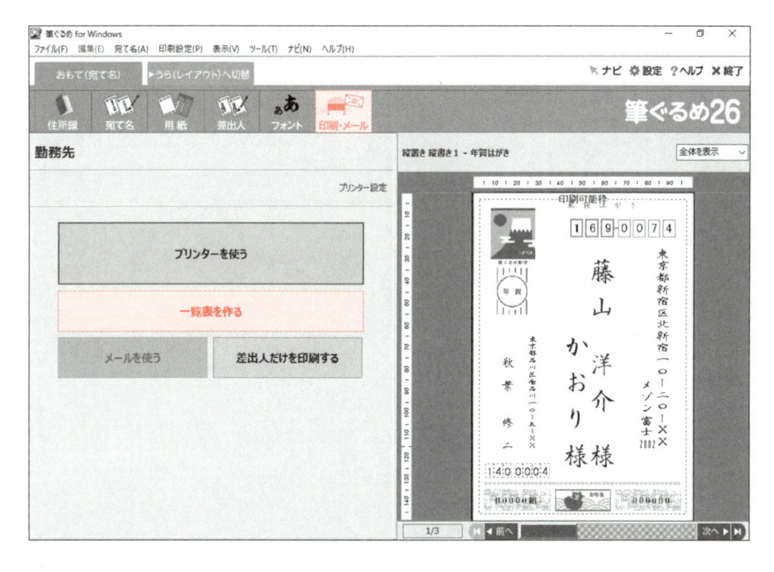

《印刷・メール》設定画面を表示します。

①（印刷・メール）をクリックします。

②《一覧表を作る》をクリックします。

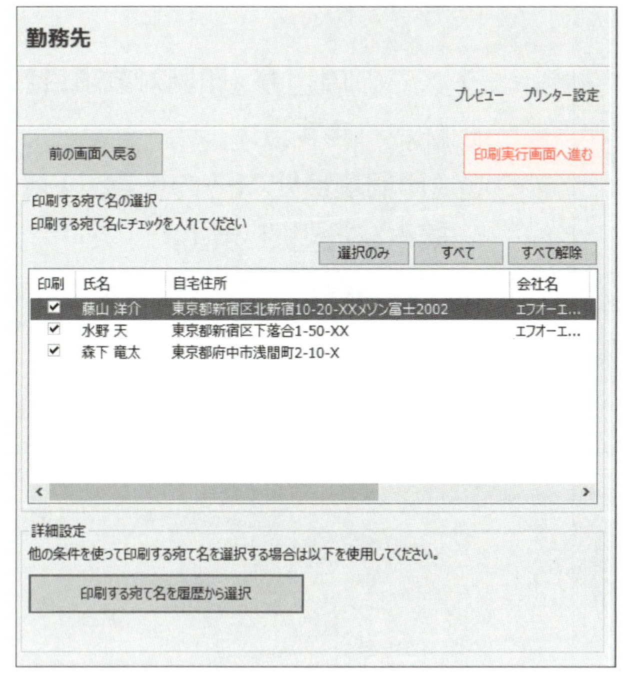

宛て名選択画面が表示されます。

③《印刷実行画面へ進む》をクリックします。

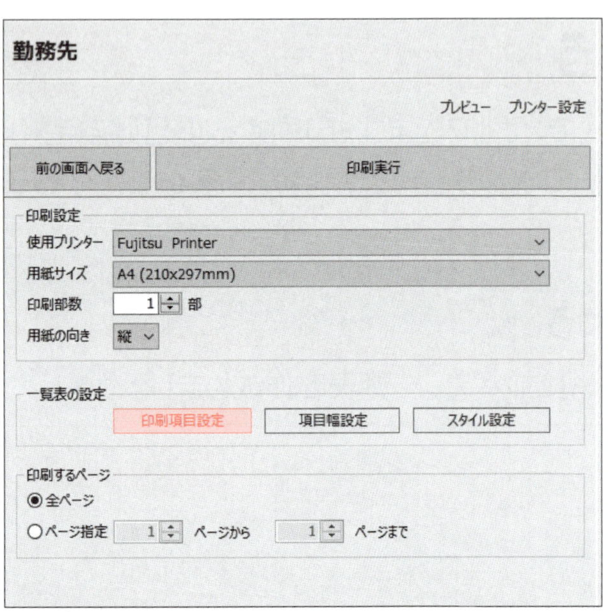

印刷実行画面が表示されます。

④**《印刷項目設定》**をクリックします。

勤務先
プレビュー
プリンター設定
前の画面へ戻る
印刷項目リスト：
印刷する項目を選択し下のボタンで印刷対象項目へ移動してください
旧姓
氏名読み
誕生日
年齢
星座
性別
血液型
連名１
標準項目移動
自宅全て移動
会社全て移動
全項目上へ移動
上へ移動
下へ移動
全項目下へ移動
印刷対象項目：
印刷対象から外す場合は項目を選択し上のボタンで移動してください
各項目にチェックを入れると印刷時に自動改行されます
氏名
敬称
自宅郵便番号
自宅住所
自宅電話番号
送受信履歴設定
表示順を変更↑
表示順を変更↓

印刷項目設定画面が表示されます。

⑤**《全項目上へ移動》**をクリックします。

勤務先
プレビュー
プリンター設定
前の画面へ戻る
印刷項目リスト：
印刷する項目を選択し下のボタンで印刷対象項目へ移動してください
氏名
旧姓
氏名読み
敬称
誕生日
年齢
星座
性別
標準項目移動
自宅全て移動
会社全て移動
全項目上へ移動
上へ移動
下へ移動
全項目下へ移動
印刷対象項目：
印刷対象から外す場合は項目を選択し上のボタンで移動してください
各項目にチェックを入れると印刷時に自動改行されます
送受信履歴設定
表示順を変更↑
表示順を変更↓

すべての項目が**《印刷対象項目》**から削除されます。

⑥**《印刷項目リスト》**の一覧から**《氏名読み》**を選択します。

⑦**《下へ移動》**をクリックします。

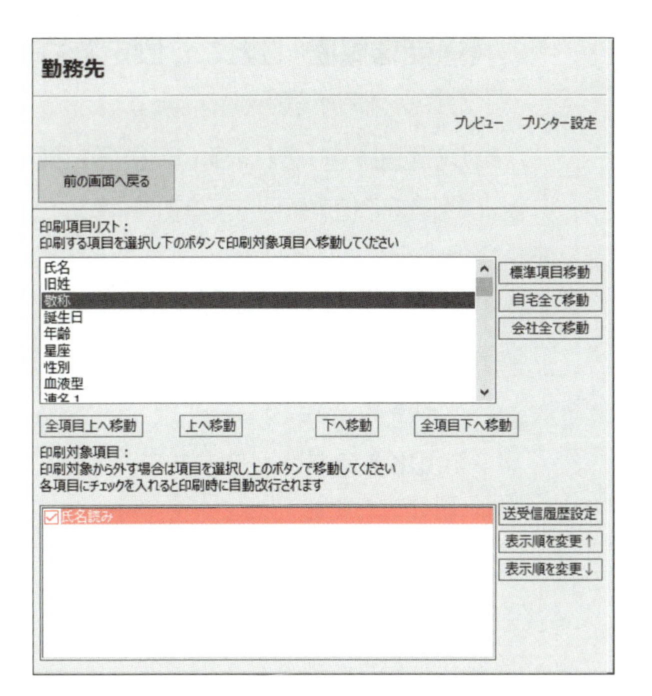

《**氏名読み**》が《**印刷対象項目**》に追加されます。

⑧同様に、《**氏名**》《**自宅郵便番号**》《**自宅住所**》を《**印刷対象項目**》に追加します。

⑨《**印刷項目リスト**》の一覧から《**<送受信履歴・ひとこと>**》を選択します。

⑩《**下へ移動**》をクリックします。

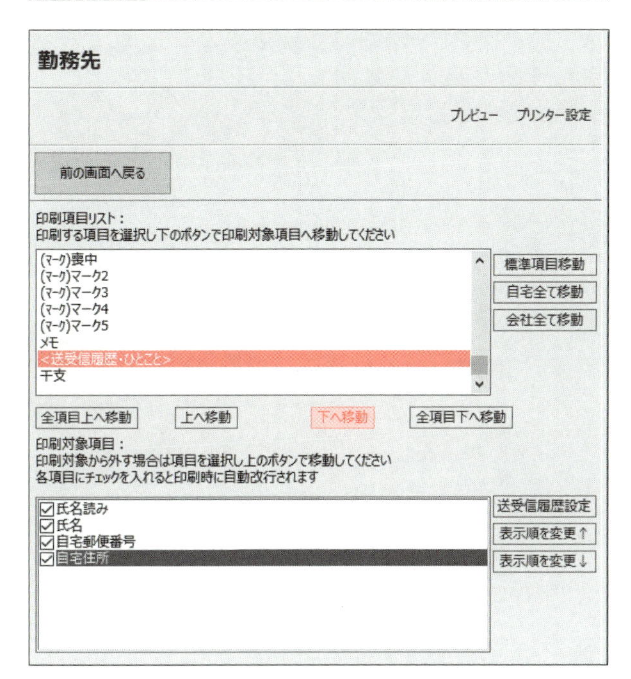

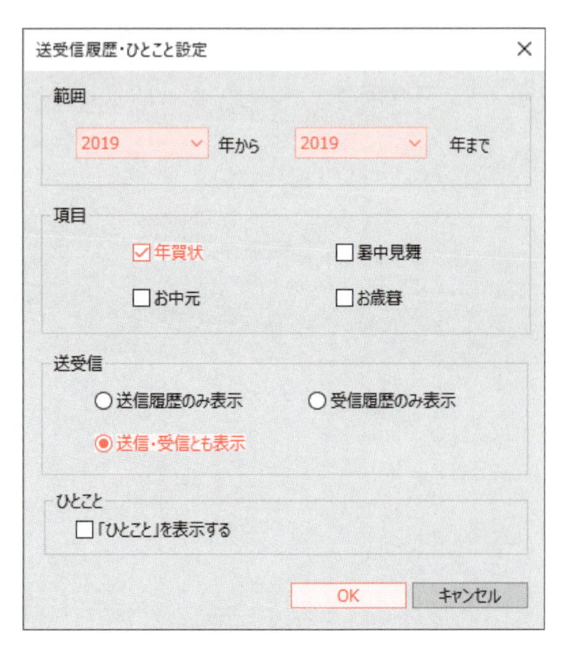

《送受信履歴・ひとこと設定》ダイアログボックスが表示されます。

⑪**《範囲》**を**「2019」**年から**「2019」**年までに設定します。

※それぞれ∨をクリックし、一覧から選択します。

⑫**《項目》**の**《年賀状》**を☑にします。

⑬**《送受信》**の**《送信・受信とも表示》**を◉にします。

⑭**《OK》**をクリックします。

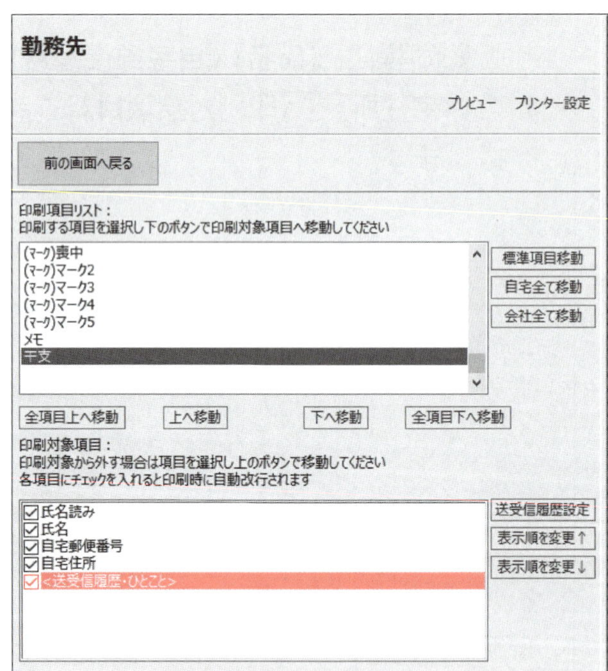

《<送受信履歴・ひとこと>》が**《印刷対象項目》**に追加されます。

STEP UP 印刷項目設定画面

印刷項目設定画面には、次のようなボタンが用意されています。

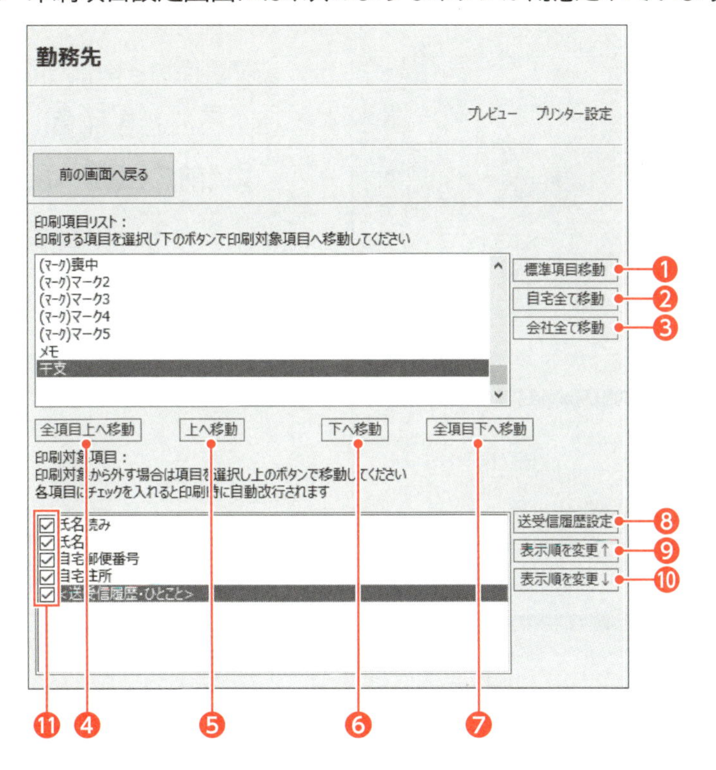

❶標準項目移動
自宅や会社の一般的な項目をまとめて《印刷対象項目》に移動します。

❷自宅全て移動
自宅の項目をまとめて《印刷対象項目》に移動します。

❸会社全て移動
会社の項目をまとめて《印刷対象項目》に移動します。

❹全項目上へ移動
すべての項目を《印刷項目リスト》に移動します。

❺上へ移動
選択した項目を《印刷項目リスト》に移動します。

❻下へ移動
選択した項目を《印刷対象項目》に移動します。

❼全項目下へ移動
すべての項目を《印刷対象項目》に移動します。

❽送受信履歴設定
送受信履歴やひとことの項目を《印刷対象項目》に追加します。

❾表示順を変更↑
選択した項目の表示順をひとつ上へ移動します。

❿表示順を変更↓
選択した項目の表示順をひとつ下へ移動します。

⓫自動改行
☑にすると、文字数が多い場合に自動的に改行されます。

1
2
3
4
5
6
索引

2 一覧表を印刷しよう

印刷項目を設定したら、印刷しましょう。

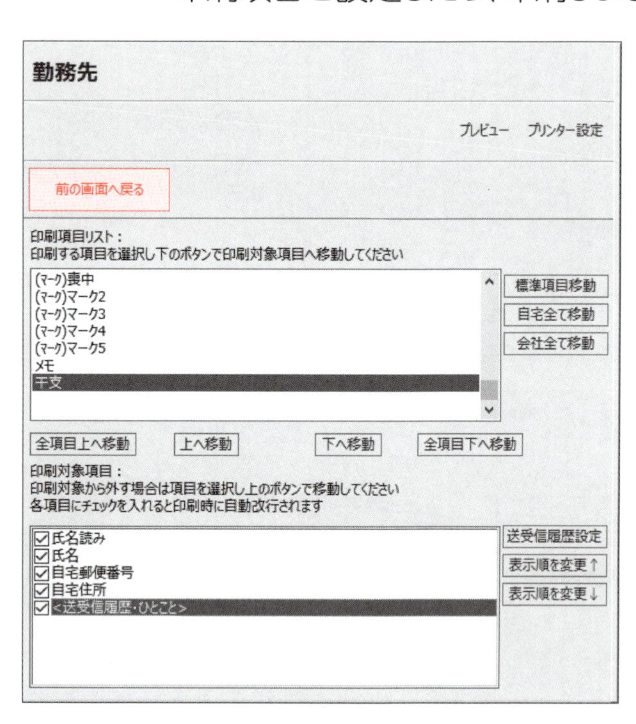

①印刷項目設定画面が表示されていることを確認します。

②**《前の画面へ戻る》**をクリックします。

勤務先

プレビュー　プリンター設定

前の画面へ戻る　印刷実行

印刷設定

使用プリンター　Fujitsu Printer

用紙サイズ　A4 (210x297mm)

印刷部数　1 部

用紙の向き　横

一覧表の設定

印刷項目設定　項目幅設定　スタイル設定

印刷するページ

全ページ

ページ指定　1 ページから　1 ページまで

印刷実行画面に戻ります。

※お使いのプリンターによって、画面の表示は異なります。

③**《用紙サイズ》**の ⌄ をクリックし、一覧から**《A4》**を選択します。

④**《用紙の向き》**の ⌄ をクリックし、一覧から**《横》**を選択します。

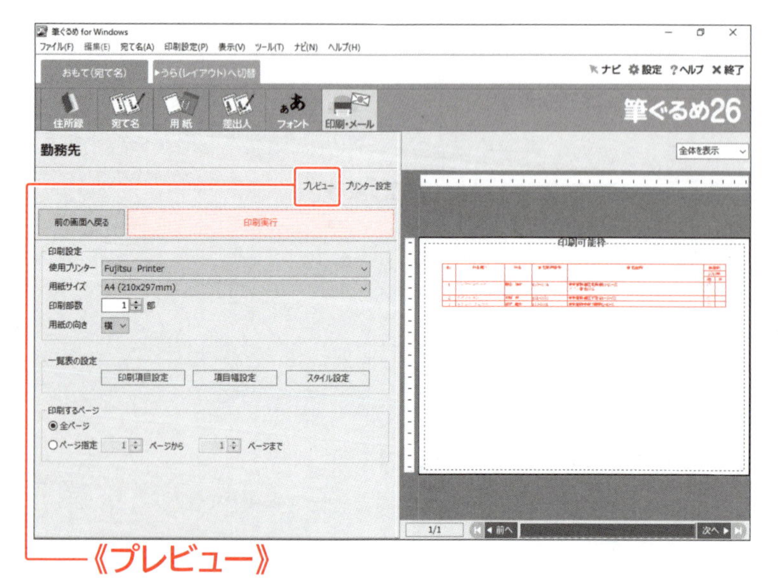

一覧表がプレビュー画面に表示されます。

※プレビュー画面に設定が反映されない場合は、《プレビュー》をクリックします。

⑤プリンターに試し印刷用のA4用紙をセットします。

⑥**《印刷実行》**をクリックします。

一覧表が印刷されます。

No	氏名読み	氏名	自宅郵便番号	自宅住所	年賀状	
					2019年	
					送	受
1	フジヤマヨウスケ	藤山 洋介	169-0074	東京都新宿区北新宿10-20-XX メゾン富士2002	○	
2	ミズノタカシ	水野 天	161-0033	東京都新宿区下落合1-50-XX	○	
3	モリシタ リュウタ	森下 竜太	183-0001	東京都府中市浅間町2-10-X	○	

STEP UP 一覧表のスタイル設定

一覧表の項目行に背景色を付けて強調できます。また、奇数行と偶数行で交互に異なる背景色を付けてデータを読み取りやすくできます。

◆印刷実行画面の《スタイル設定》

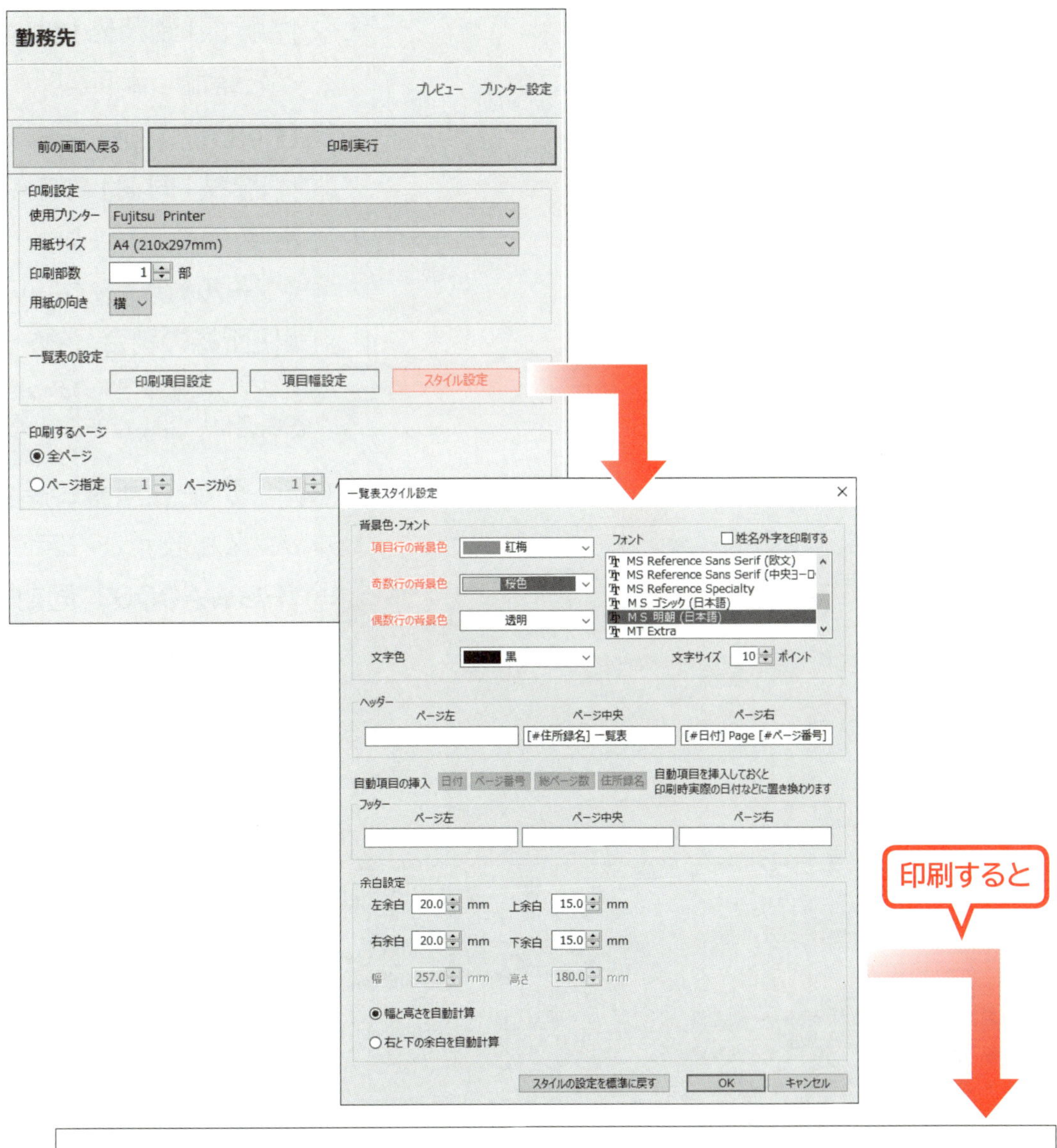

勤務先 一覧表　　2018/10/01 Page 1

No	氏名読み	氏名	自宅郵便番号	自宅住所	年賀状	
					2019年	
					送	受
1	フジヤマヨウスケ	藤山 洋介	169-0074	東京都新宿区北新宿10-20-XX メゾン富士2002	○	
2	ミズノタカシ	水野 天	161-0033	東京都新宿区下落合1-50-XX	○	
3	モリシタ リュウタ	森下 竜太	183-0001	東京都府中市浅間町2-10-X	○	

Step 9 住所録を結合する

1 住所録を結合しよう

2つに分かれている住所録を1つに結合できます。
住所録の結合方法には、2つを結合して新しい住所録を作成する方法と、一方の住所録にもう一方をコピーして結合する方法があります。
現在開いている住所録**「勤務先」**に住所録**「同期」**をコピーして結合しましょう。

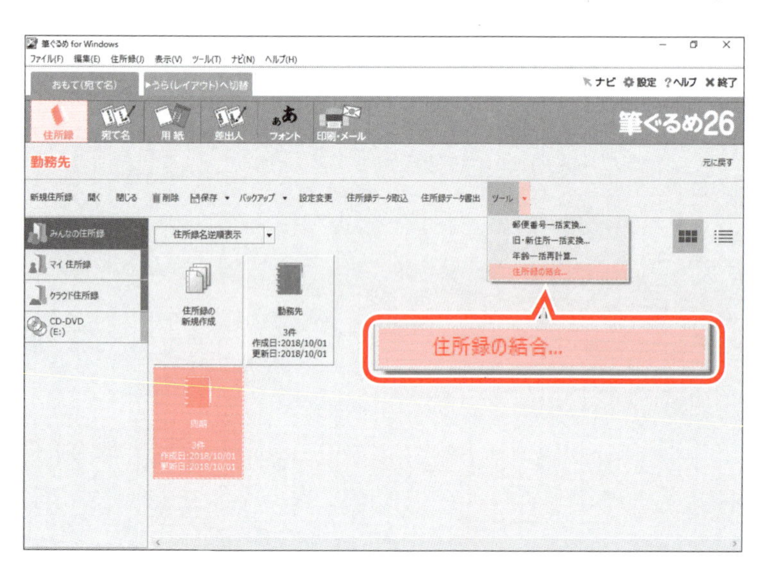

《住所録》設定画面を表示します。

①（住所録）をクリックします。

②住所録**「勤務先」**が開かれていることを確認します。

結合する住所録を選択します。

③住所録**「同期」**のアイコンを選択します。

④**《ツール》**のをクリックし、一覧から**《住所録の結合》**をクリックします。

※《保存しますか？》のメッセージが表示される場合は、《はい》をクリックします。

筆ぐるめ - 住所録の結合
結合方法の選択
◉ FGWA0001"同期"をFGWA0000"勤務先"に結合
○ FGWA0000"勤務先"をFGWA0001"同期"に結合
○ 住所録を結合して新しい住所録を作成
次へ>>　中止

《筆ぐるめ-住所録の結合》ダイアログボックスが表示されます。

⑤**《FGWA0001"同期"をFGWA0000"勤務先"に結合》**を◉にします。

※「FGWA」に続く数字は住所録を作成した順番に付けられる連番です。

⑥**《次へ》**をクリックします。

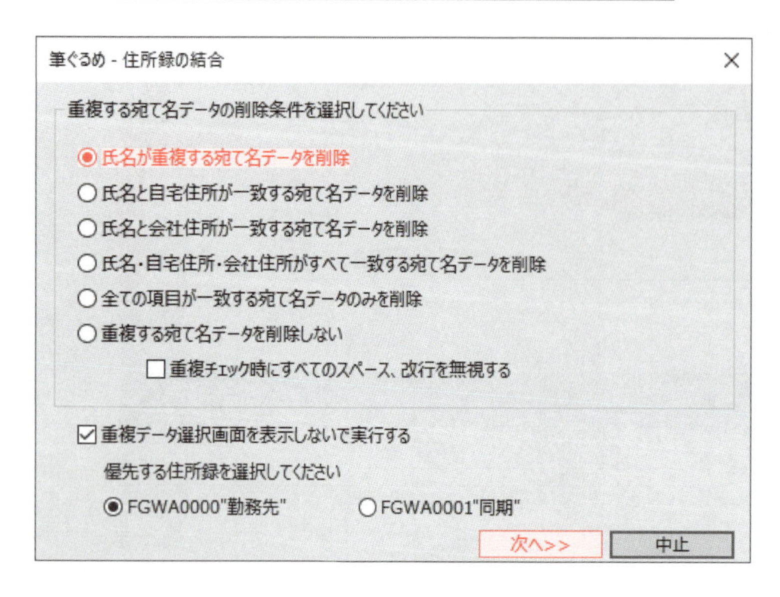

⑦**《氏名が重複する宛て名データを削除》**を◉にします。

⑧**《次へ》**をクリックします。

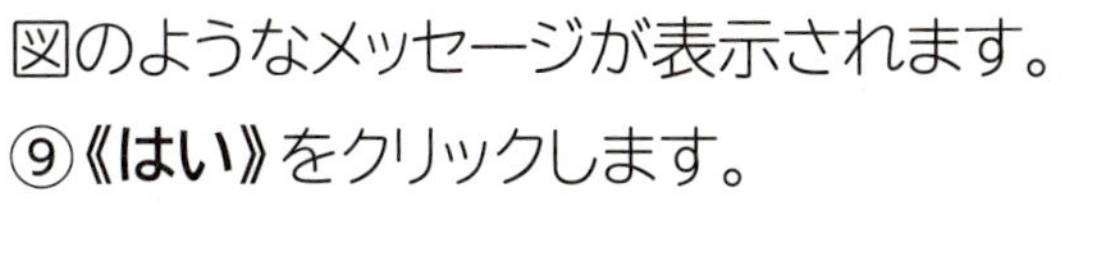

図のようなメッセージが表示されます。

⑨**《はい》**をクリックします。

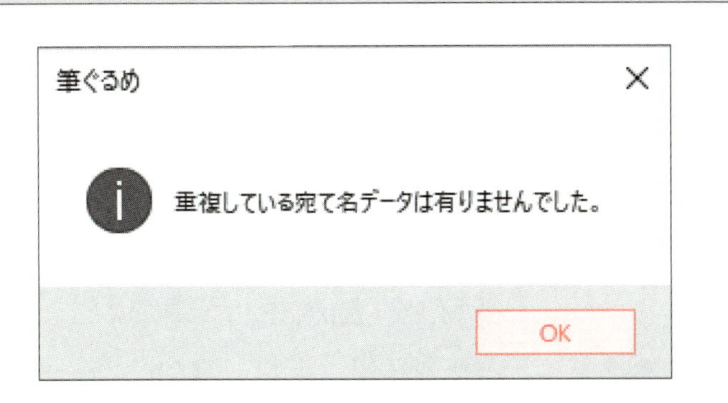

住所録が結合され、図のようなメッセージが表示されます。

⑩**《OK》**をクリックします。

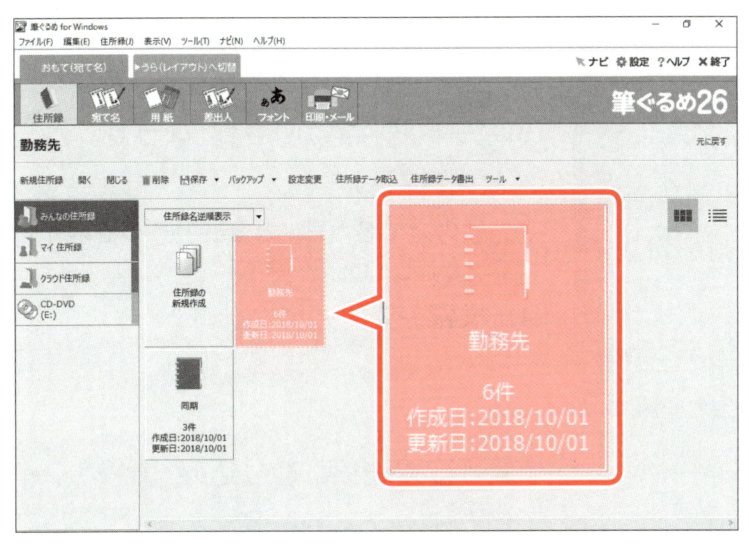

⑪住所録**「勤務先」**のアイコンに**「6件」**と表示されていることを確認します。

※結合前の住所録「同期」はそのまま残ります。

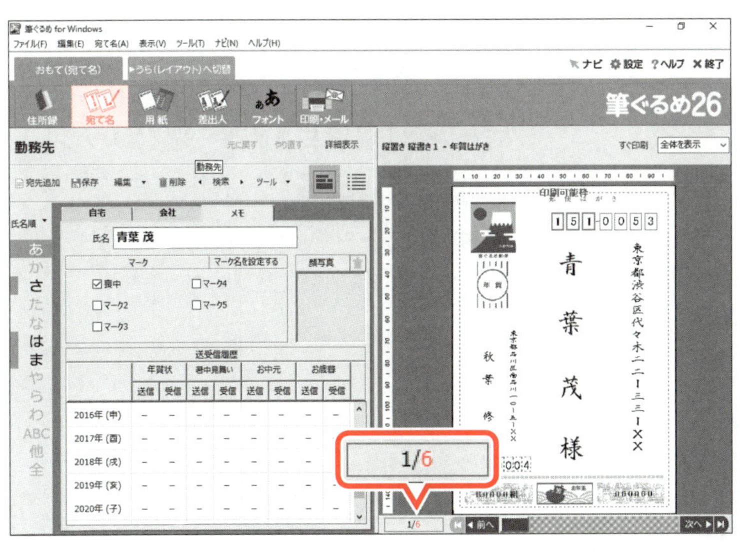

《宛て名》設定画面を表示します。

⑫ （宛て名）をクリックします。

⑬カード総件数が**「6」**になっていることを確認します。

Step10 宛て名カードを検索する

1 宛て名カードを検索しよう

住所録の宛て名カードが増えてくると、目的の宛て名カードを表示するのに、時間がかかるようになります。そんなときには、**「検索」**を使うと効率的です。
氏名に**「水」**が含まれる宛て名カードを検索しましょう。

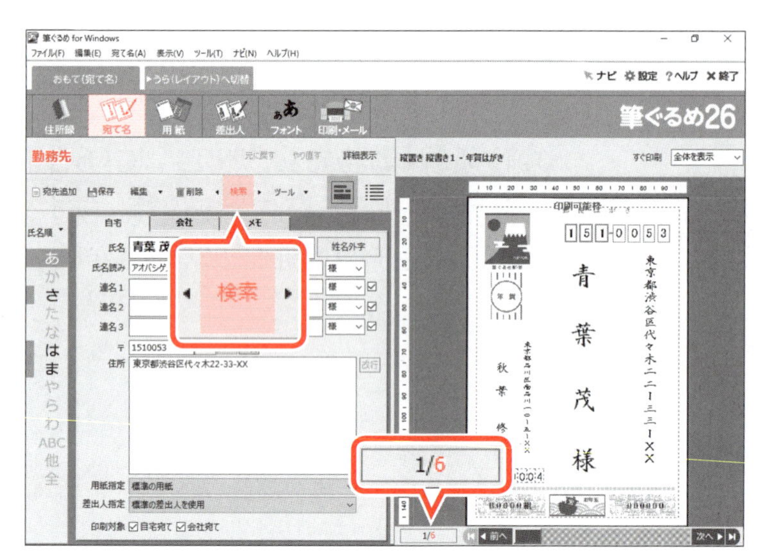

①住所録**「勤務先」**が開かれていることを確認します。

《宛て名》設定画面を表示します。

②（宛て名）をクリックします。

③カード総件数が**「6」**になっていることを確認します。

※先頭の宛て名カードの《自宅》タブを表示しておきましょう。

④**《検索》**をクリックします。

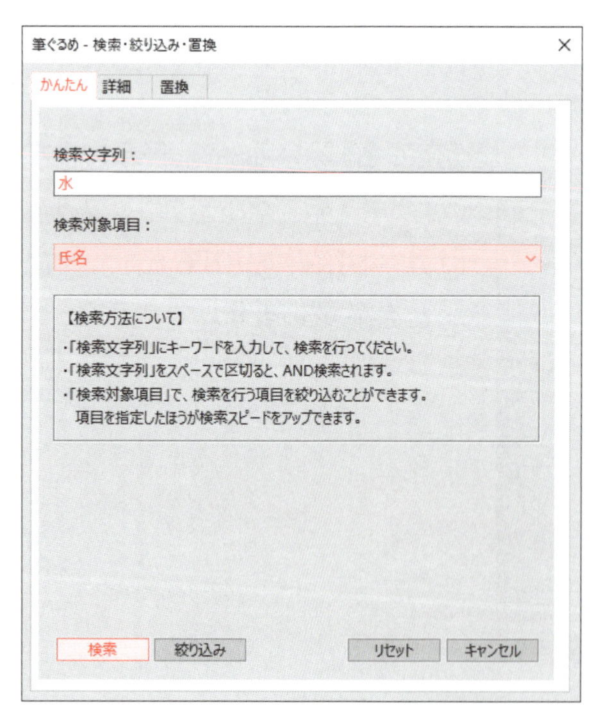

《筆ぐるめ-検索・絞り込み・置換》ダイアログボックスが表示されます。

⑤**《かんたん》**タブを選択します。

⑥**《検索文字列》**に**「水」**と入力します。

⑦**《検索対象項目》**の をクリックし、一覧から**《氏名》**を選択します。

⑧**《検索》**をクリックします。

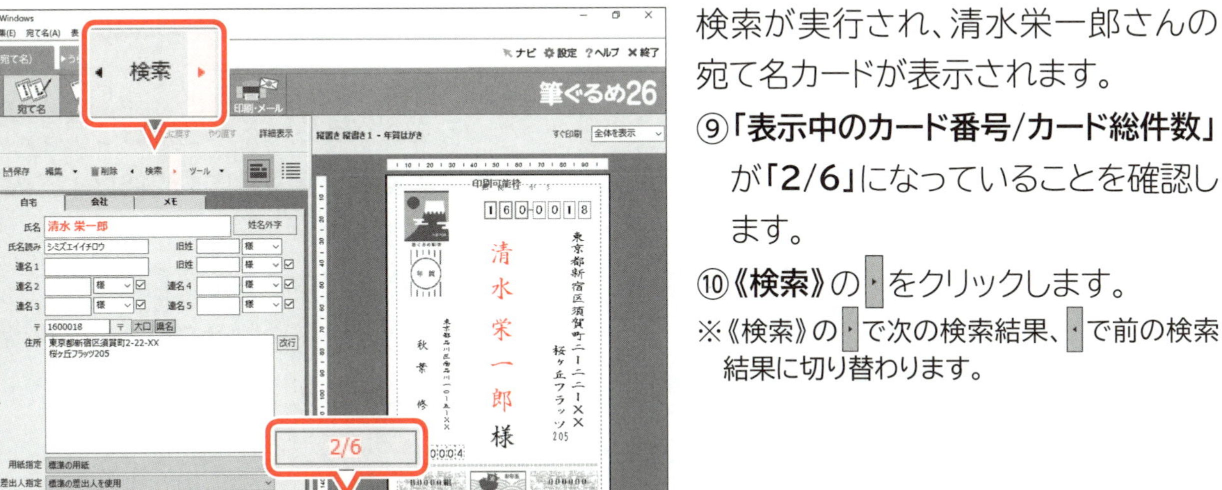

検索が実行され、清水栄一郎さんの宛て名カードが表示されます。

⑨**「表示中のカード番号/カード総件数」**が**「2/6」**になっていることを確認します。

⑩**《検索》**の▸をクリックします。

※《検索》の▸で次の検索結果、◂で前の検索結果に切り替わります。

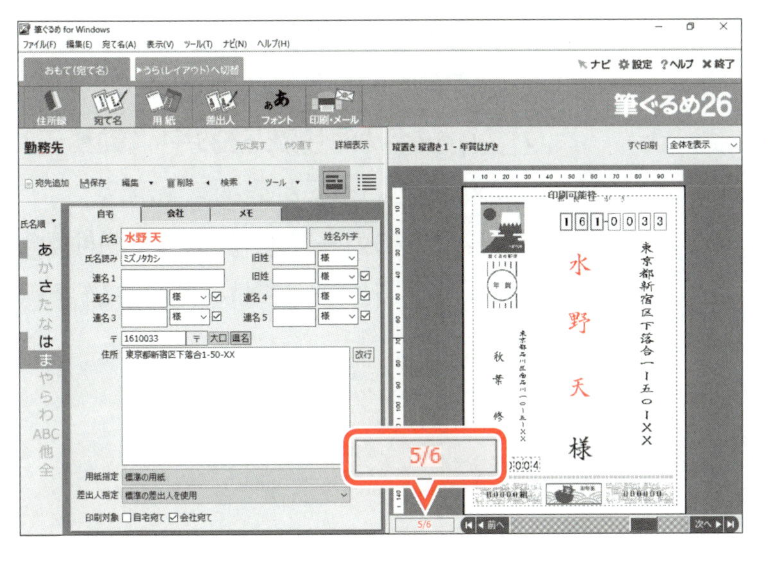

水野天さんの宛て名カードが表示されます。

⑪**「表示中のカード番号/カード総件数」**が**「5/6」**になっていることを確認します。

2 宛て名カードを絞り込もう

検索によく似た機能に、**「絞り込み」**があります。
検索はプレビュー画面にすべての宛て名カードが表示されますが、絞り込みは検索結果の宛て名カードだけが抽出して表示されます。
自宅住所が**「渋谷区」**の宛て名カードだけに絞り込みましょう。

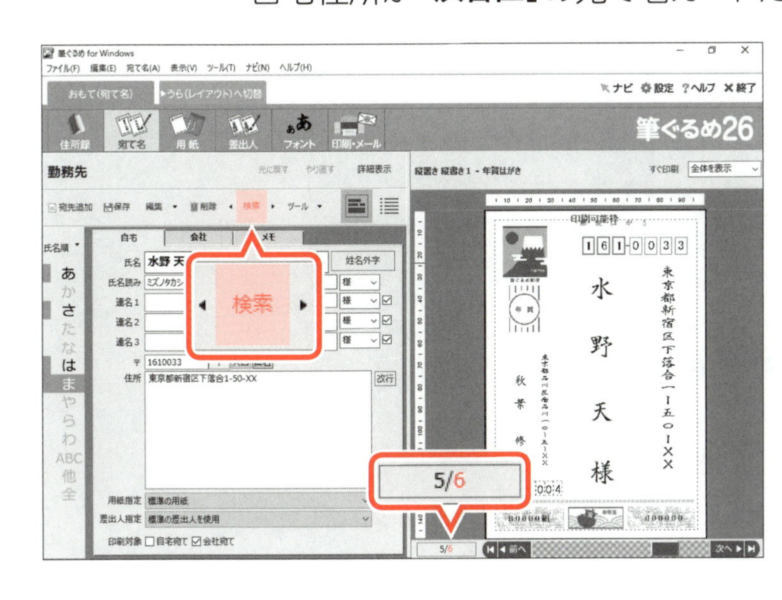

①カード総件数が**「6」**になっていることを確認します。

②**《検索》**をクリックします。

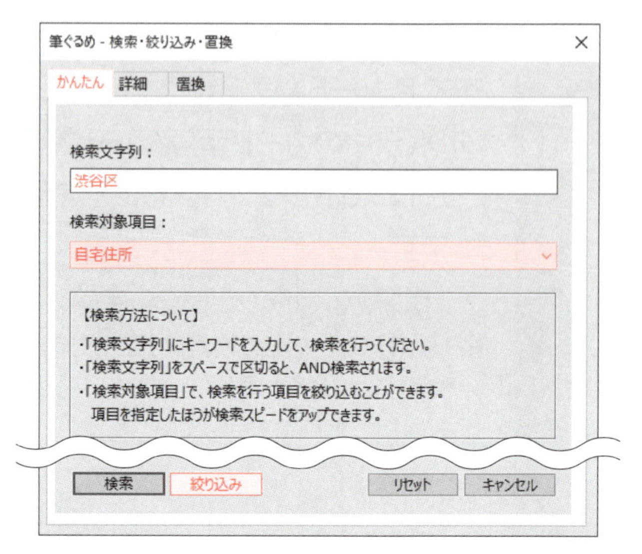

《筆ぐるめ-検索・絞り込み・置換》ダイアログボックスが表示されます。

③《かんたん》タブを選択します。

④《検索文字列》に「渋谷区」と入力します。

⑤《検索対象項目》の ⌄ をクリックし、一覧から《自宅住所》を選択します。

⑥《絞り込み》をクリックします。

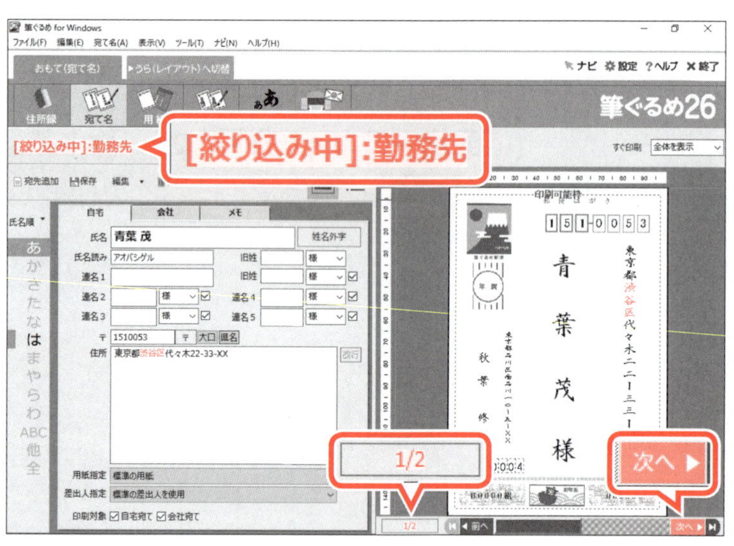

絞り込みが実行され、住所が渋谷区の宛て名カードが表示されます。

⑦住所録名が「[絞り込み中]：勤務先」になっていることを確認します。

⑧「表示中のカード番号/カード総件数」が「1/2」になっていることを確認します。

⑨《次へ》をクリックします。

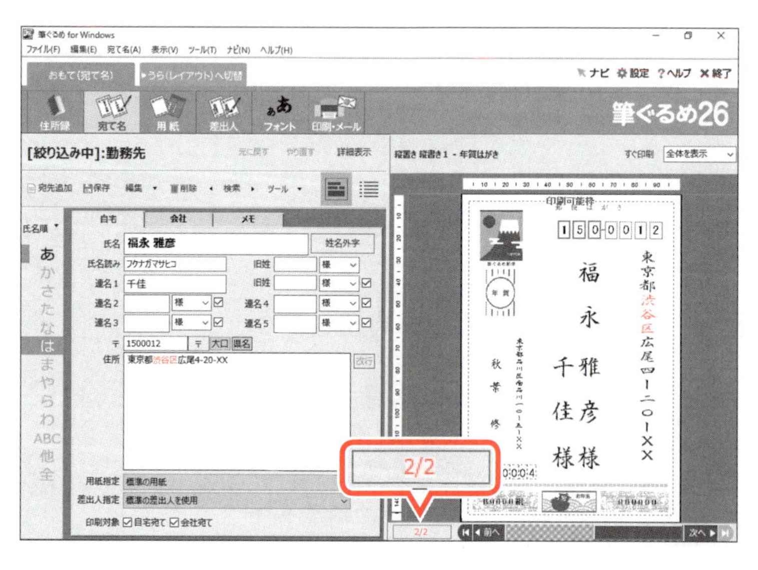

次の住所が渋谷区の宛て名カードが表示されます。

⑩「表示中のカード番号/カード総件数」が「2/2」になっていることを確認します。

絞り込んだ宛て名カードの保存

STEP UP

絞り込んだ宛て名カードだけを新しい住所録として保存できます。

◆ （住所録）→《保存》の ・ →《新規保存》

検索・絞り込みの詳細設定

STEP UP

宛て名カードの複数の項目を条件に検索・絞り込みを行うことできます。

◆ （宛て名）→《検索》→《詳細》タブで設定

3 宛て名カードの絞り込みを解除しよう

絞り込みを実行すると、解除するまで宛て名カードは絞り込まれた状態になります。絞り込みを解除して、すべての宛て名カードを表示しましょう。

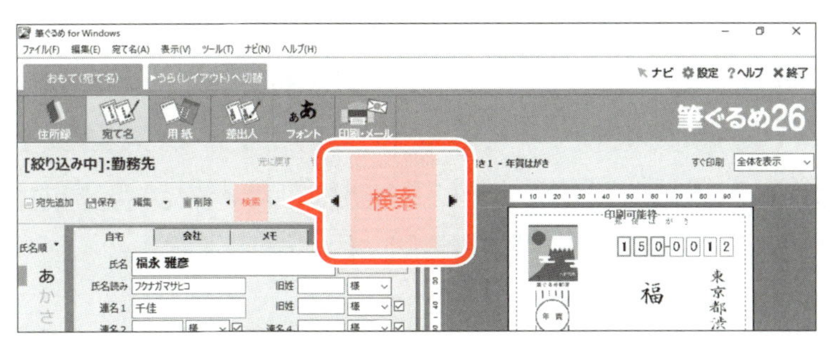

①**《検索》**をクリックします。

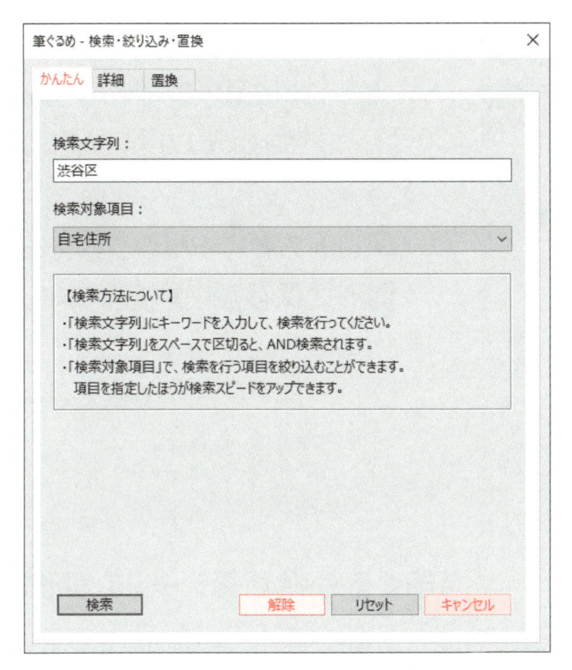

《筆ぐるめ-検索・絞り込み・置換》ダイアログボックスが表示されます。

②**《かんたん》**タブを選択します。

③**《解除》**をクリックします。

④**《キャンセル》**をクリックします。

POINT

検索条件のリセット

《リセット》をクリックすると、《検索文字列》と《検索対象項目》をクリアできます。

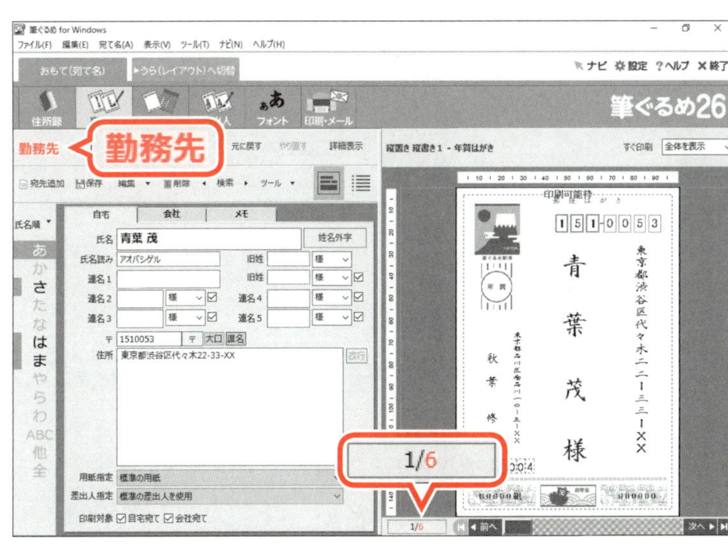

絞り込みが解除されます。

⑤住所録名が**「勤務先」**に戻っていることを確認します。

⑥カード総件数が**「6」**に戻っていることを確認します。

※絞り込みを解除した直後、「表示中のカード番号/カード総件数」が「6/6」と表示される場合があります。宛て名カード内をクリックすると、「1/6」に戻ります。

STEP UP 置換

宛て名カードから特定の文字列を検索して、別の文字列に置き換えることができます。

◆ (宛て名)→《検索》→《置換》タブで設定

Step 11 住所録のデータを活用する

1 住所録のデータ形式を変換しよう

筆ぐるめで作成した住所録を、ほかのアプリケーションで利用できる形式に変換できます。変換できる形式には、**「CSV形式」「Jアドレス形式」「ContactXML Version1.1a形式」「印刷サービス用形式」**があります。利用するアプリケーションに合わせて、適切な形式を選択しましょう。
住所録**「勤務先」**をCSV形式に変換しましょう。

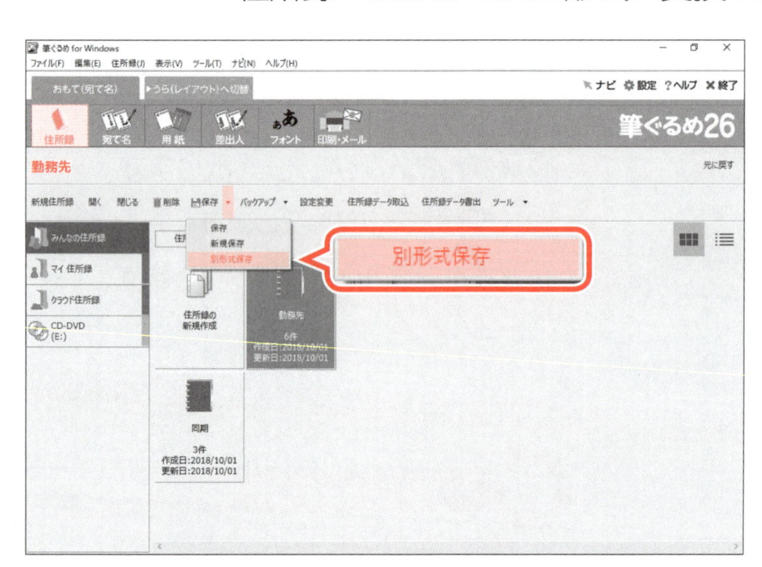

《住所録》設定画面を表示します。

①（住所録）をクリックします。

②住所録**「勤務先」**が開かれていることを確認します。

③**《保存》**の をクリックし、一覧から**《別形式保存》**を選択します。

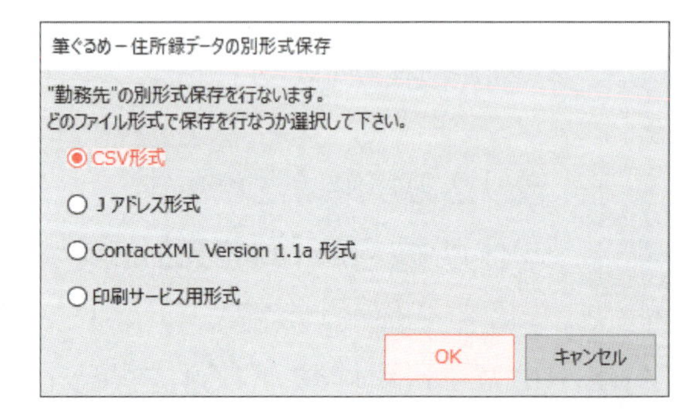

《筆ぐるめ-住所録データの別形式保存》ダイアログボックスが表示されます。

④**《CSV形式》**を◉にします。

⑤**《OK》**をクリックします。

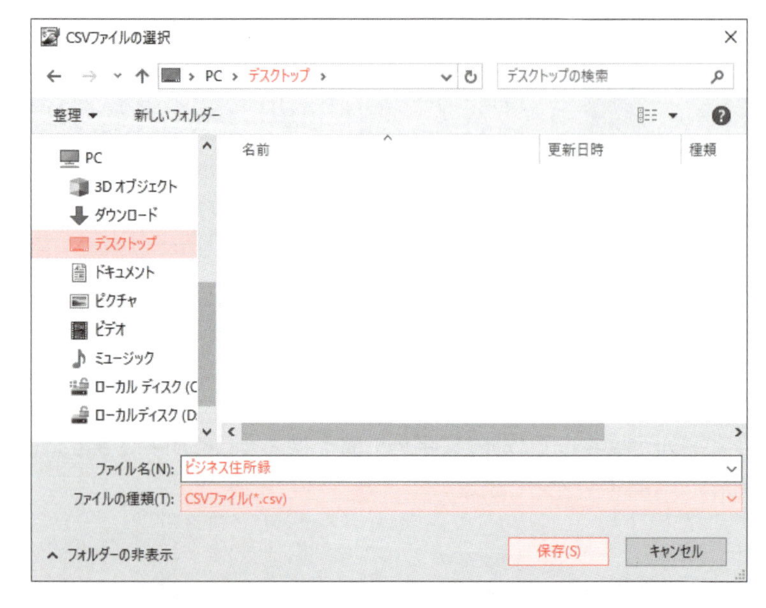

《CSVファイルの選択》ダイアログボックスが表示されます。

⑥保存する場所を**《デスクトップ》**にします。

※《PC》→《デスクトップ》を選択します。

⑦**《ファイル名》**に**「ビジネス住所録」**と入力します。

⑧**《ファイルの種類》**が**《CSVファイル(*.csv)》**になっていることを確認します。

⑨**《保存》**をクリックします。

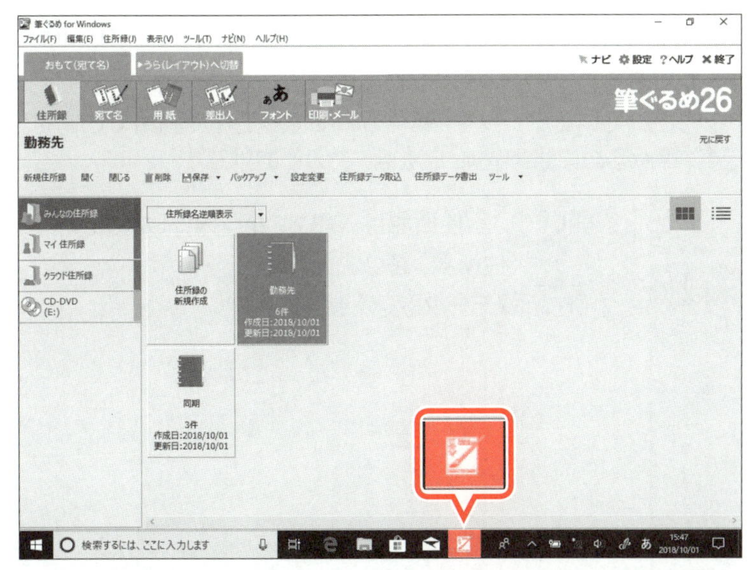

筆ぐるめのウィンドウを最小化します。

⑩タスクバーの筆ぐるめのアイコンをクリックします。

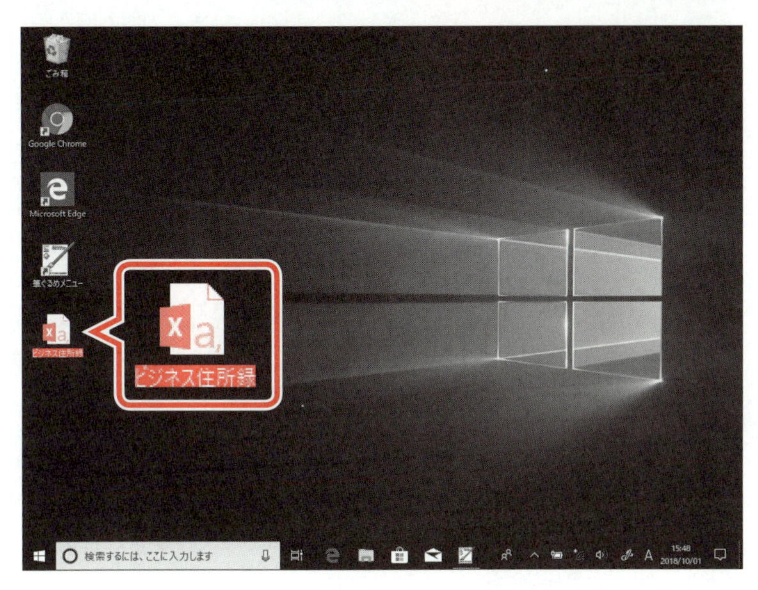

⑪デスクトップにCSVファイルが作成されていることを確認します。

※タスクバーの筆ぐるめのアイコンを再度クリックし、筆ぐるめのウィンドウを元の表示に戻しておきましょう。

STEP UP CSV形式の住所録をExcelで開く

CSV形式に変換した住所録をExcelで開く方法は、次のとおりです。

Excel 2013で開く

◆Excelを起動→スタートメニューの《他のブックを開く》→《コンピューター》→《参照》→ファイルの場所を選択→《すべてのExcelファイル》→《すべてのファイル》→CSVファイルを選択→《開く》

Excel 2016で開く

◆Excelを起動→スタートメニューの《他のブックを開く》→《参照》→ファイルの場所を選択→《すべてのExcelファイル》→《すべてのファイル》→CSVファイルを選択→《開く》

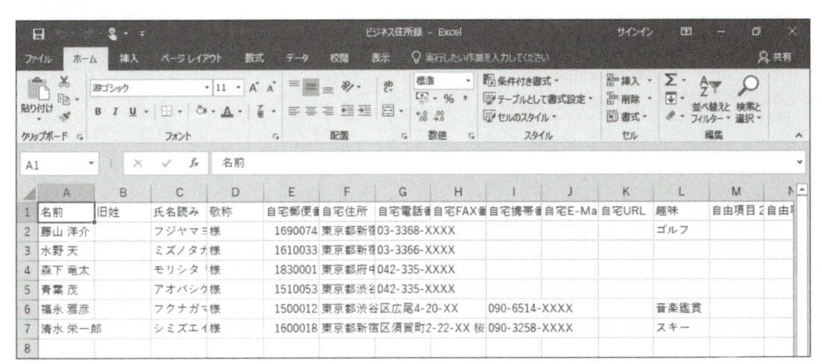

外部データの読み込み

筆ぐるめの旧バージョンの住所録やOutlookのアドレス帳、Excelで作成したオリジナルの住所録など、すでに作成されているデータを、筆ぐるめに取り込んで利用できます。
Excelで作成した住所録を、筆ぐるめに読み込む方法は、次のとおりです。

※開いている住所録は、閉じてから操作します。

①（住所録）をクリック

②《住所録データ取込》をクリック

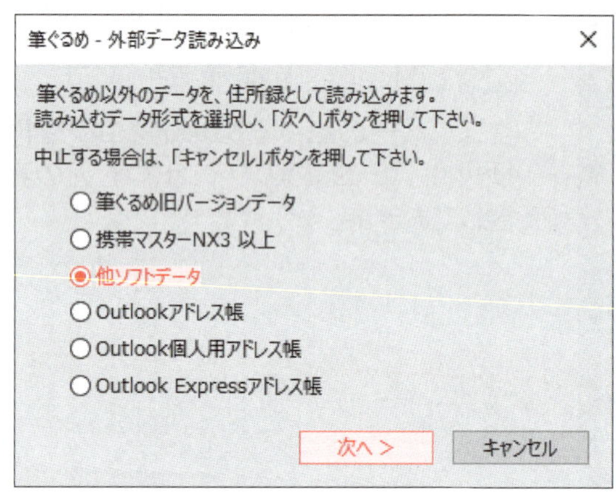

《筆ぐるめ-外部データ読み込み》ダイアログボックスが表示される

③《他ソフトデータ》を◉にする

④《次へ》をクリック

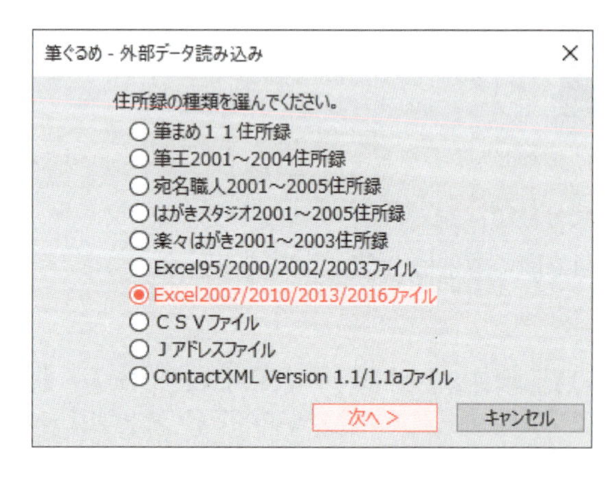

⑤《Excel95/2000/2002/2003ファイル》または《Excel2007/2010/2013/2016ファイル》を◉にする

⑥《次へ》をクリック

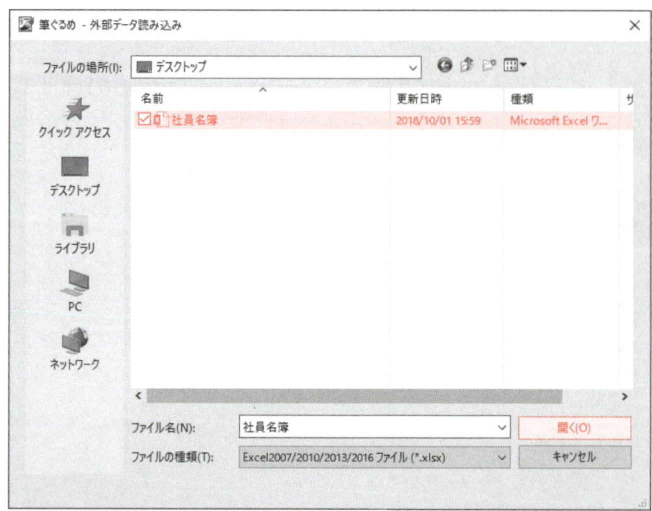

⑦《ファイルの場所》を選択

⑧一覧からExcelファイルを選択

⑨《開く》をクリック

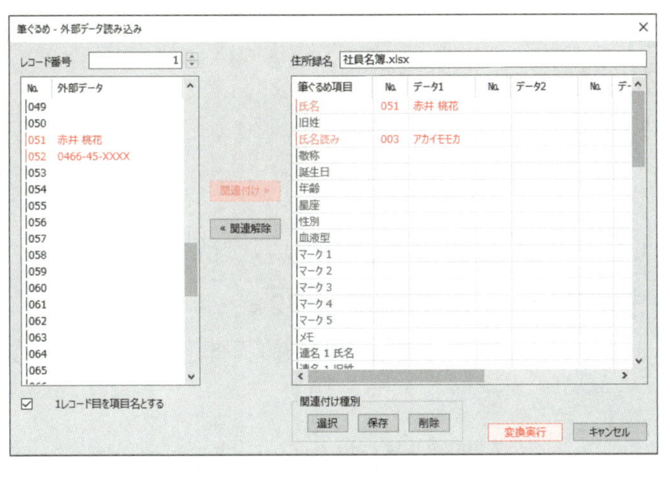

左側にExcelファイルのデータ、右側に筆ぐるめの項目が表示される

⑩Excelファイルのデータと対応する筆ぐるめの項目を選択して、《関連付け》をクリック

※《関連解除》で、関連付けを解除できます。

⑪《変換実行》をクリック

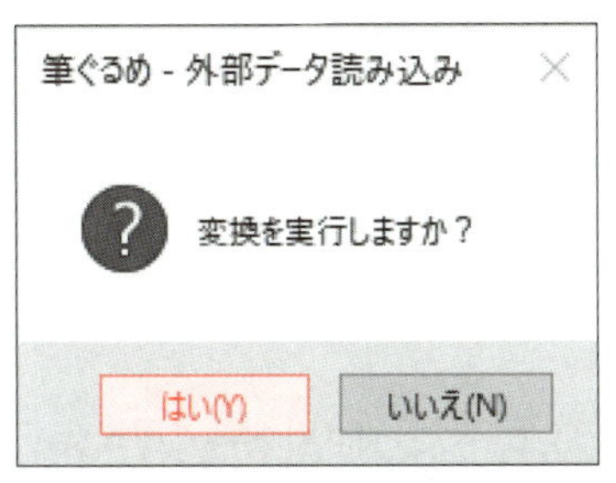

⑫《はい》をクリック

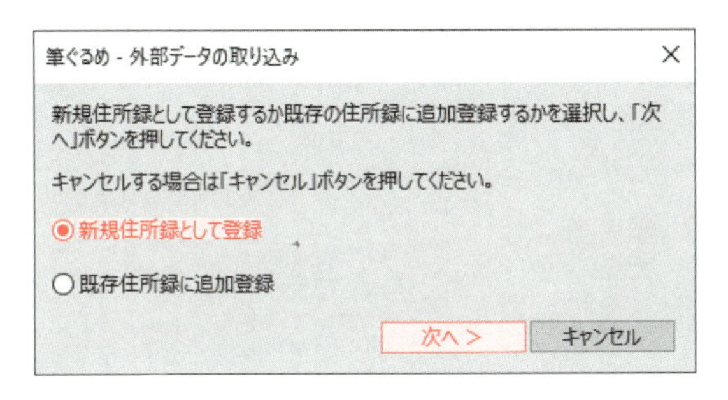

⑬《新規住所録として登録》または《既存住所録に追加登録》を◉にする

⑭《次へ》をクリック

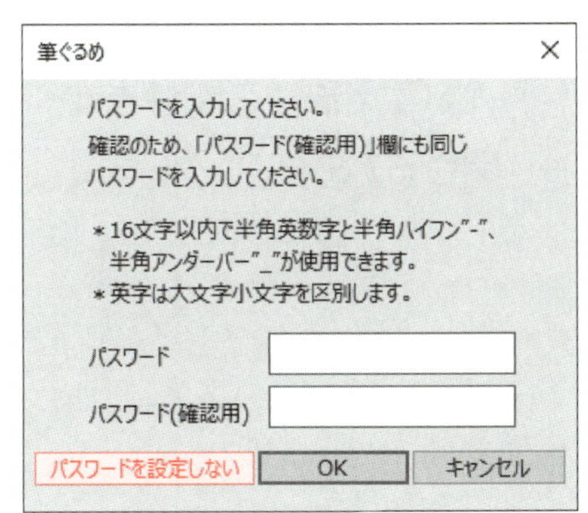

⑮《パスワードを設定しない》をクリック

※パスワードを設定すると、パスワードを知っているユーザーしか住所録を開くことができなくなります。

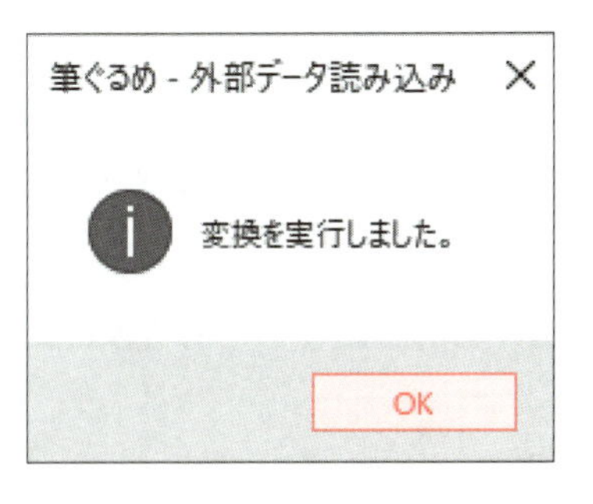

⑯《OK》をクリック

Excelで作成した住所録が取り込まれる

2　住所録を削除しよう

不要になった住所録は削除できます。
住所録「**同期**」を削除しましょう。

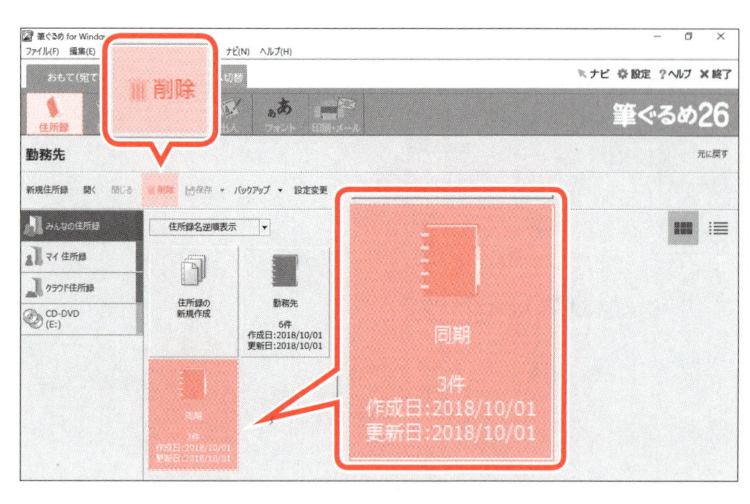

①（住所録）が選択されていることを確認します。
②住所録「**同期**」のアイコンを選択します。
③《**削除**》をクリックします。

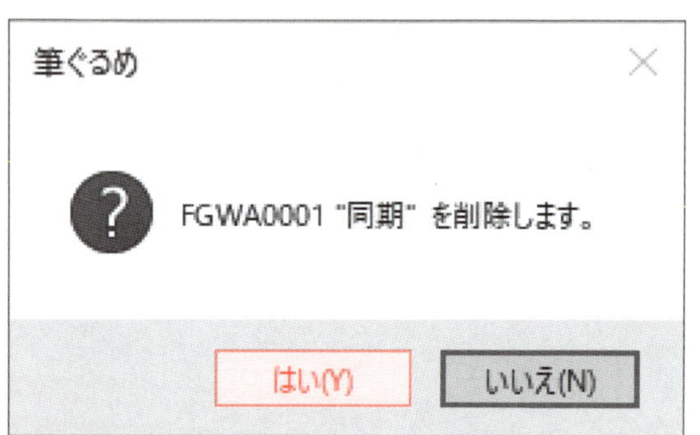

図のようなメッセージが表示されます。
④《**はい**》をクリックします。

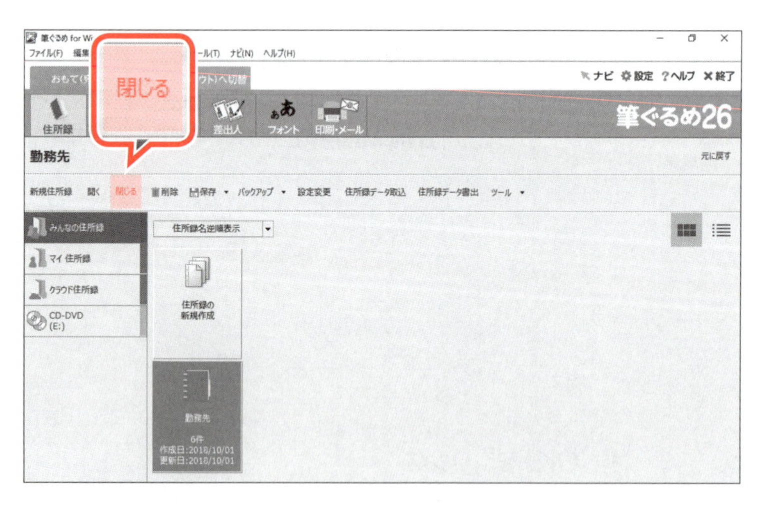

住所録の一覧から削除されます。
住所録「**勤務先**」を閉じます。
⑤《**閉じる**》をクリックします。

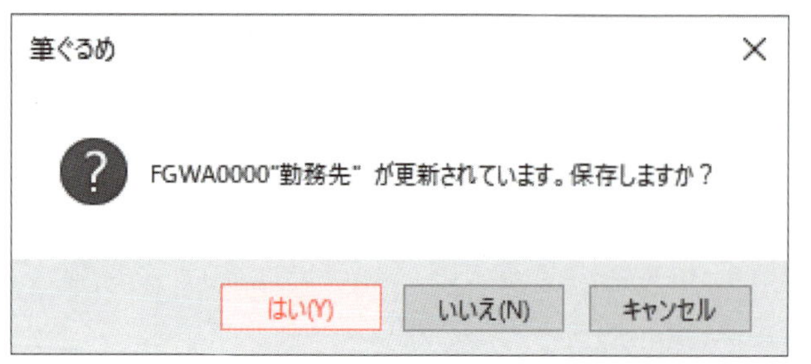

図のようなメッセージが表示されます。
⑥《**はい**》をクリックします。
※筆ぐるめを終了しておきましょう。

STEP UP
住所録削除時の注意点

削除した住所録は、《元に戻す》で復元することができます。ただし、別の操作を行うと、復元できなくなることがあるので、注意しましょう。

よくわかる

第3章 Chapter 3

はがきを作成しよう

Step 1 はがき（うら面）を作成する

1 はがき（うら面）の作成

筆ぐるめには、豊富なイラストや背景、文例が用意されており、それらを自由に配置して簡単に年賀状や暑中見舞い、転居通知、結婚報告などのはがきを作成できます。
はがき以外にも、カレンダー、名刺、表彰状、のし、うちわなど、様々な紙面サンプルが用意されており、そのまま利用するのはもちろん、デジタルカメラで撮影した写真を取り込むなどカスタマイズして、オリジナリティのある作品に仕上げることもできます。

年賀状

暑中見舞い

結婚報告

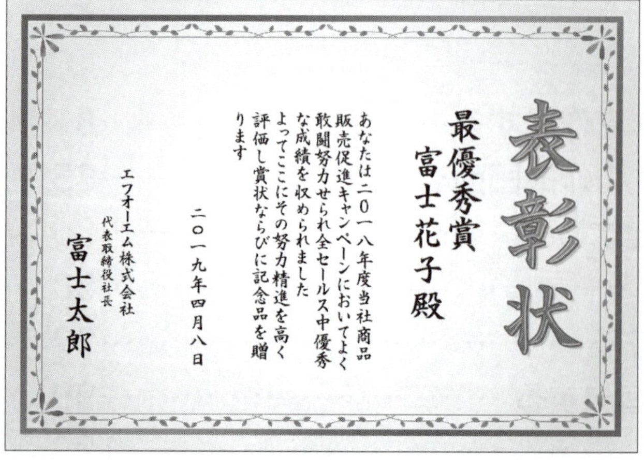

表彰状

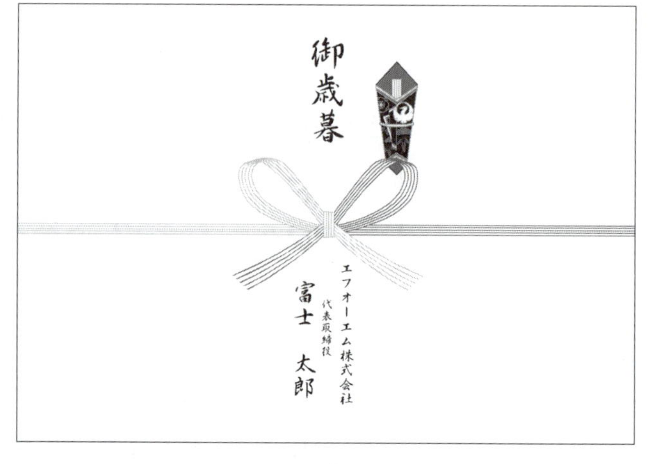

のし

2 はがき（うら面）に切り替えよう

はがきを作成するために、おもて面からうら面に切り替えましょう。

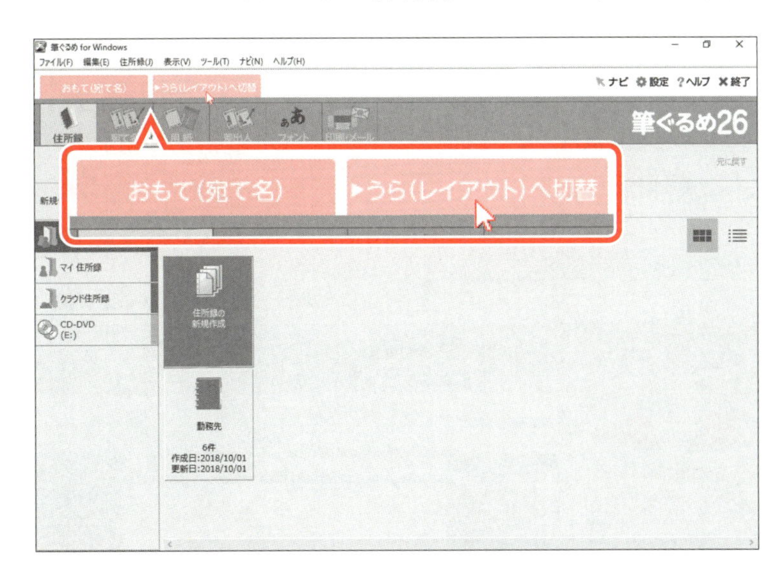

①筆ぐるめを起動します。

※ （スタート）→《筆ぐるめメニュー》→《筆ぐるめを使う》の順番に操作します。

②**《おもて（宛て名）》**タブが選択されていることを確認します。

③**《うら（レイアウト）へ切替》**タブをクリックします。

うら面に切り替わります。

※タブ名の表示が《うら（レイアウト）へ切替》から《うら（レイアウト）》に変わります。

3 はがき(うら面)の作成手順を確認しよう

はがき(うら面)を作成する流れを確認しましょう。
はがきは、《**うら(レイアウト)**》タブに表示されているボタンの順番に作成していきます。
背景、写真、イラスト、文字は、必要に応じて追加します。
はがきが完成したら、最後に保存します。

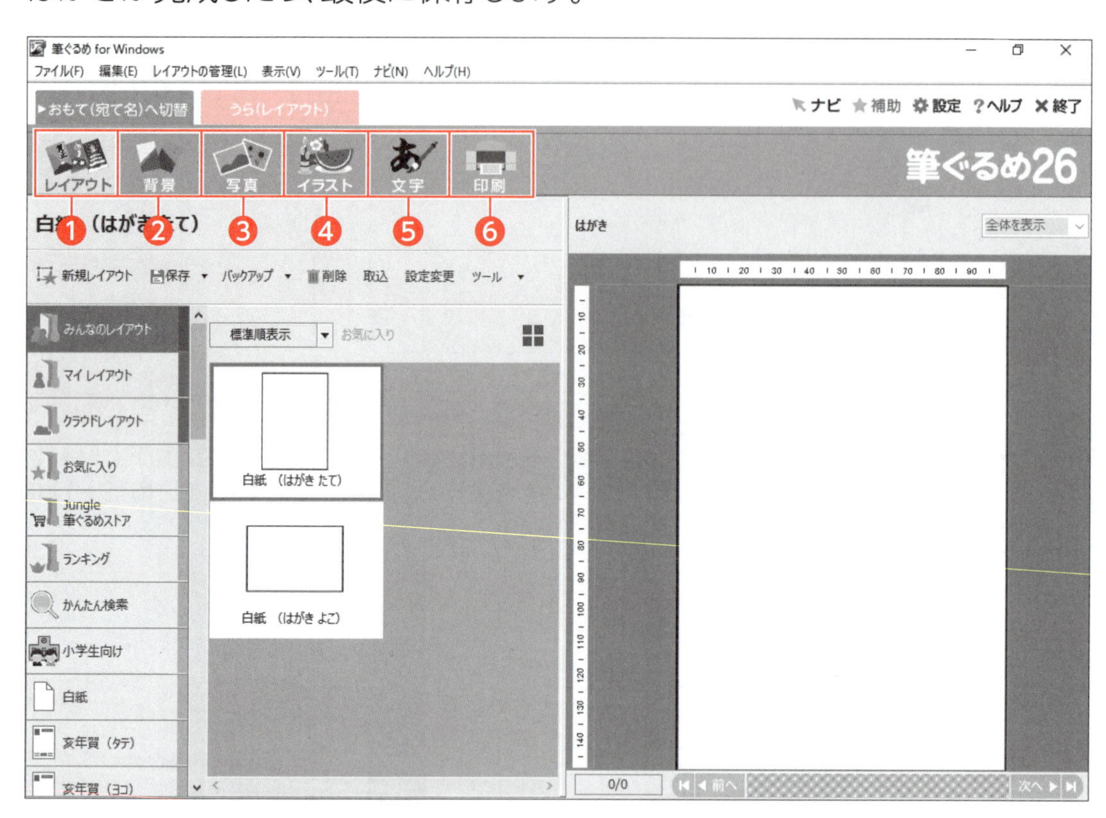

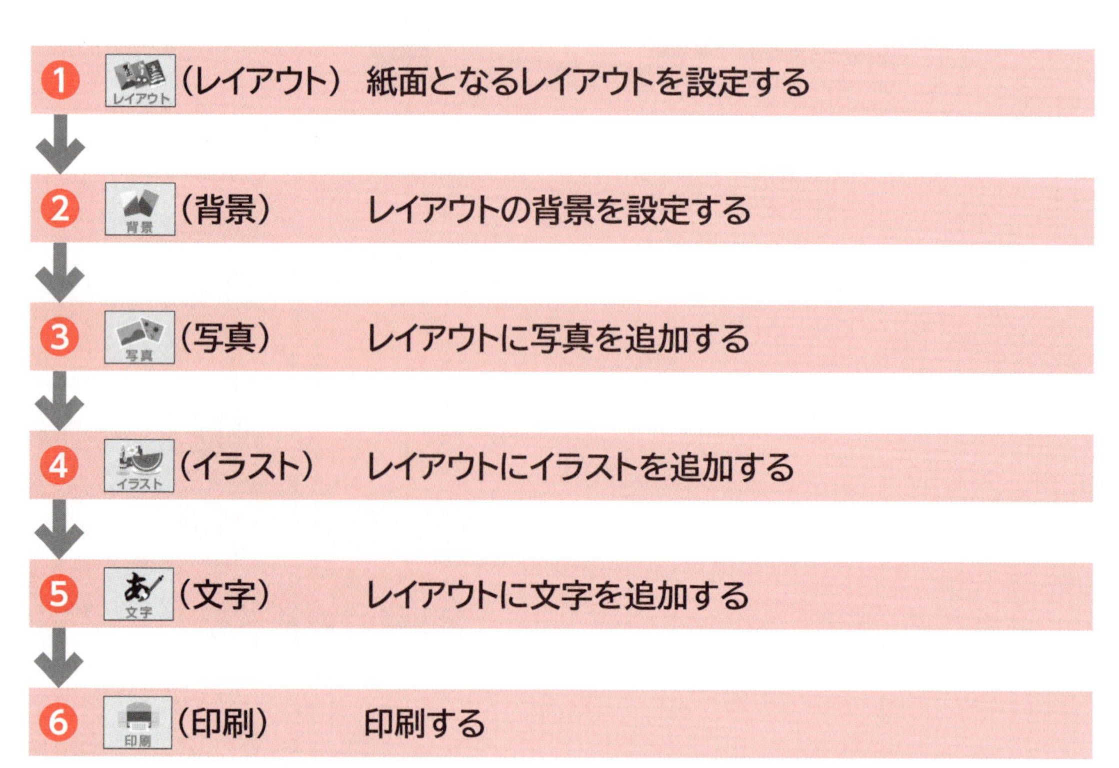

1 レイアウト (レイアウト) 紙面となるレイアウトを設定する
2 背景 (背景) レイアウトの背景を設定する
3 写真 (写真) レイアウトに写真を追加する
4 イラスト (イラスト) レイアウトにイラストを追加する
5 文字 (文字) レイアウトに文字を追加する
6 印刷 (印刷) 印刷する

4 作成するはがきを確認しよう

次のような亥年の年賀状を作成しましょう。

Step2 はがき（うら面）の作成画面を確認する

1 はがき（うら面）の作成画面を確認しよう

はがき（うら面）の作成画面を確認しましょう。

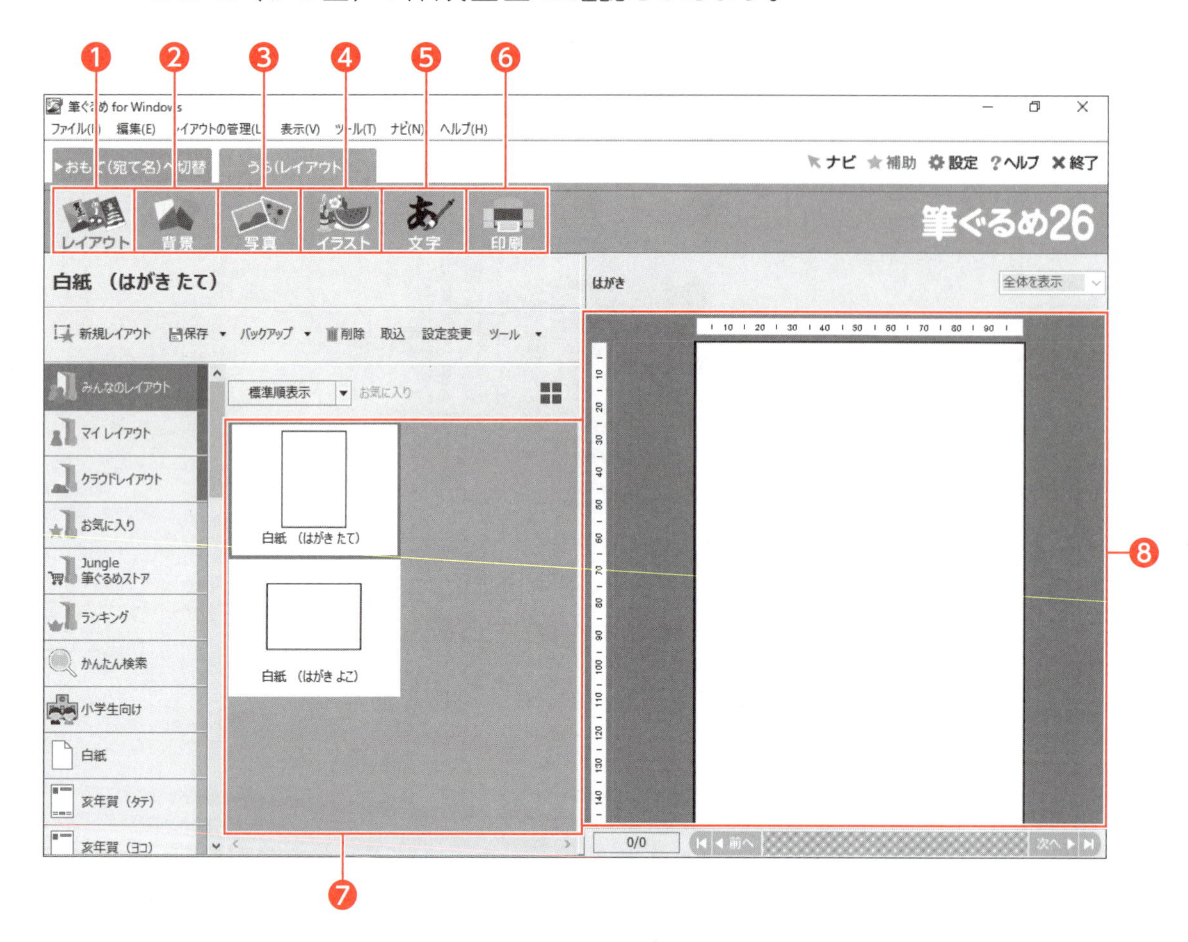

❶ （レイアウト）
レイアウトの新規作成、選択、削除など、レイアウトを設定します。

❷ （背景）
背景の選択や挿入など、背景を設定します。

❸ （写真）
写真の追加や編集など、写真を設定します。

❹ （イラスト）
イラストの追加や編集など、イラストを設定します。

❺ （文字）
文字の入力や編集など、文字を設定します。

❻ （印刷）
印刷の詳細を設定し、印刷を実行します。

❼選択・編集画面
イラストの選択、文字の入力などを行います。

❽プレビュー画面
印刷イメージを表示します。イラストや文字の配置を調整します。

Step3 レイアウトを設定する

1 レイアウトを設定しよう

年賀状のレイアウトを設定しましょう。
筆ぐるめには、豊富な年賀状サンプルが用意されていますが、ここでは白紙の状態から作成していきます。

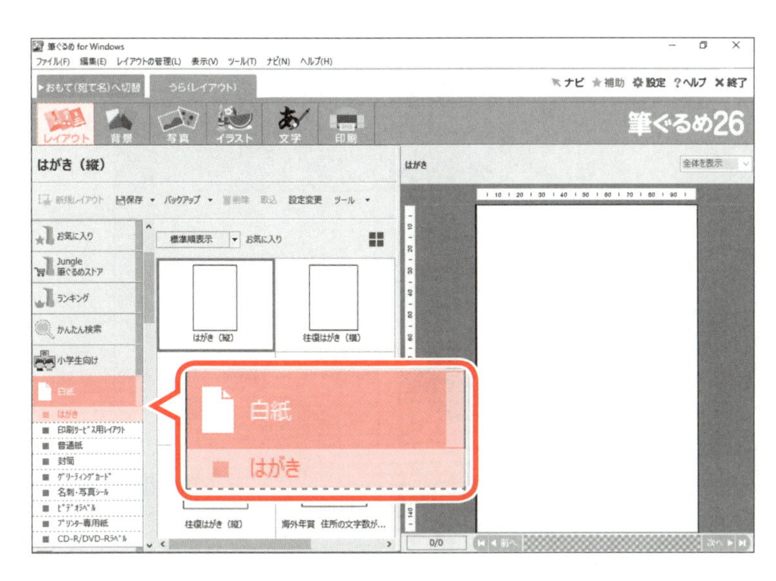

①（レイアウト）が選択されていることを確認します。
②**《白紙》**グループを選択します。
③**《はがき》**を選択します。
選択・編集画面にはがきのレイアウトの一覧が表示されます。

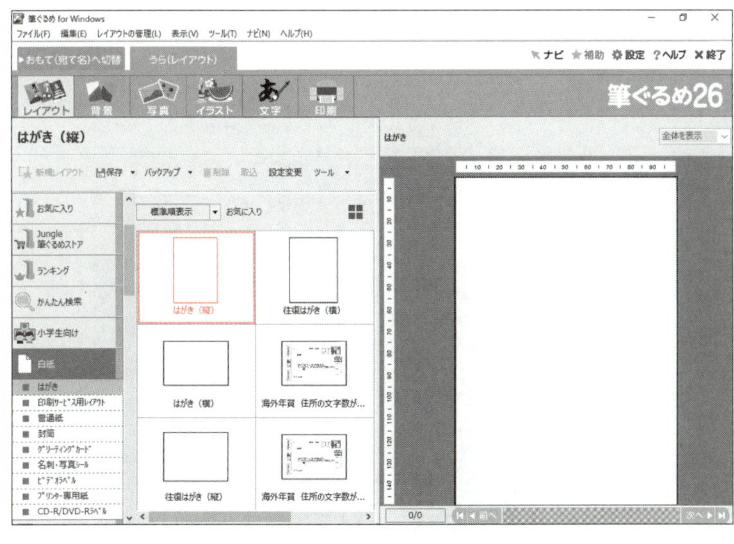

④一覧から**《はがき（縦）》**を選択します。
選択したレイアウトがプレビュー画面に表示されます。

年賀状のサンプル

《レイアウト》設定画面の《亥年賀（タテ）》《亥年賀（ヨコ）》《亥年賀（和柄）》《十二支年賀》《通常年賀》などの各グループには、あらかじめデザインされた年賀状のサンプルが豊富に用意されています。一覧から選択するだけで、簡単に年賀状を作成できます。イラストや文字を差し替えて、オリジナリティを出すこともできます。
※年賀状のサンプルの中には、編集できないものもあります。

●《亥年賀（ヨコ）》グループの《スタンダード》

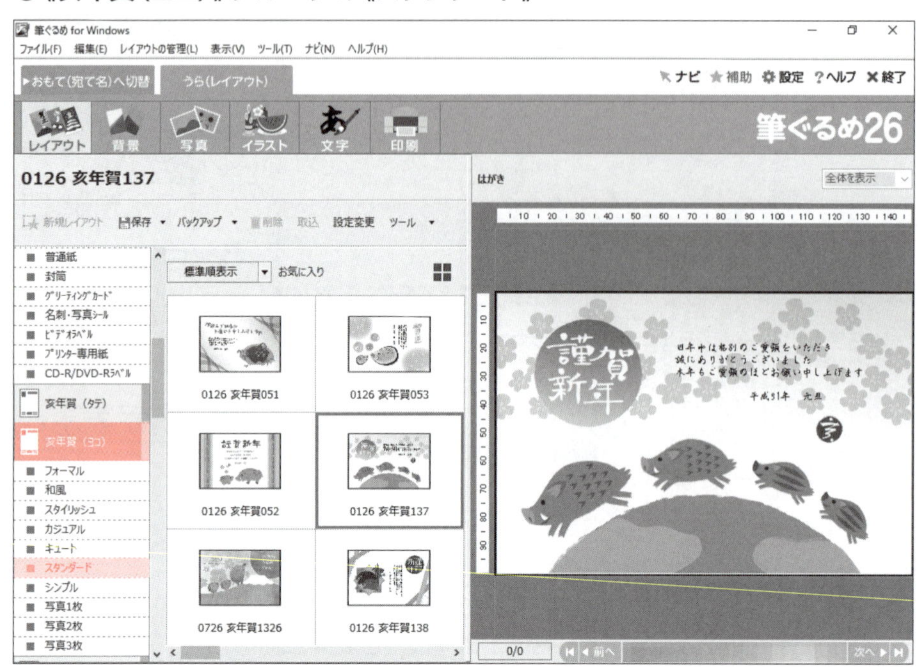

●《通常年賀》グループの《フォーマル》

第3章 はがきを作成しよう

Step4 背景を設定する

1 背景を設定しよう

筆ぐるめには、豊富な背景イメージが用意されており、一覧から選択するだけで、簡単にはがき全面を装飾できます。白紙のままでよい場合には、背景を設定する必要はありません。
年賀状の背景を設定しましょう。

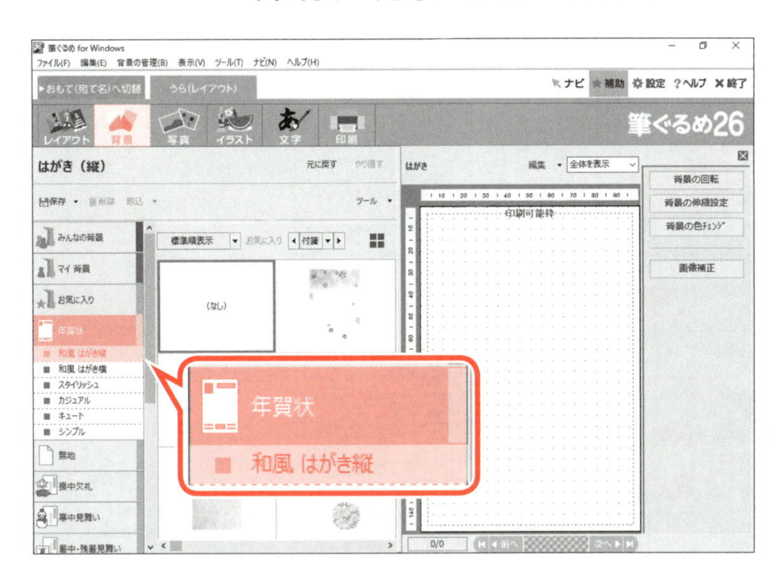

《背景》設定画面を表示します。
① （背景）をクリックします。
②《年賀状》グループを選択します。
③《和風 はがき縦》を選択します。
選択・編集画面に背景の一覧が表示されます。

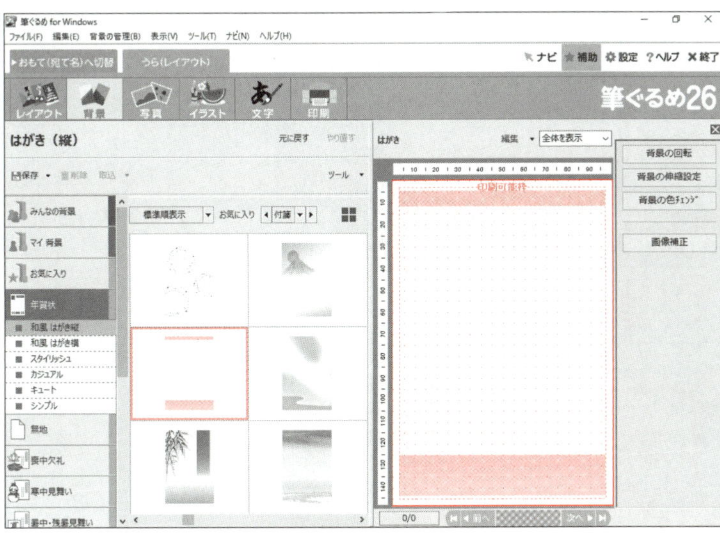

④一覧から図の背景を選択します。
※スクロールバーの＜や＞を使うと、一覧の表示領域を調整できます。
選択した背景がプレビュー画面に表示されます。

POINT ▶▶▶

印刷可能枠

《背景》設定画面のプレビュー画面には、印刷可能な領域が赤い点線で囲まれて表示されます。この枠を「印刷可能枠」といいます。イラストや文字などは、印刷可能枠内に収まるように配置します。
※プリンターによって、印刷可能枠の位置やサイズは異なります。

一覧の表示サイズの変更

を使うと、選択・編集画面の一覧の表示サイズを変更できます。
ボタンはクリックするごとに、 → → の順番に切り替わり、一覧の表示サイズが変更されます。

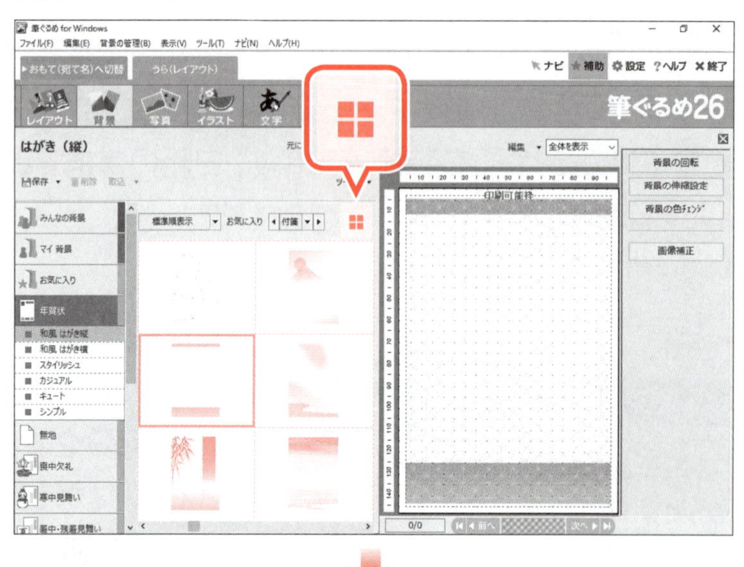

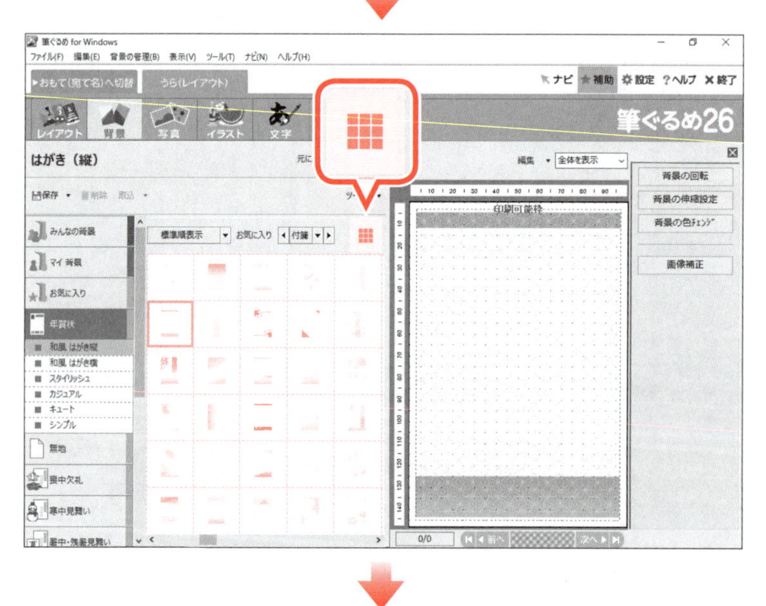

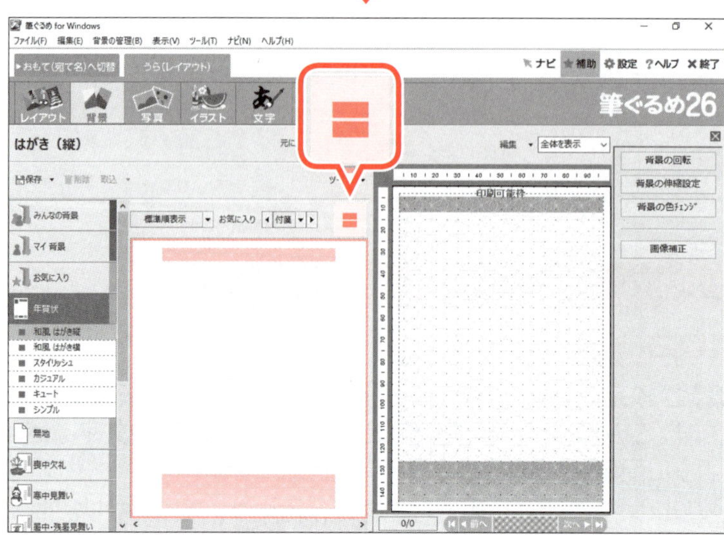

※お使いの環境によって、一覧に表示される背景の数は異なります。

2 背景の伸縮を設定しよう

《背景》設定画面では、選択した背景を用紙の向きに合わせて回転したり、用紙の周囲に余白ができないように用紙全体に広げたりできます。
背景を用紙全体に広げましょう。

①補助画面の《**背景の伸縮設定**》をクリックします。

《**筆ぐるめ-背景設定**》ダイアログボックスが表示されます。
②《**伸縮設定**》タブを選択します。
③《**用紙全体**》を◉にします。
④《**閉じる**》をクリックします。

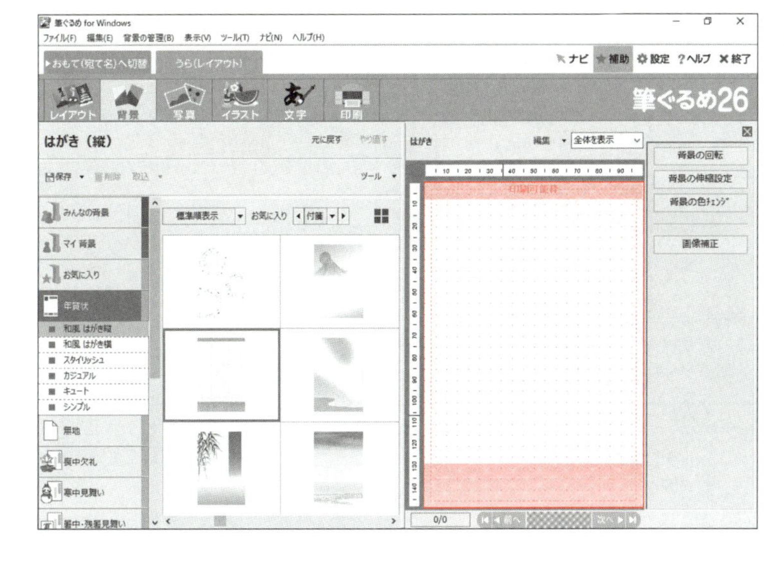

背景が用紙全体に広がります。

《背景》設定画面の補助画面

《背景》設定画面では、プレビュー画面の右側に次のような「補助画面」が表示されます。

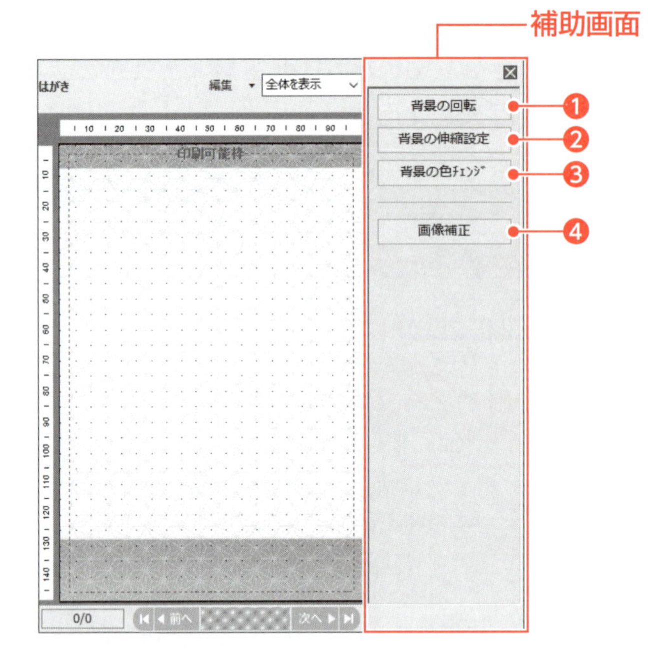

❶背景の回転
背景を90°、180°、270°に回転できます。

❷背景の伸縮設定
背景を用紙全体に広げたり、上下左右の比率を設定したりできます。

❸背景の色チェンジ
背景の白色の部分を透明にしたり、特定の1色を別の色に変更したりできます。

❹画像補正
背景の一部を切り抜いたり、色合いを変更したりできます。

補助画面の表示/非表示

プレビュー画面を広く使いたい場合は、補助画面の ☒ をクリックして、非表示にします。
補助画面を再表示するには、《補助》をクリックします。

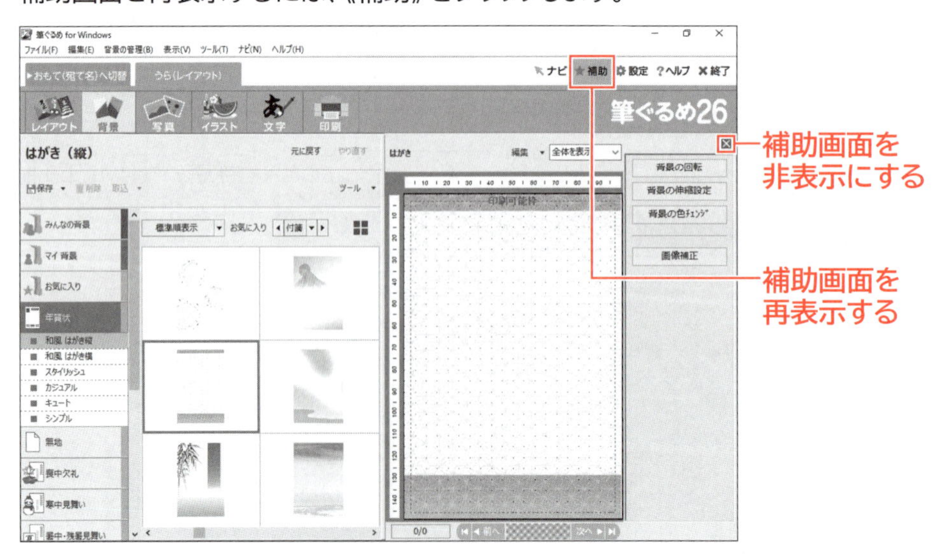

Step5 イラストを追加する

1 グリッドを非表示にしよう

プレビュー画面の用紙上に表示されているマス目状の点を**「グリッド」**といいます。グリッドは、イラストや文字などを正確に配置するときに目安として利用するためのものです。
グリッドを使わない場合は、非表示にできます。
イラストを追加する前に、グリッドを非表示にしましょう。

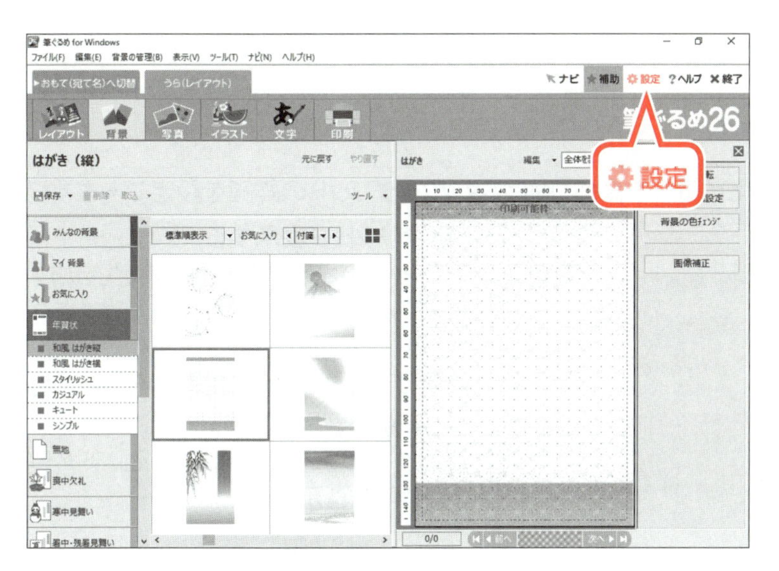

①**《設定》**をクリックします。

筆ぐるめ - 設定
全体　画面　クラウド　住所録　レイアウト　連携機能　アップデート　情報
ユーザーインターフェイス(UI)
☑印刷可能枠を表示する
☑おもて面の目盛りを表示する
☑うら面の目盛りを表示する
☐ボタンを下に表示する（クラシックモード）
☐パームレストを表示する
グリッド
☐グリッドを表示する
線グリッド
点グリッド
グリッド間隔 5.0 mm
グリッド色 黒
☐グリッドに吸着させる
OK　キャンセル　適用(A)

《筆ぐるめ-設定》ダイアログボックスが表示されます。
②**《画面》**タブを選択します。
③**《グリッド》**の**《グリッドを表示する》**を☐にします。
④**《OK》**をクリックします。

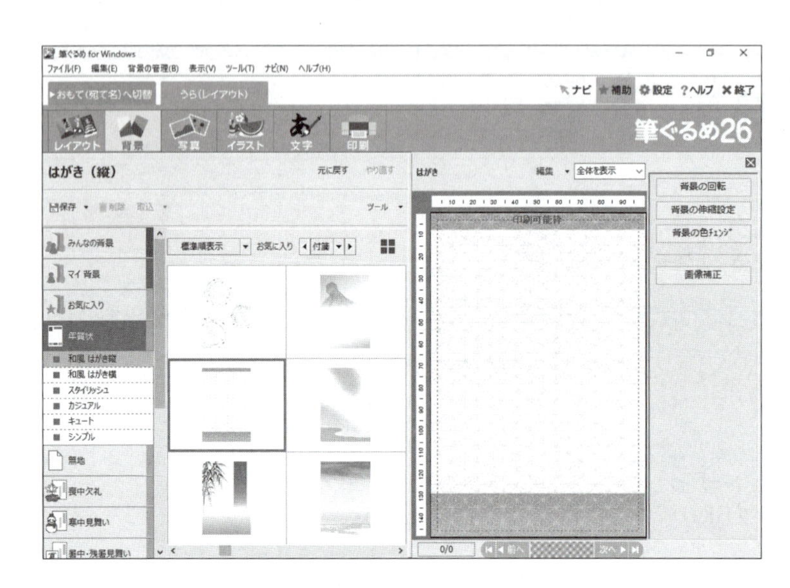

グリッドが非表示になります。

グリッドの設定

《筆ぐるめ-設定》ダイアログボックスの《画面》タブで、グリッドの詳細を設定できます。

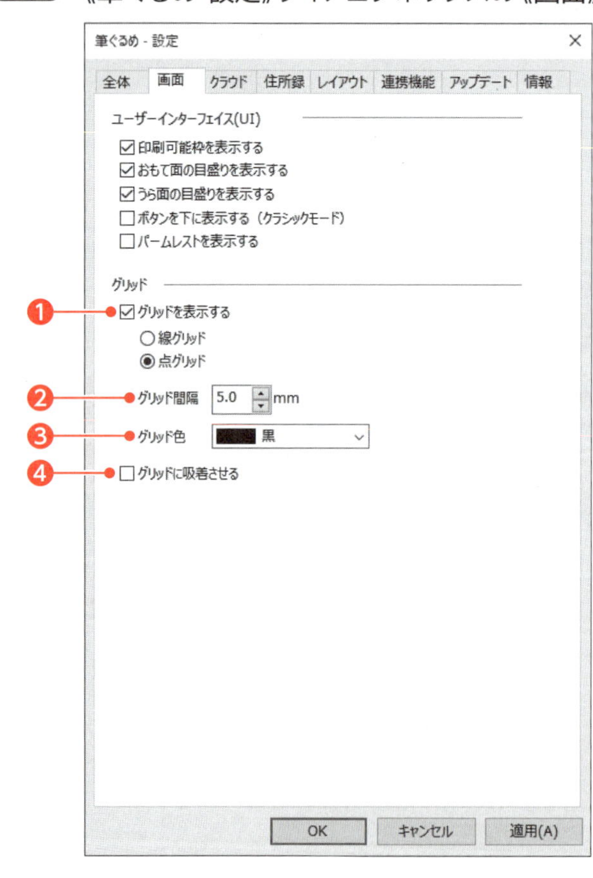

❶グリッドを表示する

グリッドの表示・非表示を設定します。☑のとき、《線グリッド》または《点グリッド》を選択します。

《線グリッド》を◉にすると、マス目状に線を表示します。

《点グリッド》を◉にすると、マス目状に点を表示します。

❷グリッド間隔

グリッドの間隔を設定します。

❸グリッド色

グリッドの色を設定します。

❹グリッドに吸着させる

イラストや文字をグリッドに合わせて配置するか、グリッドに関係なく自由に配置するかを設定します。

2 イラストを追加しよう

筆ぐるめには、豊富なイラストがあらかじめ用意されています。作成する内容に応じて、好みのイラストを自由に配置できます。
はがきにイラストを追加しましょう。

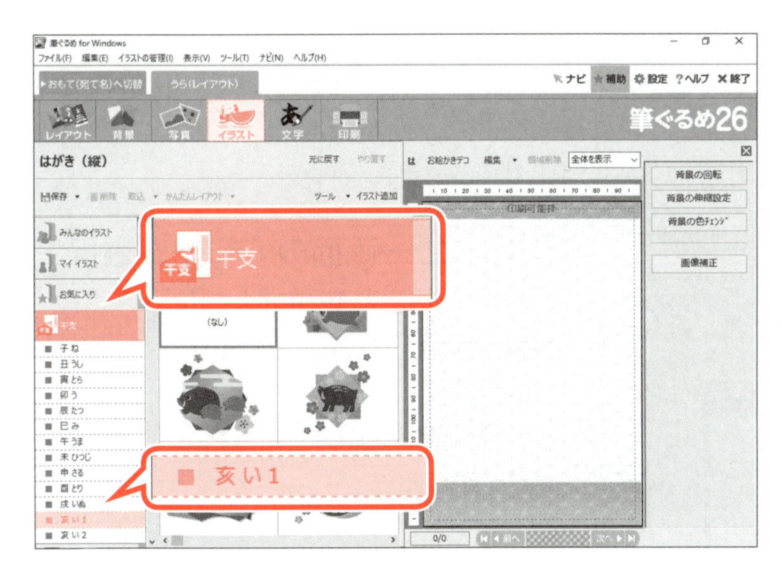

《イラスト》設定画面を表示します。

①（イラスト）をクリックします。

②《**干支**》グループを選択します。

③《**亥 い 1**》を選択します。

選択・編集画面にイラストの一覧が表示されます。

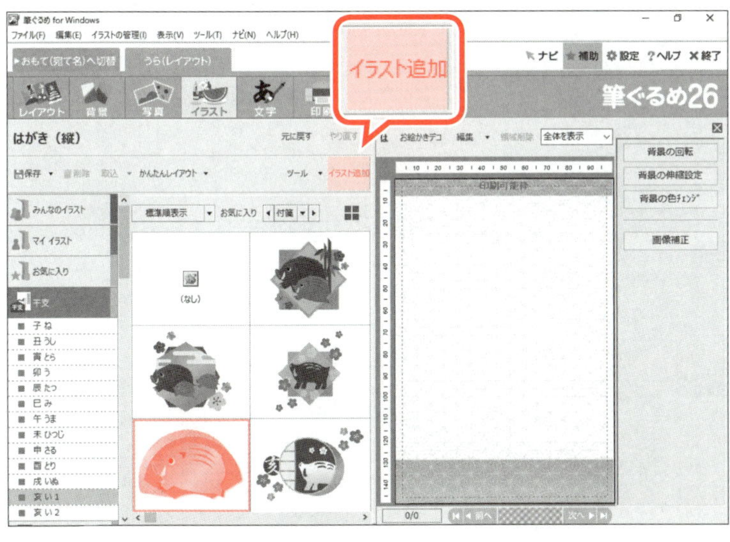

④一覧から図のイラストを選択します。

⑤《**イラスト追加**》をクリックします。

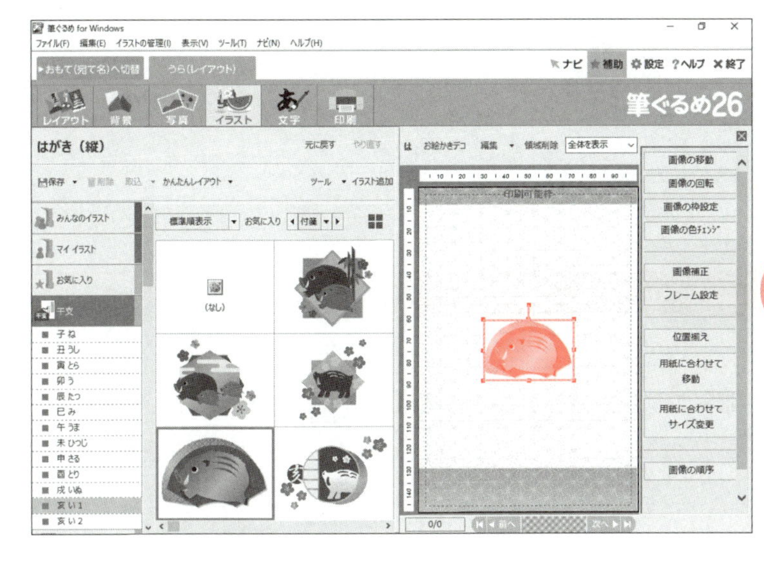

選択したイラストがプレビュー画面に表示されます。

⑥イラストの周囲に■（ハンドル）が表示されていることを確認します。

POINT

ハンドル

■（ハンドル）は、プレビュー画面でイラストが選択されている状態を表します。
選択を解除するには、イラスト以外の場所をクリックします。選択するには、イラストをクリックします。

その他の方法（イラストの追加）

◆ （イラスト）→一覧のイラストをダブルクリック

◆ （イラスト）→一覧のイラストを右クリック→《イラストを追加する》

◆ （イラスト）→一覧のイラストをプレビュー画面にドラッグ

3 イラストを変更しよう

はがきに追加したイラストを別のイラストに変更しましょう。

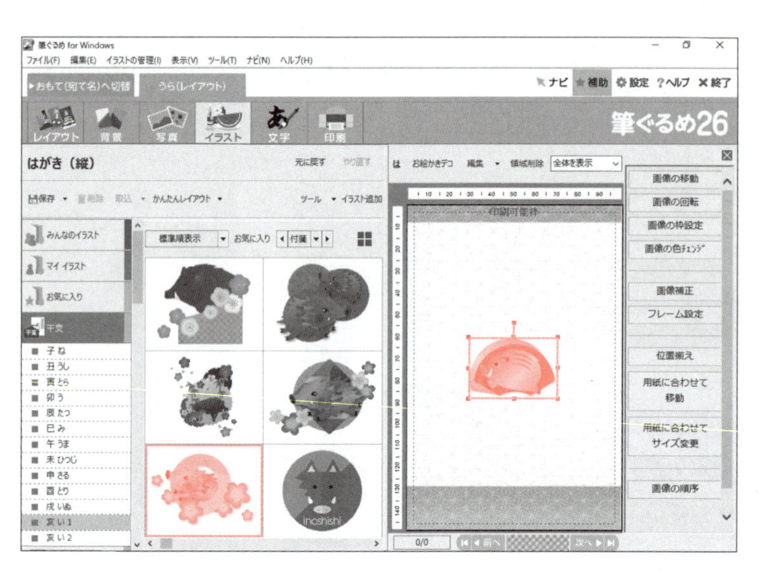

①プレビュー画面のイラストが選択されていることを確認します。

※選択されていない場合は、イラストをクリックします。

②一覧から図のイラストをダブルクリックします。

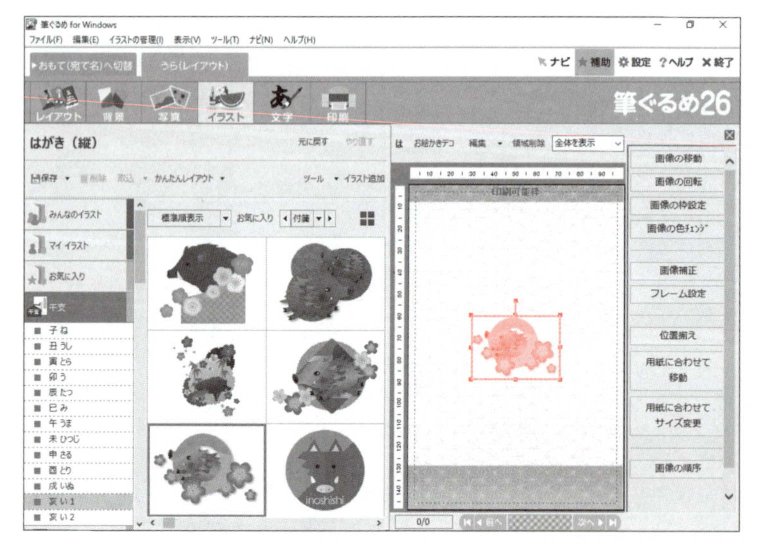

イラストが変更されます。

POINT ▶▶▶

イラストの削除

はがきに追加したイラストを削除するには、イラストを選択して、【Delete】を押します。

4 イラストを移動しよう

イラストを移動するには、イラストをポイントし、マウスポインターの形が✥の状態で、移動先にドラッグします。
イラストを移動しましょう。

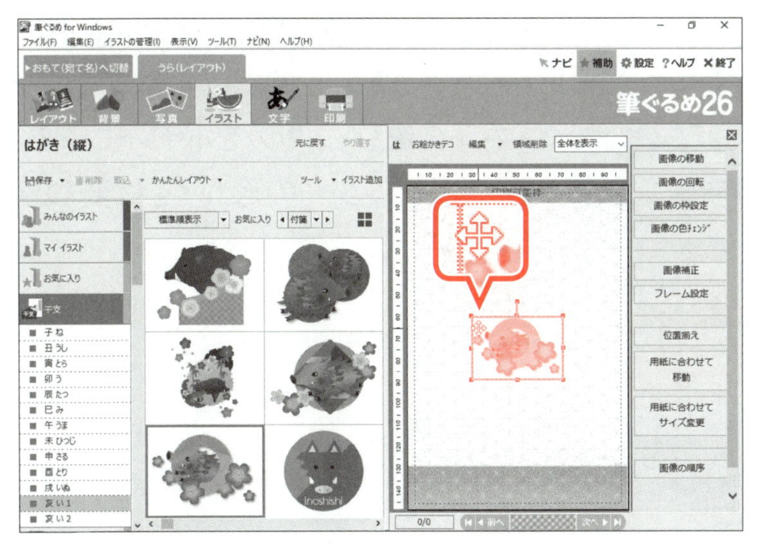

①プレビュー画面のイラストが選択されていることを確認します。

②イラストをポイントします。

マウスポインターの形が✥に変わります。

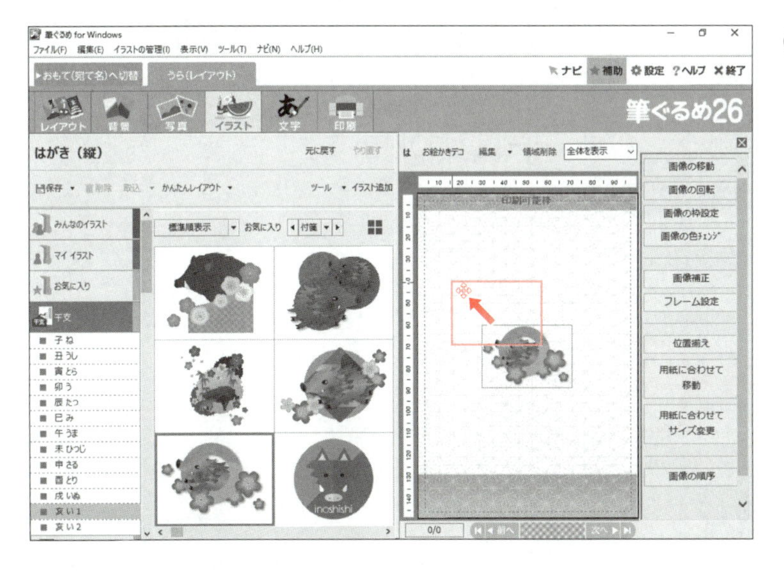

③図のようにドラッグします。

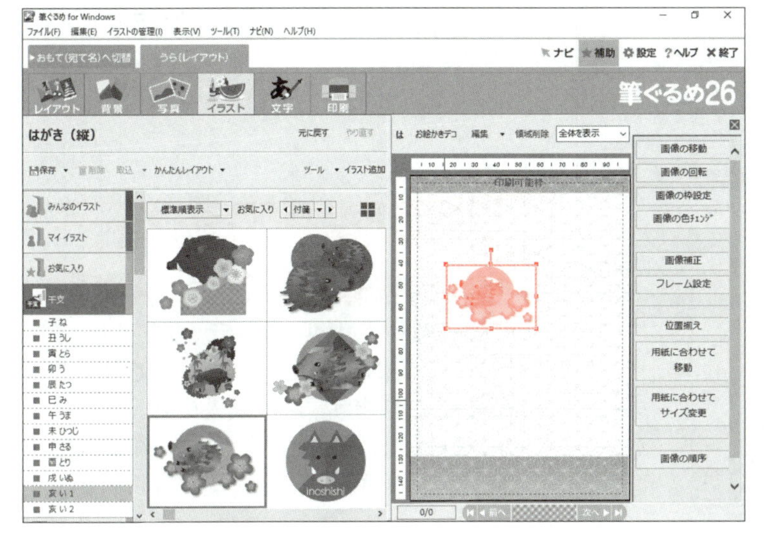

イラストが移動します。

5 イラストのサイズを変更しよう

イラストのサイズを変更するには、周囲の■（ハンドル）をポイントし、マウスポインターの形が ⤡ ⤢ ⇔ ⇕ の状態でドラッグします。
イラストのサイズを変更しましょう。

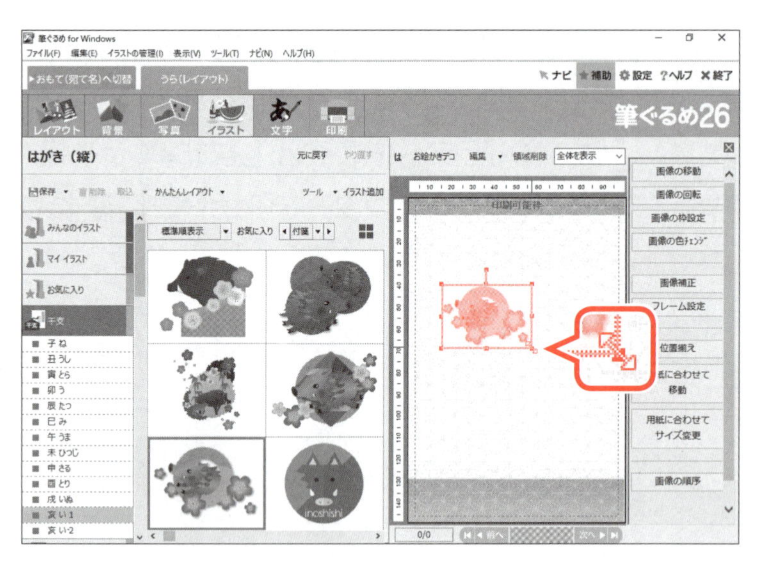

①プレビュー画面のイラストが選択されていることを確認します。

②右下の■（ハンドル）をポイントします。
マウスポインターの形が ⤡ に変わります。

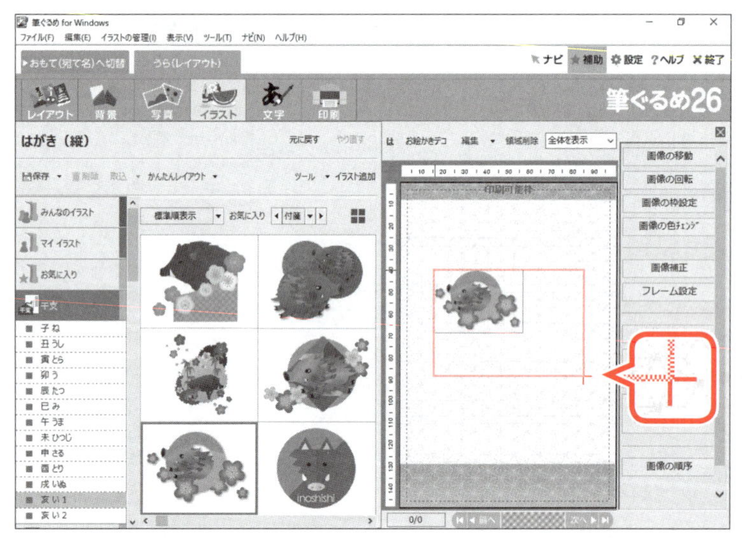

③図のようにドラッグします。
ドラッグ中、マウスポインターの形が ＋ に変わります。

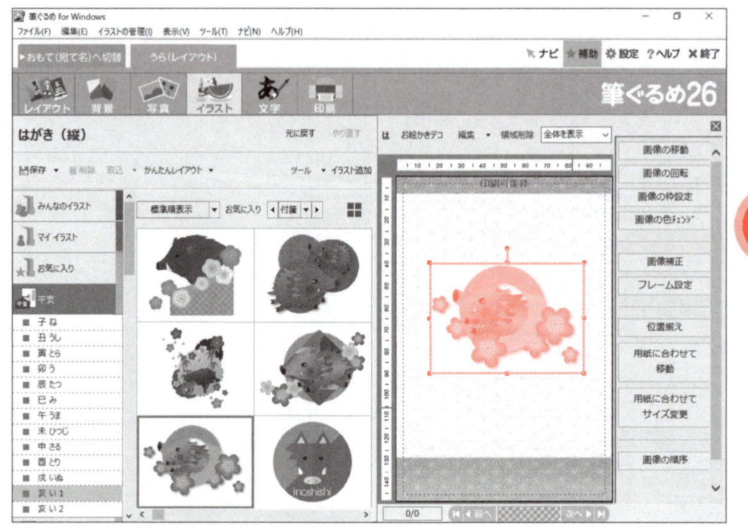

イラストのサイズが変更されます。

POINT ▶▶▶

縦横比を維持してサイズ変更

四隅の■（ハンドル）をドラッグすると、イラストの縦横比を維持した状態でサイズが変更されます。それ以外の■（ハンドル）をドラッグすると、イラストの縦横比を無視して、指定のサイズに変更されます。

POINT ▶▶▶

イラストの回転

イラストを回転するには、上中央の■（ハンドル）をポイントし、マウスポインターの形が👆の状態で、回転方向にドラッグします。

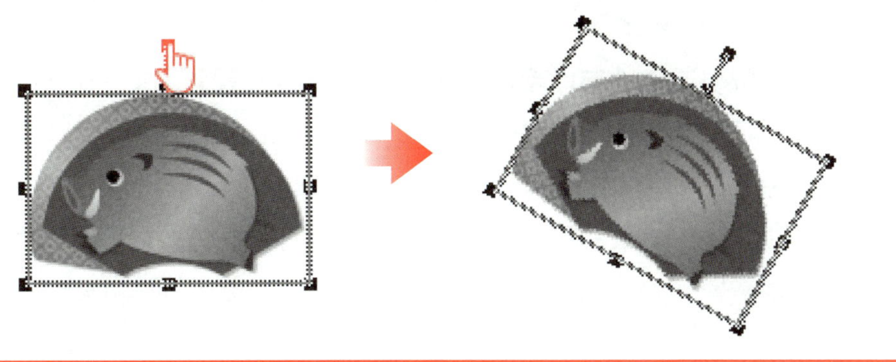

STEP UP

《イラスト》設定画面の補助画面

《イラスト》設定画面では、プレビュー画面の右側に次のような「補助画面」が表示されます。

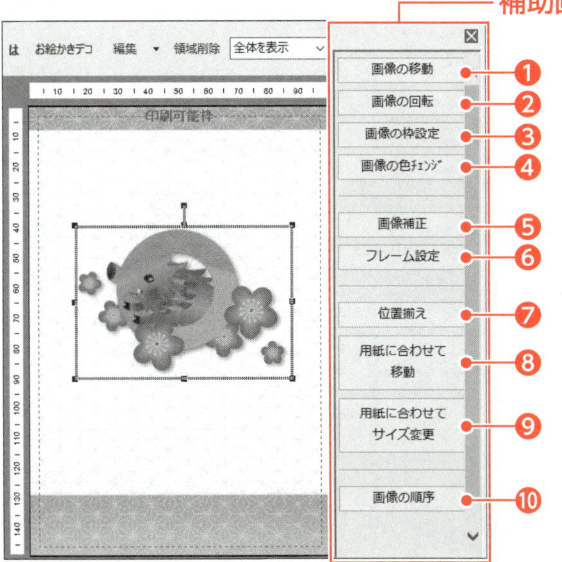

❶画像の移動
イラストの位置を正確に設定できます。

❷画像の回転
イラストの回転角度を正確に設定できます。

❸画像の枠設定
イラストの周囲を枠で囲みます。枠の色や線の種類、太さを設定できます。

❹画像の色チェンジ
イラストの白色の部分を透明にしたり、特定の1色を別の色に変更したりできます。

❺画像補正
イラストの一部を切り抜いたり、色合いを変更したりできます。

❻フレーム設定
イラストにフレームを付けて装飾できます。

❼位置揃え
複数のイラストを追加している場合に、配置を整えることができます。

❽用紙に合わせて移動
イラストを用紙の「中心」「左右中央」「上下中央」のいずれかに移動できます。

❾用紙に合わせてサイズ変更
イラストのサイズを用紙の高さや幅に合わせて変更できます。

❿画像の順序
複数のイラストが重なっている場合に、重なり順を変更できます。

Step6 文字イラストを追加する

1 文字イラストを追加しよう

筆ぐるめには、**「あけましておめでとう」**や**「賀正」**などの賀詞を画像にした文字イラストも豊富に用意されています。
はがきに文字イラスト**「謹賀新年」**を追加しましょう。

①（イラスト）が選択されていることを確認します。
②**《年賀状 賀詞》**グループを選択します。
③**《謹賀新年・新春（横）》**を選択します。
選択・編集画面に文字イラストの一覧が表示されます。

④一覧から図の文字イラストを選択します。
⑤**《イラスト追加》**をクリックします。

選択した文字イラストがプレビュー画面に表示されます。
⑥文字イラストの周囲に■（ハンドル）が表示されていることを確認します。

2 文字イラストを移動しよう

イラスト同様、文字イラストもドラッグ操作で移動できます。
文字イラストを移動しましょう。

①プレビュー画面の文字イラストが選択されていることを確認します。
②文字イラストをポイントします。
マウスポインターの形が ✥ に変わります。

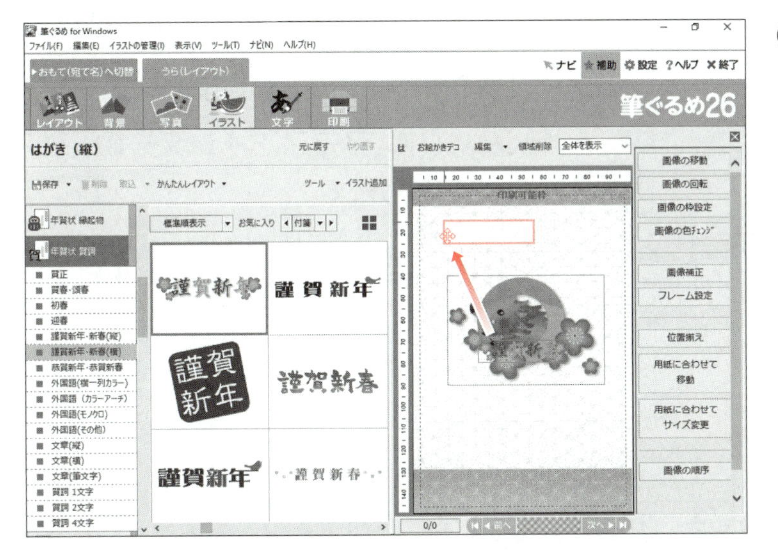

③図のようにドラッグします。

文字イラストが移動します。

3 文字イラストのサイズを変更しよう

イラスト同様、文字イラストも周囲の■（ハンドル）をドラッグして、サイズを変更できます。
文字イラストのサイズを変更しましょう。

①プレビュー画面の文字イラストが選択されていることを確認します。

②右下の■（ハンドル）をポイントします。

マウスポインターの形が ⤡ に変わります。

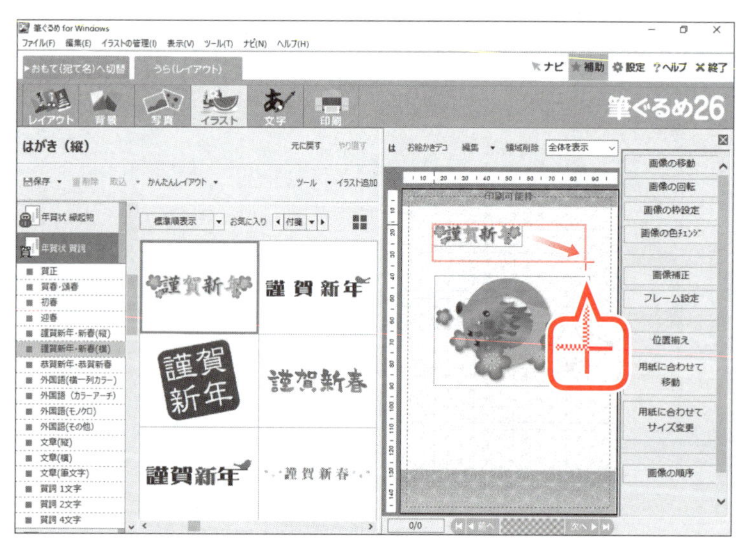

③図のようにドラッグします。

ドラッグ中、マウスポインターの形が ＋ に変わります。

文字イラストのサイズが変更されます。

4 文字イラストの配置を調整しよう

はがきに追加したイラストや文字イラストは、用紙の**「中心」「左右中央」「上下中央」**に正確に配置できます。
文字イラストをはがきの左右中央に配置しましょう。

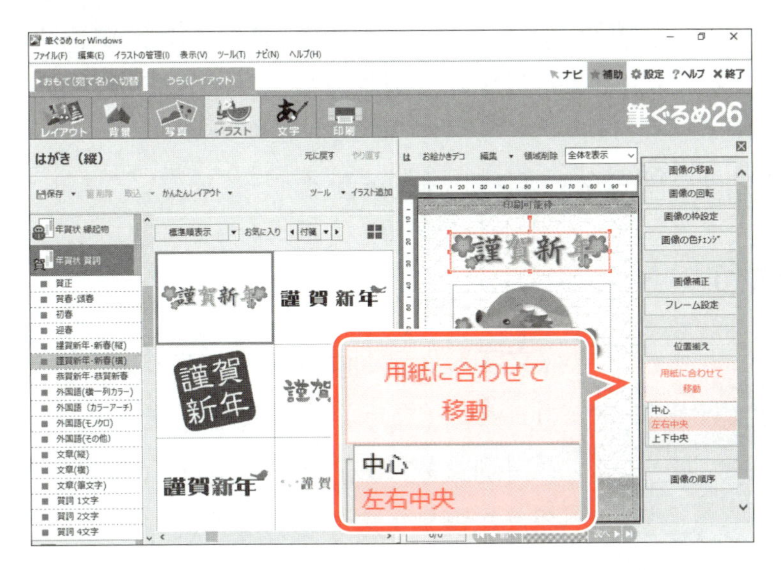

①プレビュー画面の文字イラストが選択されていることを確認します。
②補助画面の**《用紙に合わせて移動》**をポイントします。
③**《左右中央》**をクリックします。

文字イラストがはがきの左右中央に配置されます。

グループ化

複数のイラストを「グループ化」してまとめると、1つのイラストのように扱うことができます。それぞれの間隔や比率を維持した状態で、移動やサイズ変更が可能になります。

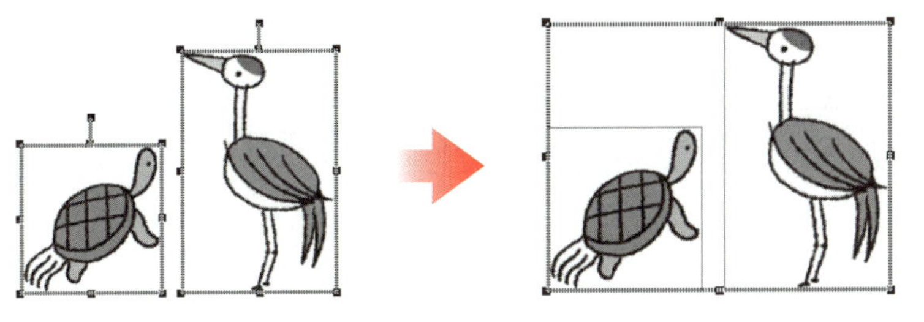

グループ化を設定する方法は、次のとおりです。
◆1つ目のイラストを選択→ Ctrl を押しながら、2つ目のイラストを選択→選択したイラストを右クリック→《グループ化》

グループ化を解除する方法は、次のとおりです。
◆グループ化したイラストを右クリック→《グループ化解除》

Step7 文章を追加する

1 文章を追加しよう

はがきには、自由にメッセージを書き込むことができます。また、年賀や暑中見舞い、時候のあいさつ文などは、定型の例文が用意されているので、これらを利用することもできます。
はがきに年賀の例文を追加し、部分的に編集しましょう。

1 例文を追加しよう

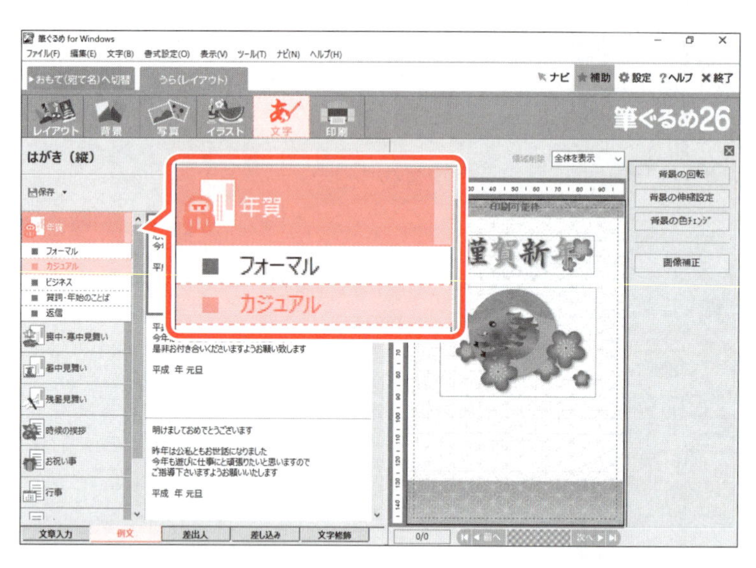

《文字》設定画面を表示します。

①（文字）をクリックします。
②《例文》タブを選択します。
③《年賀》グループが選択されていることを確認します。
④《カジュアル》を選択します。

選択・編集画面に例文の一覧が表示されます。

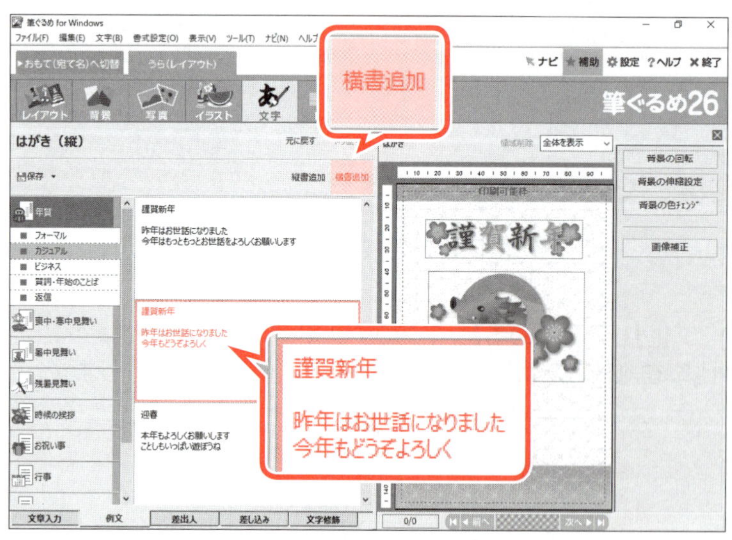

⑤一覧から図の例文を選択します。
選択した例文を横書きではがきに追加します。
⑥《横書追加》をクリックします。
※《縦書追加》をクリックすると、縦書きで追加されます。

選択した例文がプレビュー画面に表示されます。

⑦文章の周囲に■（ハンドル）が表示されていることを確認します。

⑧《文章入力》タブに自動的に切り替わり、文章入力エリアに文章が表示されていることを確認します。

2 文章を編集しよう

追加した例文を編集しましょう。

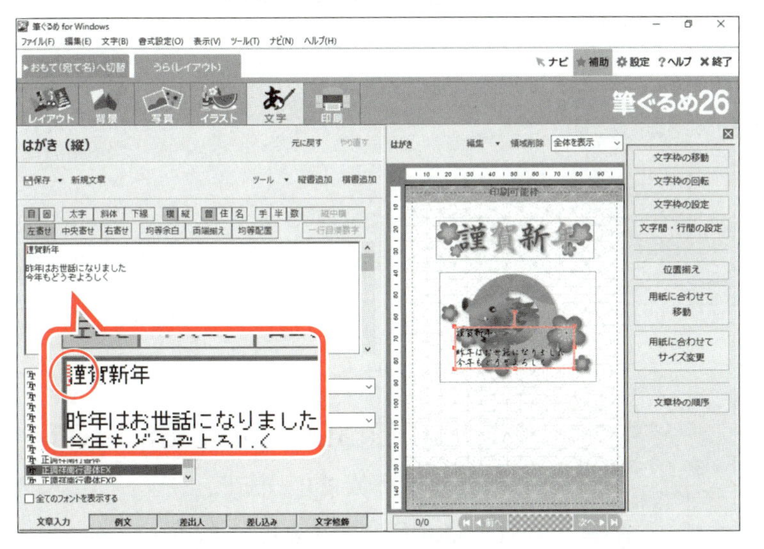

①プレビュー画面の文章が選択されていることを確認します。

1行目を削除します。

②1行目の先頭にカーソルがあることを確認します。

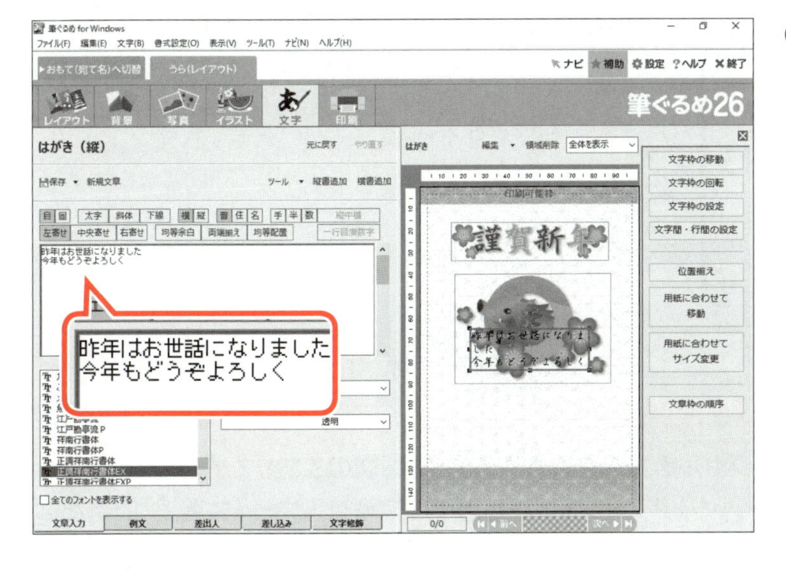

③ Delete を6回押します。

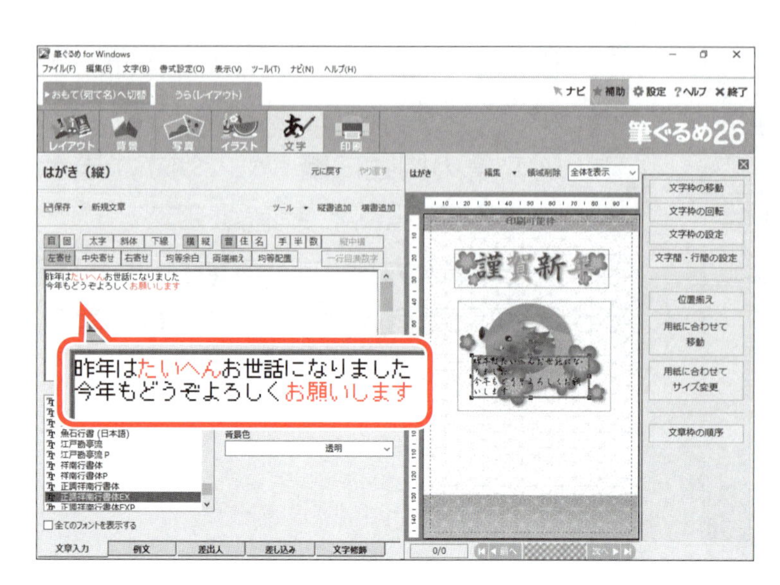

文章の一部を修正します。

④**「昨年はお世話になりました」**を**「昨年はたいへんお世話になりました」**に修正します。

※「たいへん」を挿入します。

⑤**「今年もどうぞよろしく」**を**「今年もどうぞよろしくお願いします」**に修正します。

※「お願いします」を挿入します。

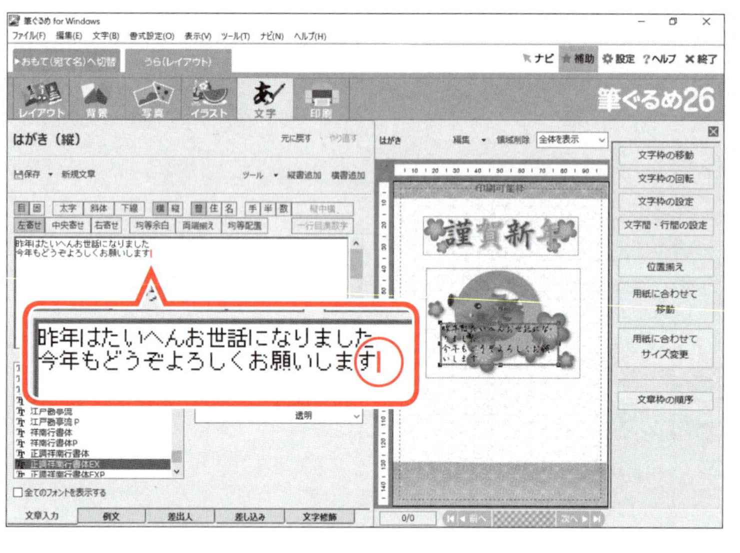

改行します。

⑥**「お願いします」**の後ろにカーソルがあることを確認します。

⑦ Enter を2回押します。

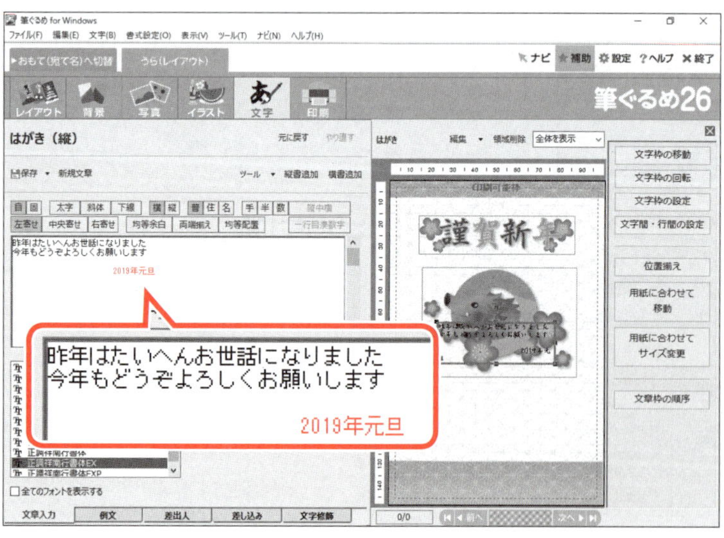

空白スペースと文字を挿入します。

⑧**「□□□□□□□□□□□□□□2019年元旦」**と入力します。

※「□」は全角空白を表します。

※「2019」は半角で入力します。

プレビュー画面の例文に変更が反映されます。

STEP UP オリジナルの文章の追加

例文を利用せずに、オリジナルの文章を追加する方法は、次のとおりです。

◆  (文字)→《文章入力》タブ→文章入力エリアに文章を入力→《縦書追加》または《横書追加》

※プレビュー画面の文章の選択を解除してから操作します。

2 文章を移動しよう

文章を移動しましょう。

①プレビュー画面の文章が選択されていることを確認します。

②文章をポイントします。

マウスポインターの形が✥に変わります。

③図のようにドラッグします。

文章が移動します。

3 文章のサイズを変更しよう

文章の枠のサイズを変更すると、枠のサイズに応じて文字サイズも調整されます。文章のサイズを変更しましょう。

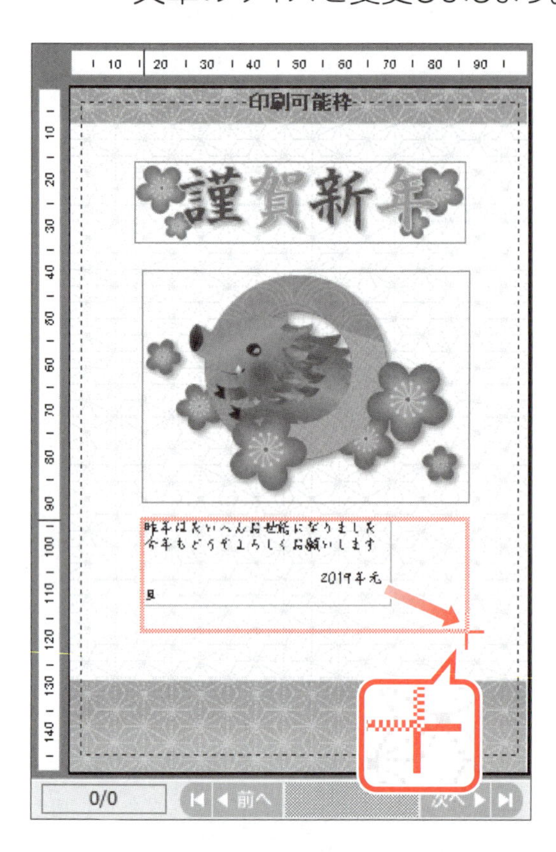

①プレビュー画面の文章が選択されていることを確認します。

②文章の右下の■（ハンドル）をポイントします。

マウスポインターの形が⤡に変わります。

③図のようにドラッグします。

ドラッグ中、マウスポインターの形が＋に変わります。

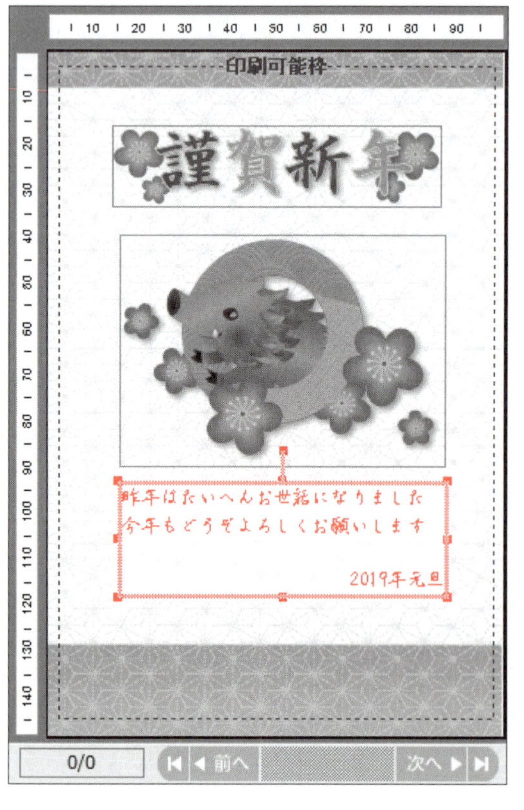

文章のサイズが変更されます。

POINT ▶▶▶

文字サイズの変更

枠内の一部分だけ文字サイズを変更することはできません。
異なる文字サイズを混在させる場合は、文章を複数追加して、それぞれで枠のサイズを調整します。

4 文章のフォントを変更しよう

文章のフォントを「MS Pゴシック（日本語）」に変更しましょう。

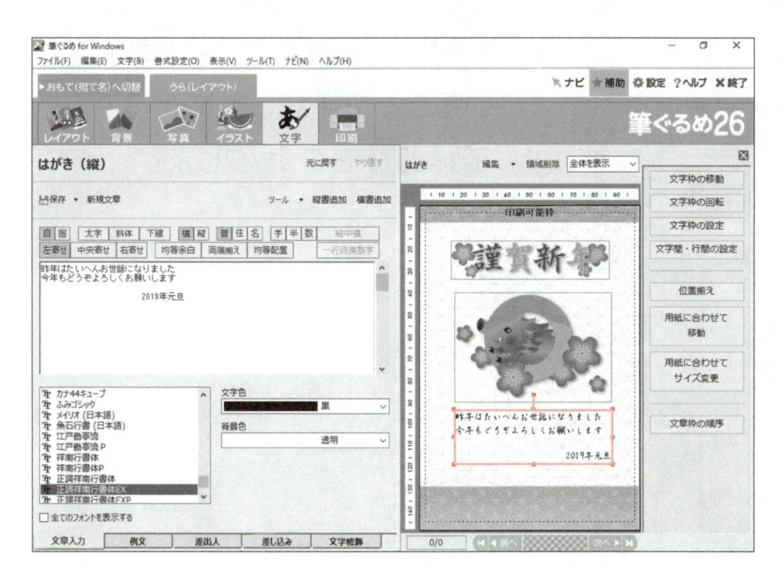

①プレビュー画面の文章が選択されていることを確認します。

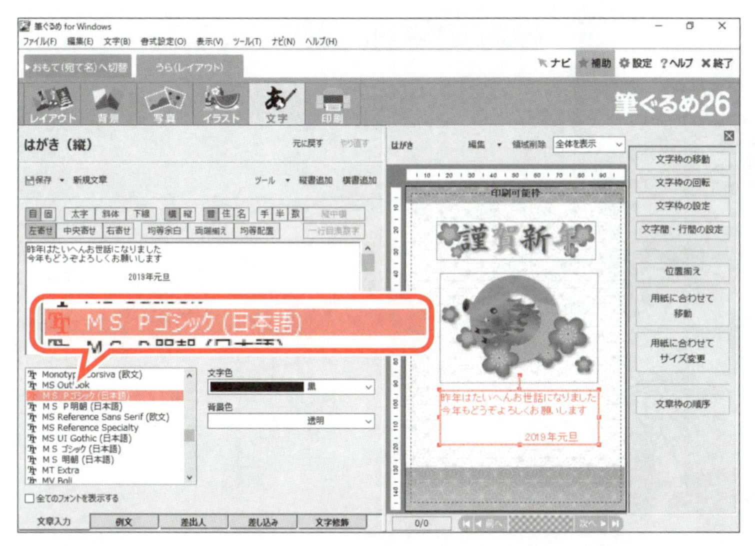

②フォントの一覧から《**MS Pゴシック（日本語）**》を選択します。

文章のフォントが変更されます。

POINT ▶▶▶

文字色・背景色の変更

文字色を変更するには、《文字色》の ⌄ をクリックし、一覧から選択します。
背景色を変更するには、《背景色》の ⌄ をクリックし、一覧から選択します。

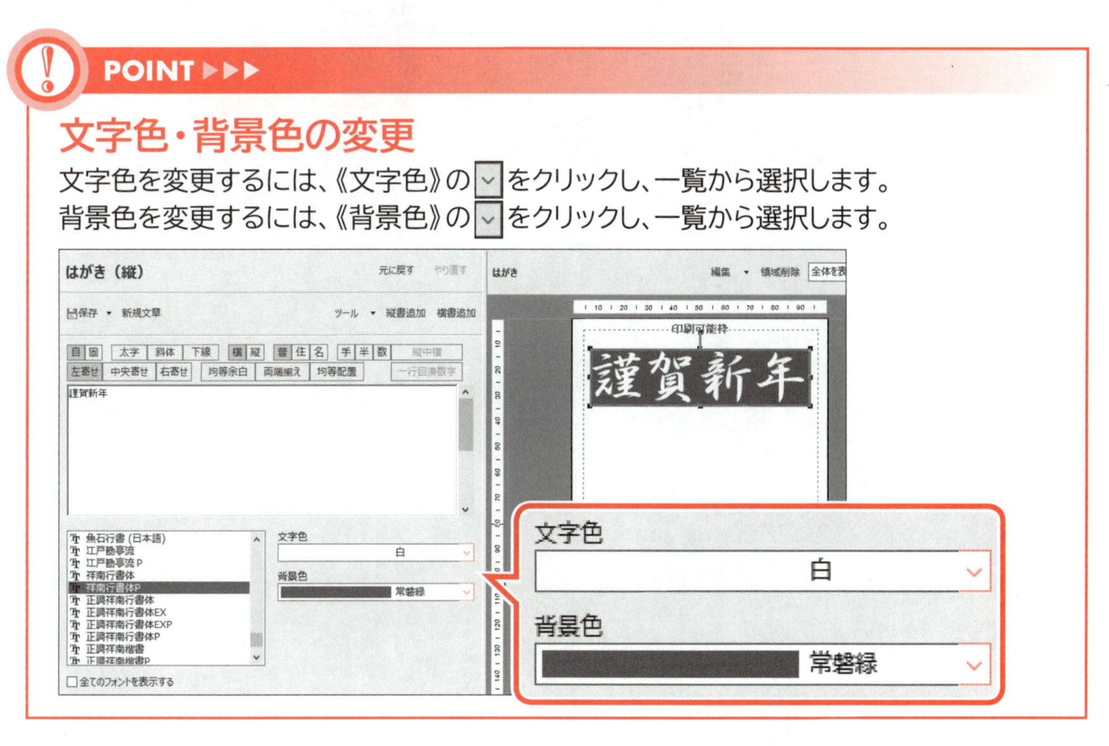

1
2
3
4
5
6
索引

5 文章の配置を調整しよう

文章を枠内で均等に配置しましょう。

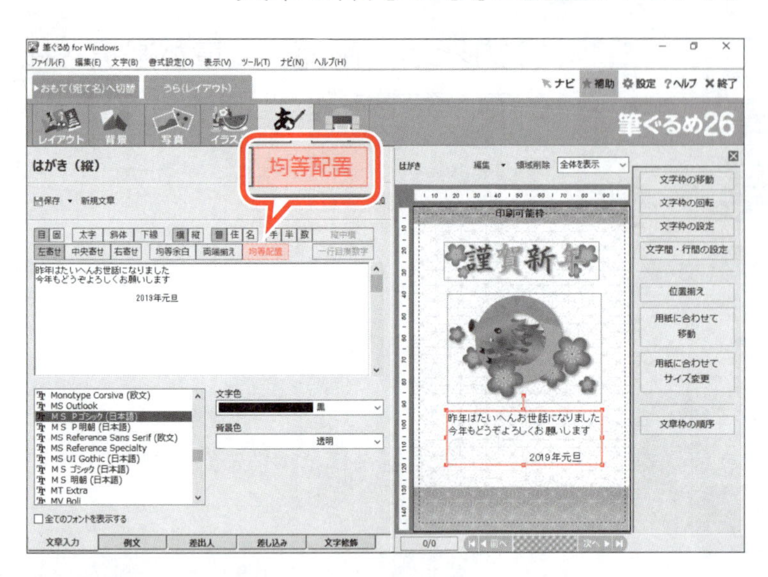

①プレビュー画面の文章が選択されていることを確認します。

②《**均等配置**》をクリックします。

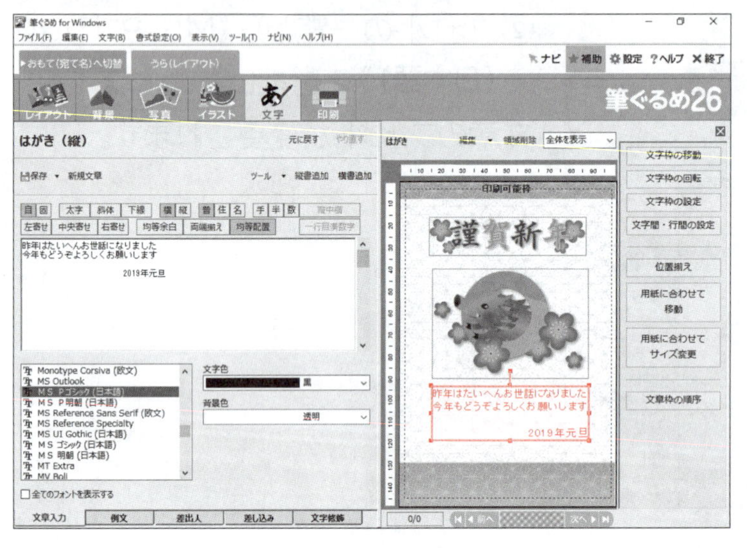

枠内で均等に配置されます。

《文章入力》タブのボタン

STEP UP

《文字》設定画面の《文章入力》タブの各ボタンの役割は、次のとおりです。

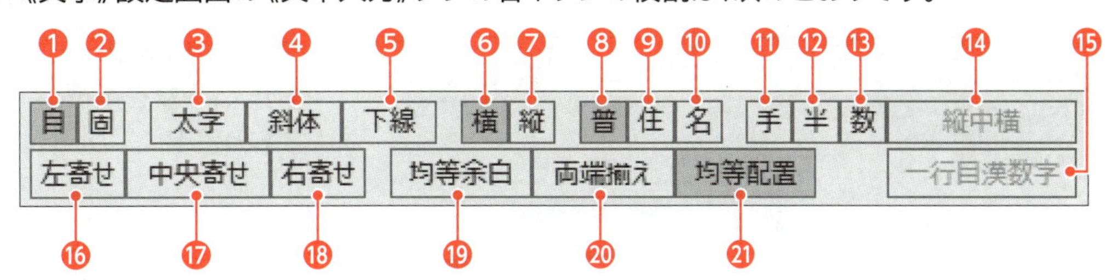

❶ 自（自）
文章の枠のサイズに合わせて、文字サイズを自動的に調整します。

❷ 固（固）
文章の枠のサイズに関係なく、文字サイズを固定します。

❸ 太字（太字）
文章を太字にします。

❹ 斜体（斜体）
文章を斜体にします。

❺ 下線（下線）
文章に下線を付けます。

❻ 横（横）
縦書きの文章を横書きに変更します。

❼ 縦（縦）
横書きの文章を縦書きに変更します。

❽ 普（普）
文章を入力したとおりに配置します。

❾ 住（住）
文章を住所の表示に最適なバランスに整えて配置します。

❿ 名（名）
文章を名前の表示に最適なバランスに整えて配置します。

⓫ 手（手）
普（普）が選択されているとき、漢字とカタカナだけ文字サイズを大きめに表示します。

⓬ 半（半）
半角の英数字を全角で表示します。

⓭ 数（数）
数字を漢数字で表示します。

⓮ 縦中横（縦中横）
縦（縦）と住（住）が選択されているとき、数字を横1行で表示します。

⓯ 一行目漢数字（一行目漢数字）
縦（縦）と住（住）と縦中横（縦中横）が選択されているとき、1行目の数字を漢数字に、2行目の数字を横1行で表示します。

⓰ 左寄せ（左寄せ）
横書きの場合、文章を枠内の左端に配置します。
縦書きの場合、文章を枠内の上端に配置します。

⓱ 中央寄せ（中央寄せ）
横書きの場合、文章を枠内の左右中央に配置します。
縦書きの場合、文章を枠内の上下中央に配置します。

⓲ 右寄せ（右寄せ）
横書きの場合、文章を枠内の右端に配置します。
縦書きの場合、文章を枠内の下端に配置します。

⓳ 均等余白（均等余白）
枠内の余白を均等にそろえます。

⓴ 両端揃え（両端揃え）
文章を両端にそろえます。

㉑ 均等配置（均等配置）
枠内の文字を均等に割り付けます。

うら面への差出人の追加

おもて面で差出人の情報を登録している場合、その情報をうら面に追加できます。

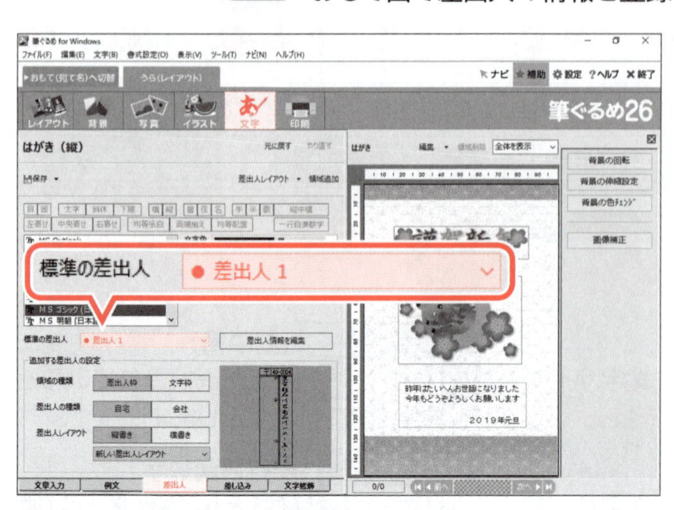

①（文字）をクリック
②《差出人》タブを選択
③《標準の差出人》の をクリックし、差出人を選択

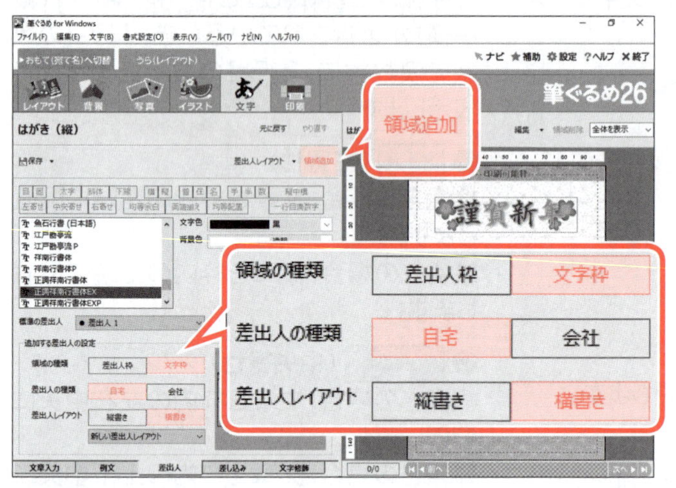

④《領域の種類》で《差出人枠》または《文字枠》を選択
※《差出人枠》は、おもて面の差出人の情報とリンクした状態で追加します。《文字枠》は独立した文章の枠として追加します。
⑤《差出人の種類》で《自宅》または《会社》を選択
※《自宅》は、差出人の自宅住所を表示します。《会社》は、差出人の会社住所を表示します。
⑥《差出人レイアウト》で《縦書き》または《横書き》を選択
⑦《領域追加》をクリック

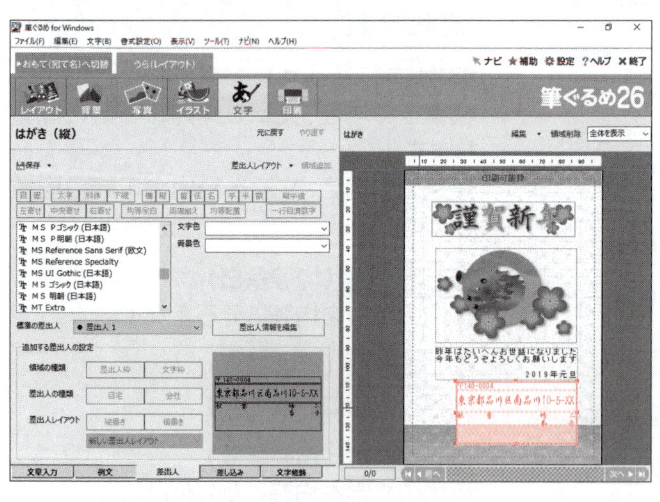

差出人が追加される
⑧差出人の位置とサイズを調整

QRコードの追加

自分でブログやホームページを開設している場合、そのアドレスを「QRコード」に変換して、はがきに追加できます。QRコードを入れておけば、スマートフォンなどで簡単にアクセスしてもらうことができます。

◆（文字）→《文章入力》タブ→《編集》の をクリックし、一覧から《QRコード》を選択

文字修飾

STEP UP 筆ぐるめでは、縁取りや影、変形などの様々な効果で文字を装飾できます。

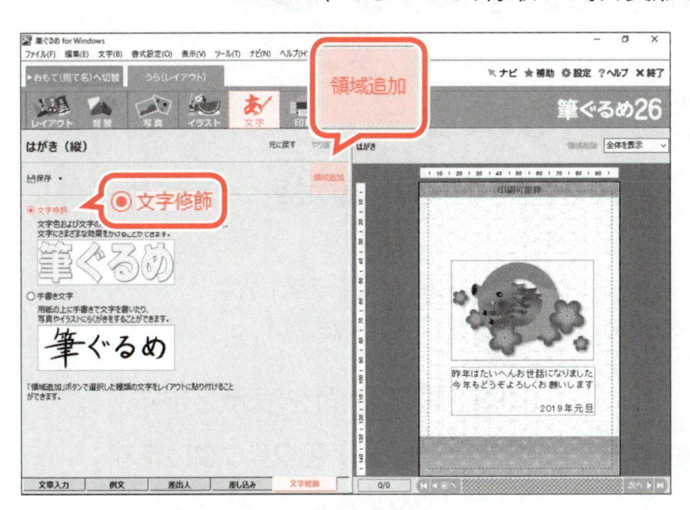

①（文字）をクリック
②《文字修飾》タブを選択
③《文字修飾》を◉にする
④《領域追加》をクリック

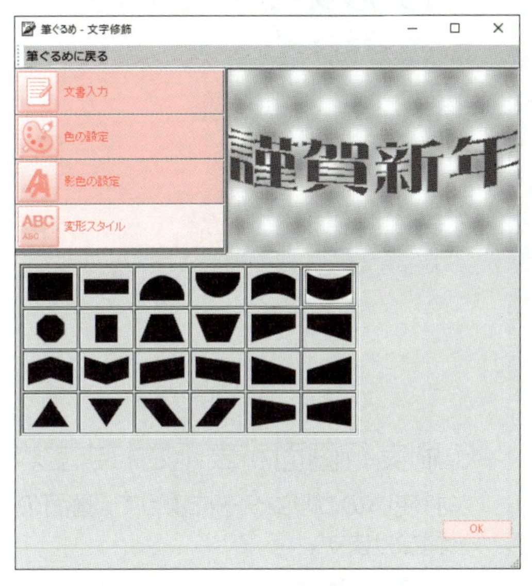

《筆ぐるめ-文字修飾》ダイアログボックスが表示される
⑤《文書入力》でフォントや文字を設定
⑥《色の設定》で塗りつぶしの色や縁取りの色を設定
⑦《影色の設定》で影の色や位置を設定
⑧《変形スタイル》で文字の変形を設定
⑨《OK》をクリック

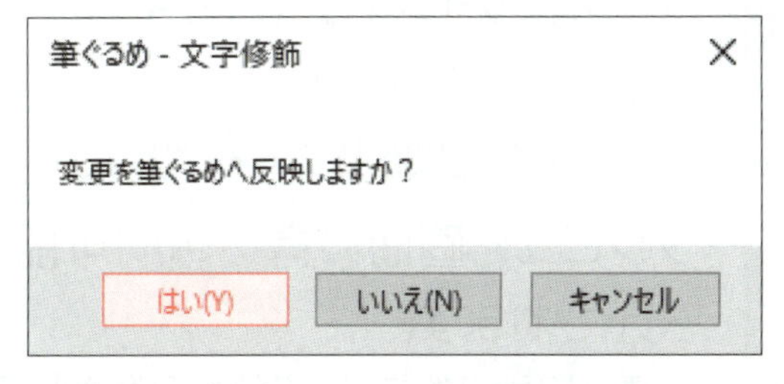

⑩《はい》をクリック

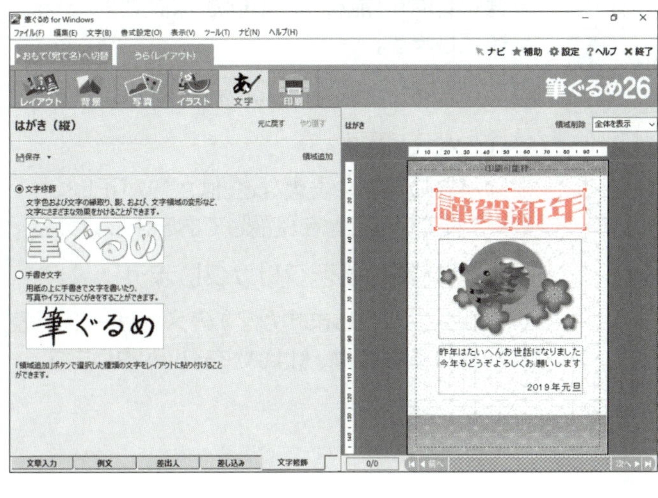

装飾された文字が追加される
⑪文字の位置とサイズを調整

Step8 はがき（うら面）を印刷する

1 はがき（うら面）を印刷しよう

はがき（うら面）を印刷しましょう。**「フチなし印刷」**に設定すると、用紙全体に印刷できます。

※フチなし印刷に対応していないプリンターでは、フチなし印刷はできません。
※フチなし印刷の設定方法は、プリンターの取扱説明書をご確認ください。

《印刷》設定画面を表示します。

①（印刷）をクリックします。

②**《プリンターを使う》**をクリックします。

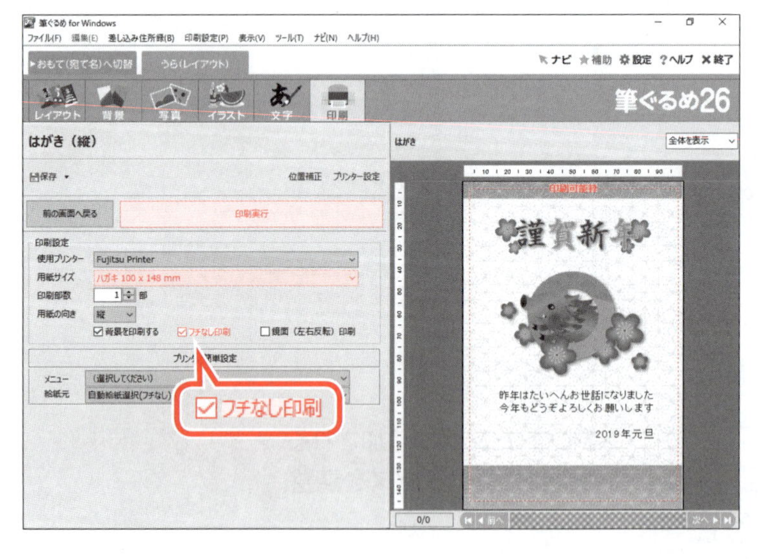

印刷実行画面が表示されます。

※お使いのプリンターによって、画面の表示は異なります。

③**《用紙サイズ》**が**《ハガキ》**になっていることを確認します。

④**《フチなし印刷》**を☑にします。

プレビュー画面に青い印刷可能枠が表示されます。

※青い印刷可能枠は、印刷が保証される領域を表します。

⑤プリンターに試し印刷用のはがきをセットします。

※はがきの向きや表裏など、はがきが正しくセットされていることを確認しておきましょう。

⑥**《印刷実行》**をクリックします。

※《印刷を続行しますか？》のメッセージが表示される場合は、《はい》をクリックします。

印刷が実行されます。

印刷時のメッセージ

STEP UP

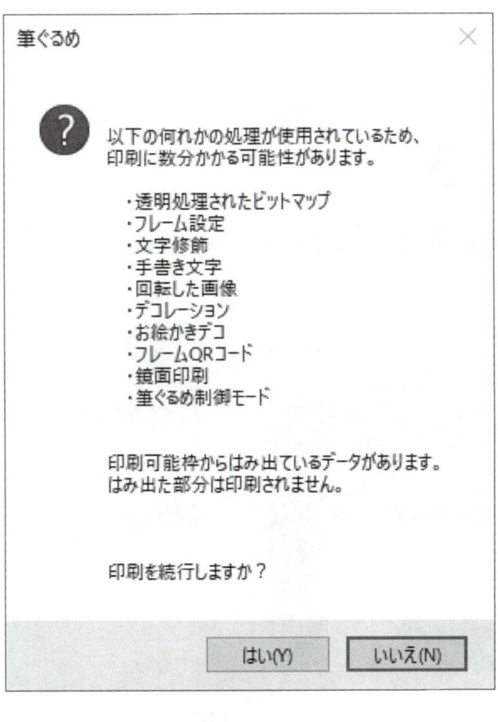

使用している機能やプリンターの種類によって、図のようなメッセージが表示される場合があります。
《はい》をクリックすると、印刷が実行されます。

Step9 はがき（うら面）を保存する

1 はがき（うら面）の保存方法を確認しよう

はがき（うら面）が完成したら保存します。
はがき（うら面）を保存する方法には、次のような種類があります。

●保存

すでに保存されているはがきのレイアウトを上書き保存します。

※筆ぐるめにあらかじめ用意されているサンプルは、上書き保存できません。サンプルを編集した場合は、新規保存します。

●新規保存

作成・編集したはがきを新しいレイアウトとして保存します。

●別形式で保存

作成・編集したはがきを別のファイル形式で保存します。保存できるファイル形式は筆ぐるめの**「レイアウトファイル形式（.fgl）」**以外に、**「ビットマップ形式（.bmp）」「JPEG形式（.jpg）」「FlashPix形式（.fpx）」「PNG形式（.png）」**などがあります。

2 新規保存しよう

作成したはがきに**「年賀状2019」**という名前を付けて、**《みんなのレイアウト》**グループに保存しましょう。

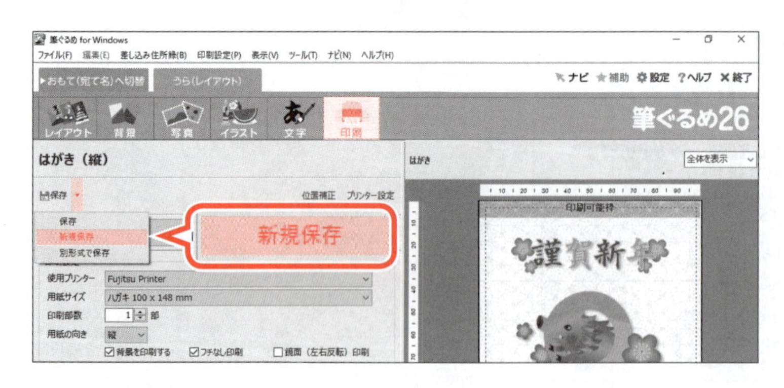

①（印刷）が選択されていることを確認します。

②**《保存》**の をクリックし、一覧から**《新規保存》**を選択します。

筆ぐるめ - 新規保存
グループ名 みんなのレイアウト
レイアウト名 年賀状2019
グループ作成 OK キャンセル

《筆ぐるめ-新規保存》ダイアログボックスが表示されます。

③**《グループ名》**の をクリックし、一覧から**《みんなのレイアウト》**を選択します。

④**《レイアウト名》**に**「年賀状2019」**と入力します。

⑤**《OK》**をクリックします。

⑥レイアウト名**「年賀状2019」**が表示されていることを確認します。

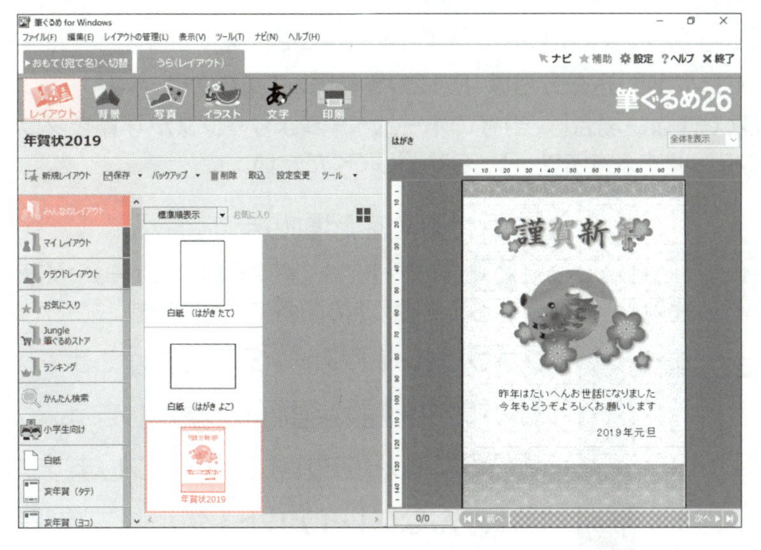

はがきが保存されていることを確認します。

《レイアウト》設定画面を表示します。

⑦ (レイアウト)をクリックします。

⑧**《みんなのレイアウト》**グループを選択します。

⑨選択・編集画面の一覧に保存したはがきが表示されていることを確認します。

※筆ぐるめを終了しておきましょう。

POINT ▶▶▶

はがき(うら面)の保存先

ユーザーが作成したはがきの保存先には、次のようなものがあります。

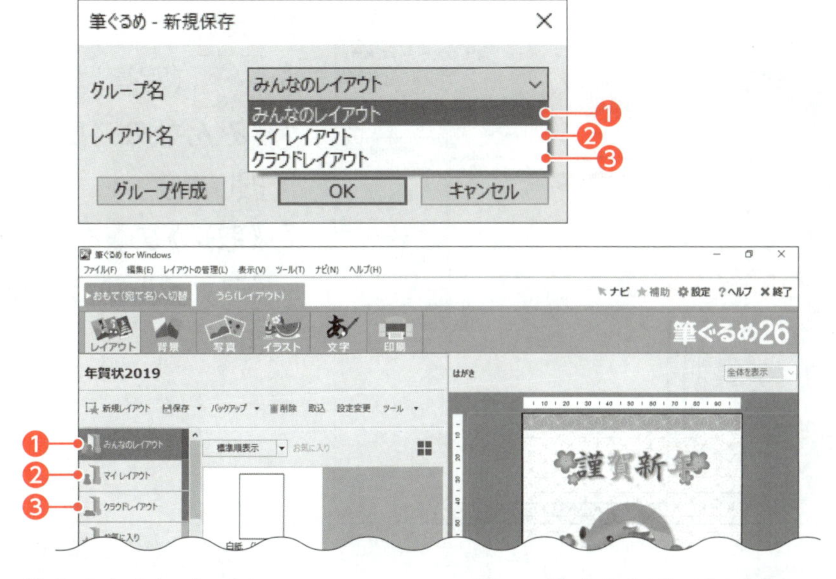

❶みんなのレイアウト

パソコンを使うすべてのユーザーが作成したはがきを利用できます。ほかのユーザーと共有する場合に選択します。

❷マイレイアウト

現在利用中のユーザーだけが作成したはがきを利用できます。個人用として利用する場合に選択します。

❸クラウドレイアウト

インターネット上の領域に作成したはがきが保存され、インターネットを介して、ほかのパソコンからアクセスできるようになります。複数台のパソコンで共有する場合に便利です。

※各パソコンに筆ぐるめがインストールされている必要があります。

参考学習 写真入りのはがきを作成する

1 写真入りのはがきを作成しよう

デジタルカメラで撮影した写真をはがきに追加できます。はがきに追加する写真は、あらかじめパソコンに取り込んでおく必要があります。
写真をはがきに追加して、写真入りのはがきを作成しましょう。
※デジタルカメラの写真をパソコンに取り込む方法は、P.120を参照してください。
※デジタルカメラの写真が用意できない場合は、当社のホームページよりサンプル写真をダウンロードしてください。ダウンロードする方法は、P.2を参照してください。

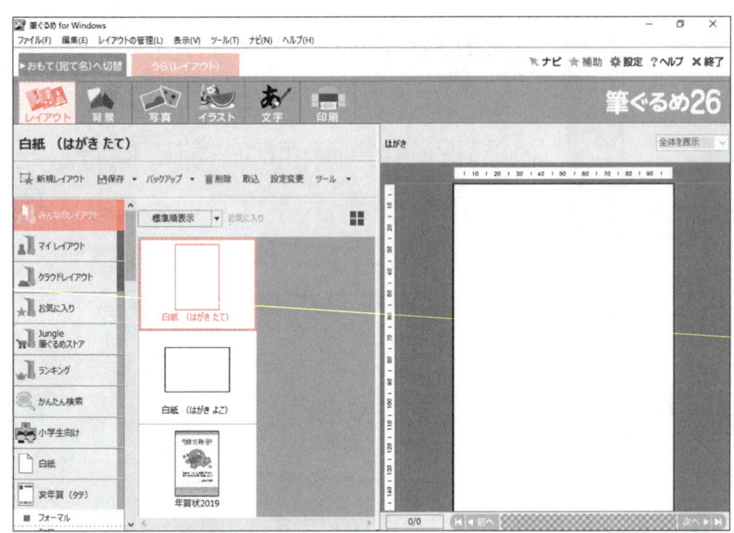

①筆ぐるめを起動します。
※ (スタート)→《筆ぐるめメニュー》→《筆ぐるめを使う》の順番に操作します。
②《**うら(レイアウト)**》タブを表示します。
《**レイアウト**》設定画面を表示します。
③ (レイアウト)をクリックします。
④《**みんなのレイアウト**》グループを選択します。
⑤一覧から《**白紙(はがき たて)**》を選択します。

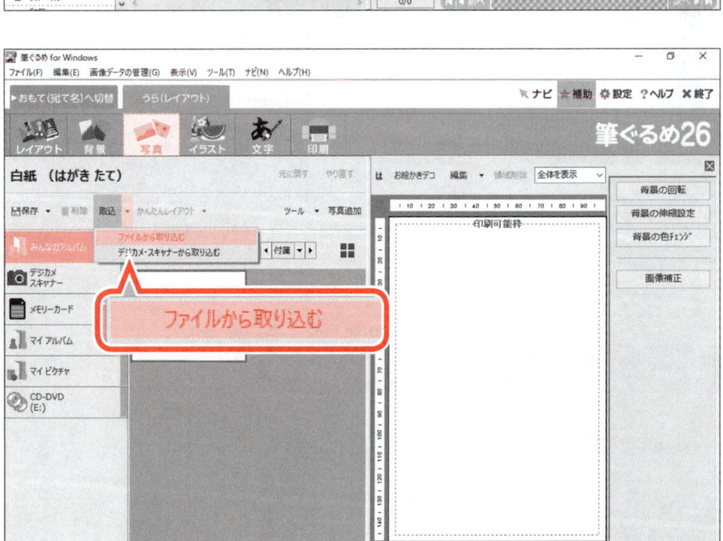

《**写真**》設定画面を表示します。
⑥ (写真)をクリックします。
⑦《**みんなのアルバム**》グループを選択します。
⑧《**取込**》の をクリックし、一覧から《**ファイルから取り込む**》を選択します。

《筆ぐるめ-イラストインポート》ダイアログボックスが表示されます。

⑨写真が保存されている場所を選択します。

※ここでは、《PC》→《ドキュメント》→フォルダー「筆ぐるめ26」を選択しています。

⑩一覧から取り込む写真を選択します。

⑪**《開く》**をクリックします。

写真が取り込まれ、選択・編集画面の一覧に表示されます。

⑫一覧から写真を選択します。

⑬**《写真追加》**をクリックします。

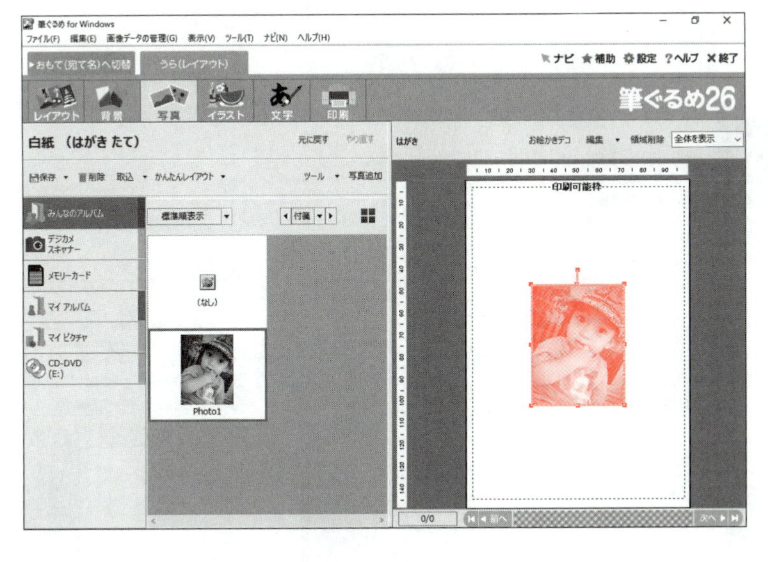

選択した写真がプレビュー画面に表示されます。

その他の方法（写真の取り込み）

◆Windowsのファイル一覧にある写真を選択→《写真》設定画面の選択・編集画面にドラッグ

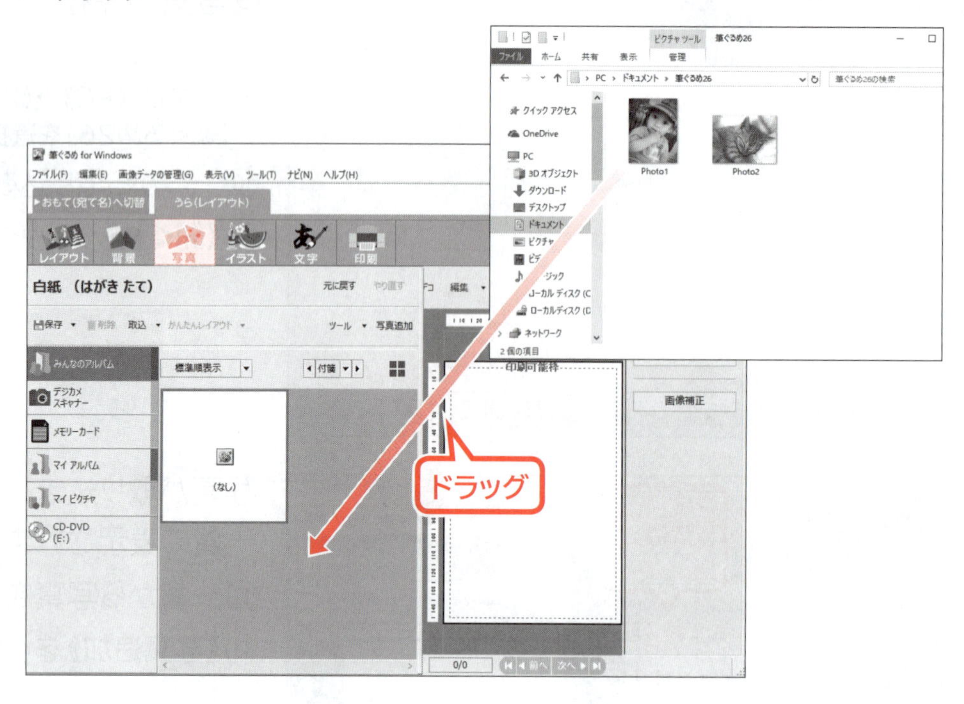

《写真》設定画面の《マイピクチャ》グループ

《写真》設定画面の《マイピクチャ》グループを選択すると、Windowsの《ピクチャ》に保存されている写真の一覧が表示されます。
《みんなのアルバム》グループや《マイアルバム》グループに取り込まなくても直接、筆ぐるめで利用できます。

デジタルカメラの写真をパソコンに取り込む

STEP UP

Windows 10のパソコンにデジタルカメラを接続し、デジタルカメラに保存されている写真をパソコンに取り込む一般的な方法は、次のとおりです。

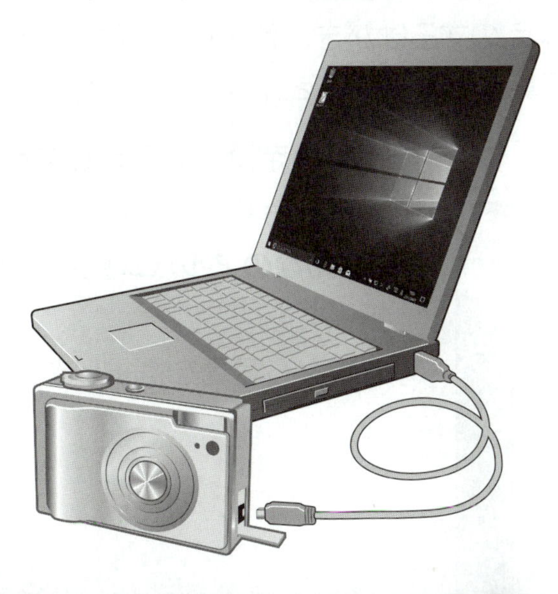

①パソコンの電源を入れる
②パソコンとUSBケーブルを接続する
③デジタルカメラとUSBケーブルを接続する
④デジタルカメラの電源を入れる

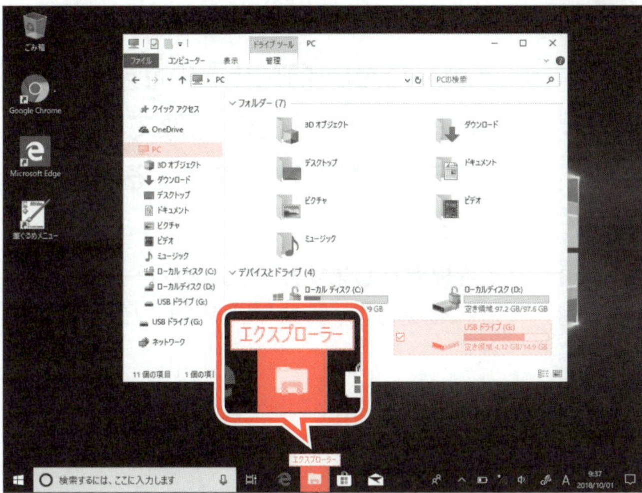

⑤タスクバーの（エクスプローラー）をクリック
⑥左側の一覧から《PC》を選択
⑦《USBドライブ》をダブルクリック
※お使いの環境によって、ドライブ名は異なります。

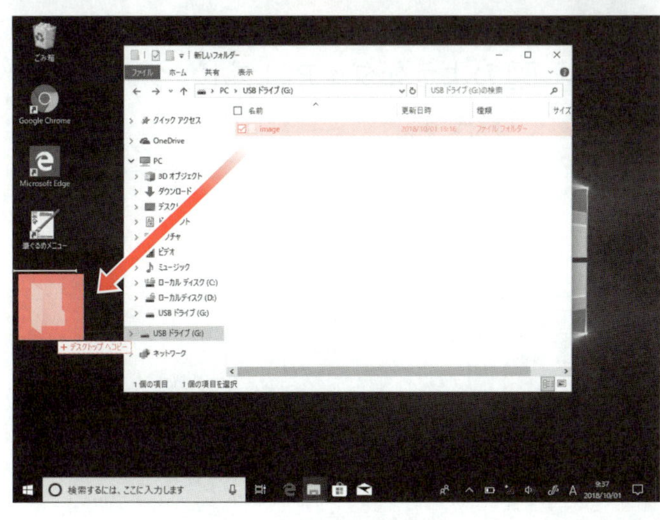

USBドライブが開かれ、デジタルカメラの中身が表示される
⑧写真が保存されているフォルダーをコピー先の場所にドラッグ
※お使いのデジタルカメラによって、フォルダー名は異なります。

※デジタルカメラをパソコンから取り外すには、タスクバーの→（ハードウェアを安全に取り外してメディアを取り出す）→《（デバイス名）の取り出し》の順番に操作します。その後、デジタルカメラの電源を切り、パソコンからUSBケーブルを取り外します。

2 かんたんレイアウトを使って写真入りのはがきを作成しよう

「かんたんレイアウト」を使うと、取り込んだ写真にあらかじめデザインされたレイアウトを適用して、瞬時に見栄えのするはがきに仕上げることができます。かんたんレイアウトを使って、写真入りのはがきを作成しましょう。

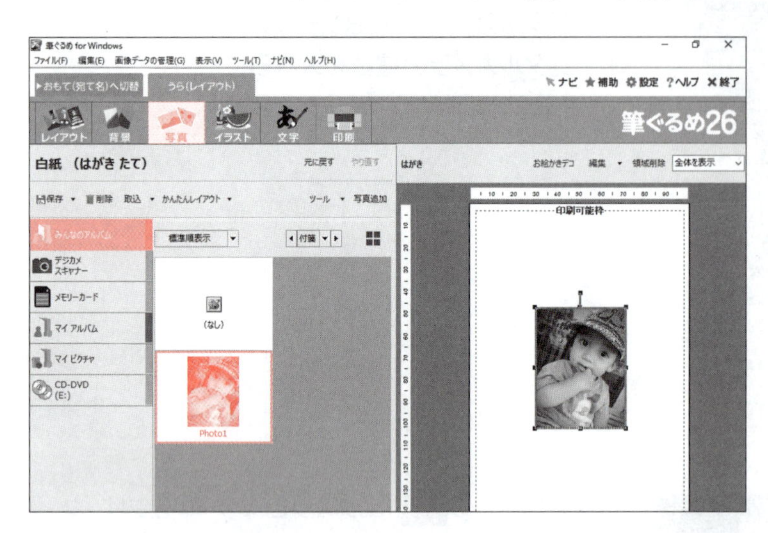

《写真》設定画面を表示します。

①（写真）をクリックします。

②**《みんなのアルバム》**グループを選択します。

③一覧から写真を選択します。

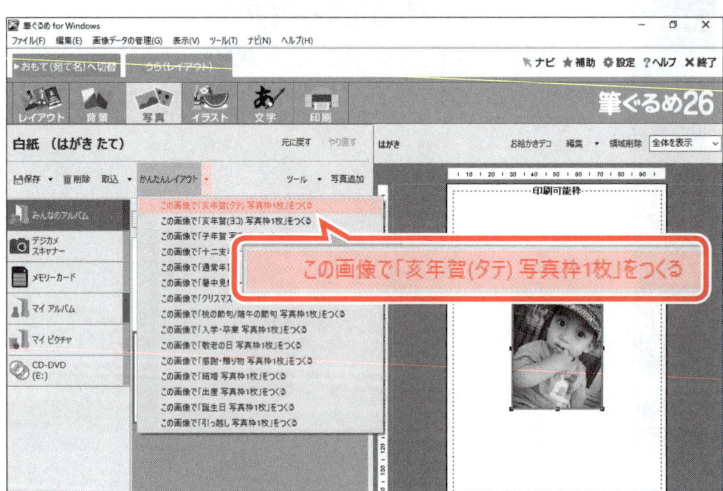

④**《かんたんレイアウト》**のをクリックし、一覧から**《この画像で「亥年賀（タテ）写真枠1枚」をつくる》**を選択します。

※《新規保存しますか？》のメッセージが表示される場合は、《いいえ》をクリックします。

図のようなダイアログボックスが表示されます。

⑤■(ハンドル)をドラッグして、はがきに入れたいおおよその範囲を枠線で囲みます。

⑥**《確定》**をクリックします。

写真にデザインされたレイアウトが適用されます。

⑦**《亥年賀(タテ)》**グループの**《写真1枚》**が選択されていることを確認します。

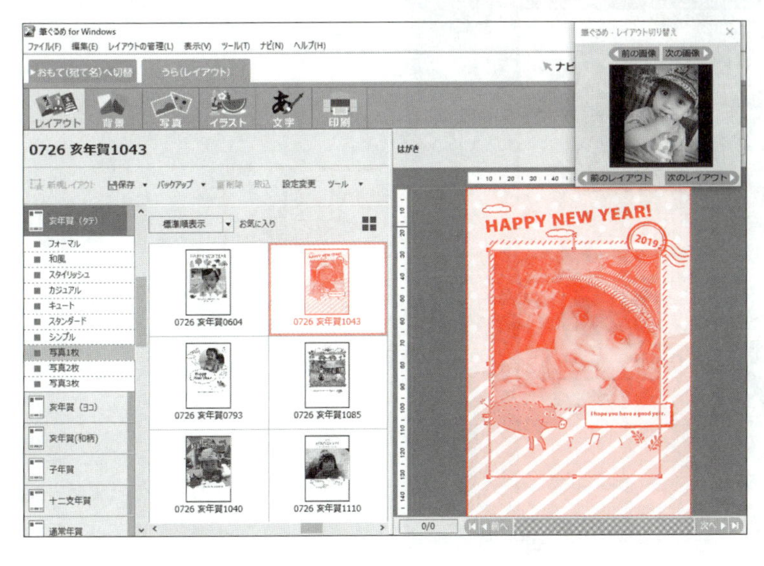

⑧一覧から図のレイアウトを選択します。

はがきのデザインが変更されます。

※作成したはがきを保存しておきましょう。《保存》の▾→《新規保存》→《グループ名》を選択→《レイアウト名》を入力→《OK》の順番に操作します。

※筆ぐるめを終了しておきましょう。

1 2 3 4 5 6 索引

レイアウト切り替え

《筆ぐるめ-レイアウト切り替え》ダイアログボックスを使って、レイアウトを切り替えることができます。また、複数の写真を取り込んでいる場合には、写真を切り替えることもできます。

かんたんレイアウトの写真の配置

かんたんレイアウトで作成したはがきの写真は、位置やサイズを調整できます。

◆ (写真)→プレビュー画面の写真を選択→ドラッグして移動→■(ハンドル)をドラッグして、サイズ変更

写真が拡大されていて操作しにくい場合は、プレビュー画面の表示倍率を縮小して全体を表示すると、操作しやすくなります。プレビュー画面の表示倍率を変更するには、 全体を表示 ⌄ の ⌄ をクリックし、一覧から選択します。

よくわかる

第4章

Chapter 4

カレンダーを作成しよう

Step 1 作成するカレンダーを確認する

1 カレンダーを作成しよう

筆ぐるめには、年月を指定するだけで、カレンダーの日付部分を瞬時に作成できる機能が備わっています。お気に入りのイラストやデジタルカメラで撮影した写真を組み合わせれば、オリジナルのカレンダーが簡単に出来上がります。

2 作成するカレンダーを確認しよう

次のような写真入りのカレンダーを作成しましょう。

Step2 レイアウトを設定する

1 レイアウトを設定しよう

カレンダーのレイアウトをA4用紙(縦)に設定しましょう。

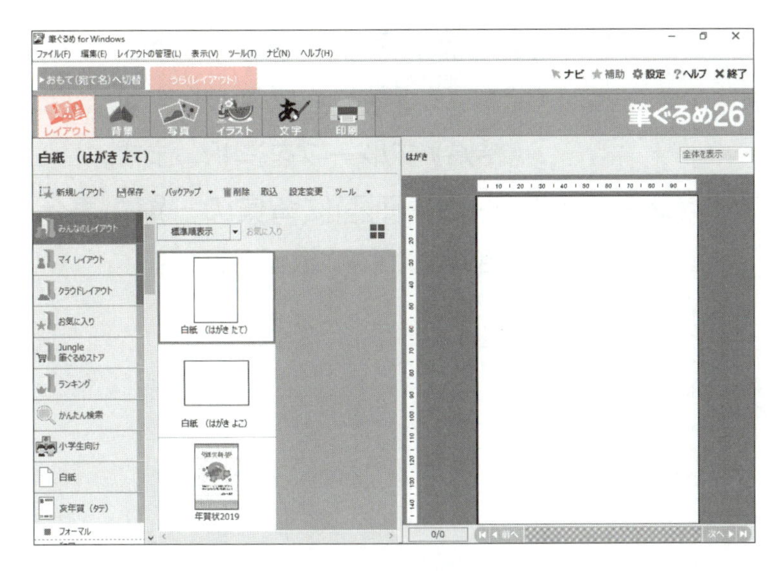

①筆ぐるめを起動します。

※ (スタート)→《筆ぐるめメニュー》→《筆ぐるめを使う》の順番に操作します。

②**《うら(レイアウト)》**タブを表示します。

《レイアウト》設定画面を表示します。

③ (レイアウト)をクリックします。

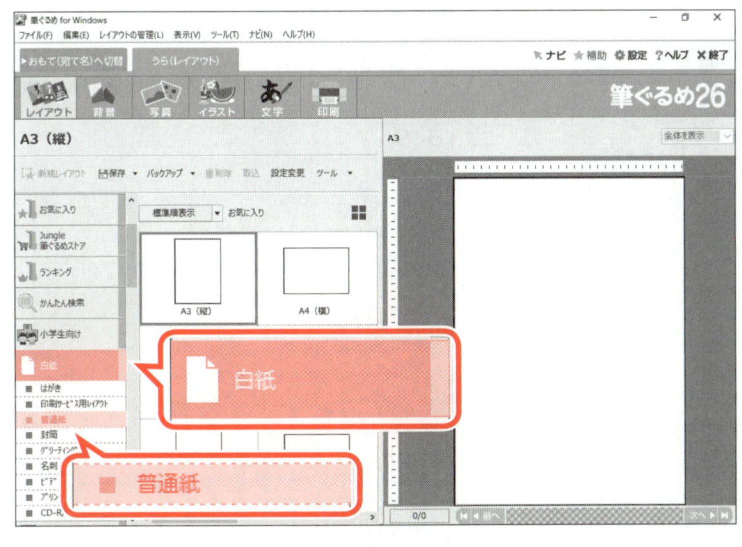

④**《白紙》**グループを選択します。

⑤**《普通紙》**を選択します。

選択・編集画面に普通紙のレイアウトの一覧が表示されます。

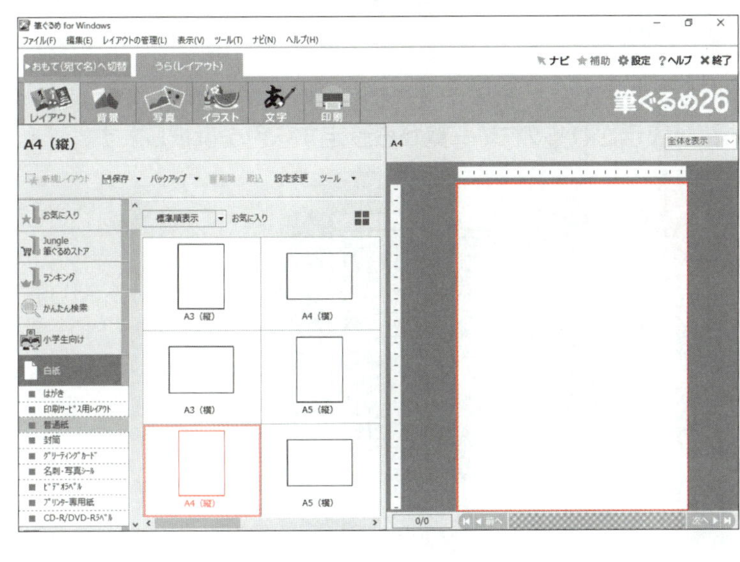

⑥一覧から**《A4(縦)》**を選択します。

選択したレイアウトがプレビュー画面に表示されます。

Step3 背景を設定する

1 背景を設定しよう

カレンダーの背景を設定しましょう。

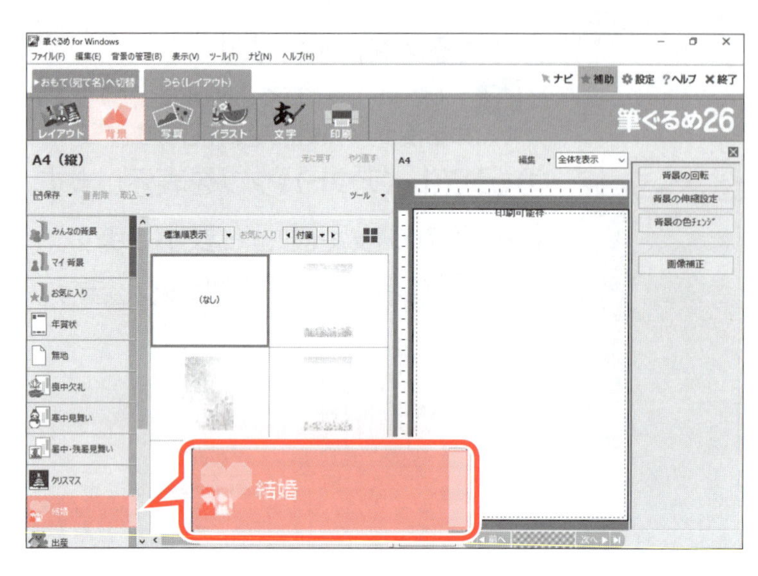

《背景》設定画面を表示します。

①（背景）をクリックします。

②《結婚》グループを選択します。

選択・編集画面に背景の一覧が表示されます。

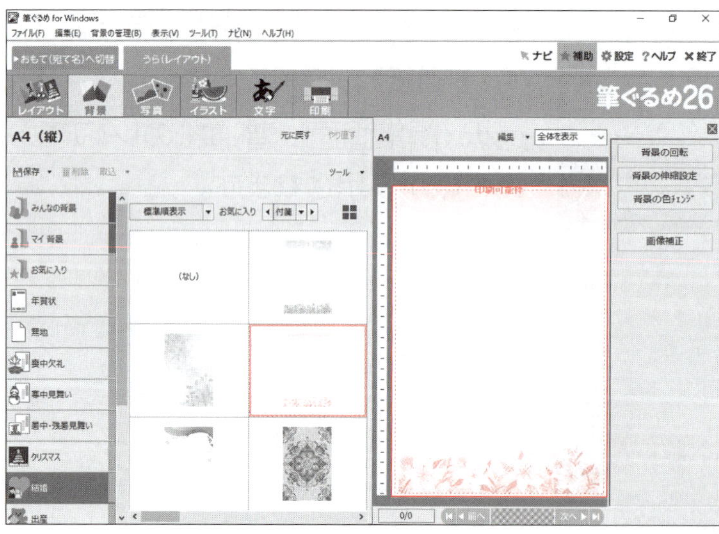

③一覧から図の背景を選択します。

選択した背景がプレビュー画面に表示されます。

STEP UP 無地の背景の設定

イラストや模様のない無地の背景を設定する場合、《無地》グループを選択します。選択・編集画面に色の一覧が表示されるので、一覧から設定する色を選択します。

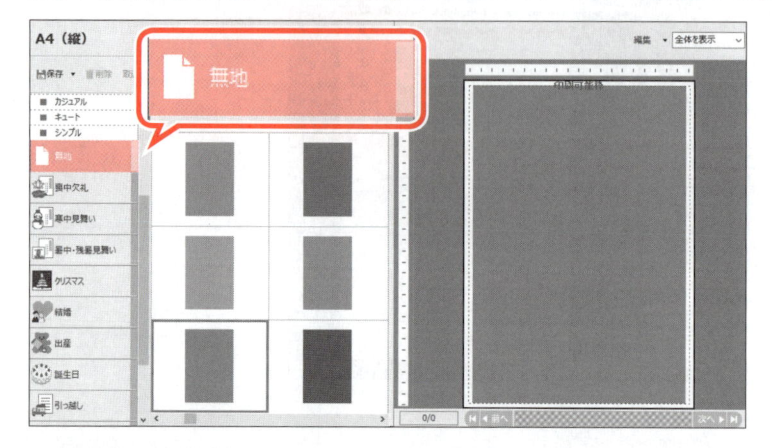

Step4 写真を追加する

1 写真を追加しよう

写真を筆ぐるめに取り込んで、カレンダーに追加しましょう。

※デジタルカメラの写真をパソコンに取り込む方法は、P.120を参照してください。

※デジタルカメラの写真が用意できない場合は、当社のホームページよりサンプル写真をダウンロードしてください。ダウンロードする方法は、P.2を参照してください。

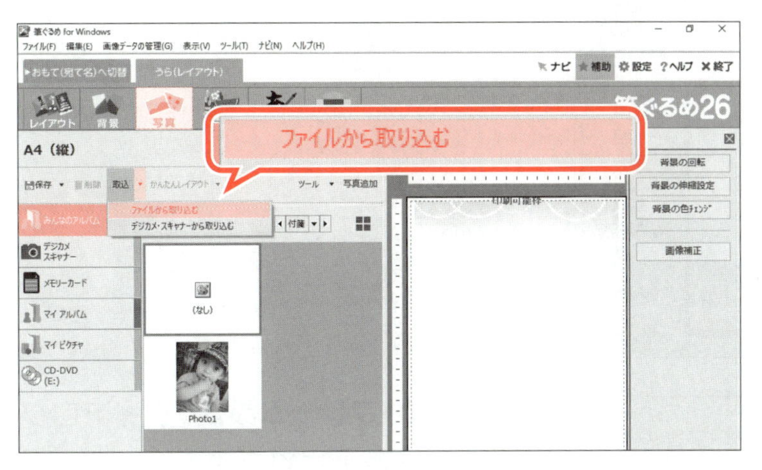

《写真》設定画面を表示します。

①（写真）をクリックします。

②《みんなのアルバム》グループを選択します。

③《取込》の をクリックし、一覧から《ファイルから取り込む》を選択します。

《筆ぐるめ-イラストインポート》ダイアログボックスが表示されます。

④写真が保存されている場所を選択します。

※ここでは、《PC》→《ドキュメント》→フォルダー「筆ぐるめ26」を選択しています。

⑤一覧から取り込む写真を選択します。

⑥《開く》をクリックします。

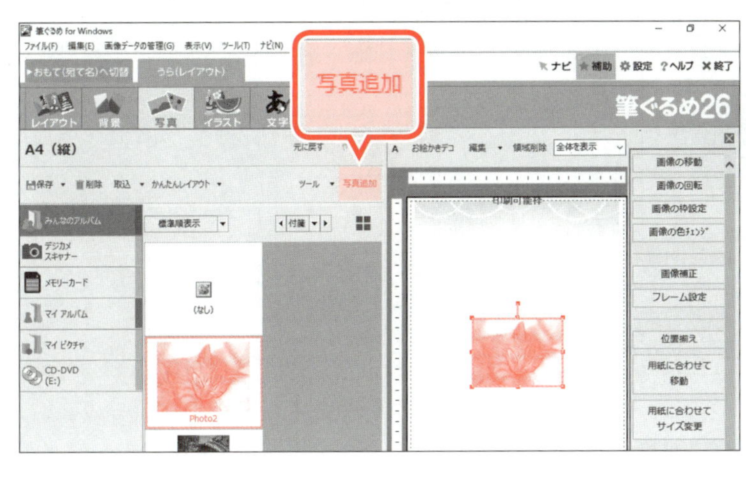

写真が取り込まれ、選択・編集画面の一覧に選択した写真が表示されます。

⑦一覧から写真を選択します。

⑧《写真追加》をクリックします。

選択した写真がプレビュー画面に表示されます。

2 写真にフレームを設定しよう

写真にフレームを付けて、装飾できます。フレームの形に応じて、写真は型抜きされます。
写真にフレームを設定しましょう。

①プレビュー画面の写真が選択されていることを確認します。
②補助画面の**《フレーム設定》**をクリックします。

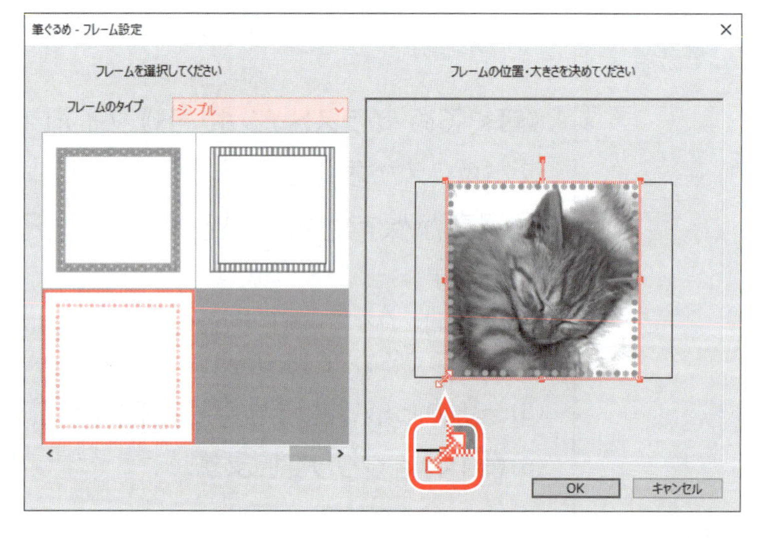

《筆ぐるめ-フレーム設定》ダイアログボックスが表示されます。
③**《フレームのタイプ》**の をクリックし、一覧から**《シンプル》**を選択します。
④図のフレームを選択します。
フレームのサイズを変更します。
⑤フレームの下の■（ハンドル）をポイントします。
マウスポインターの形が に変わります。

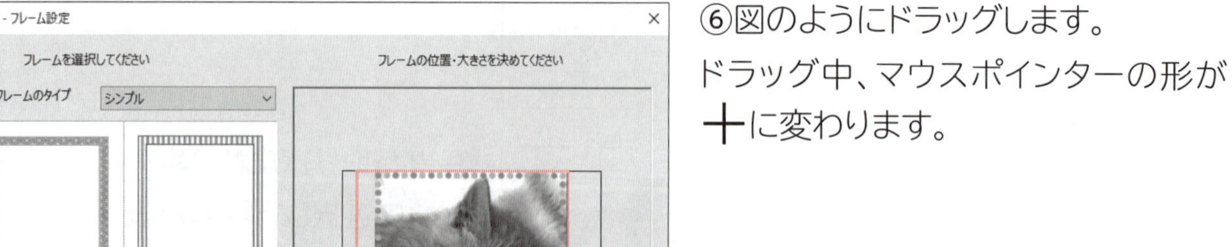

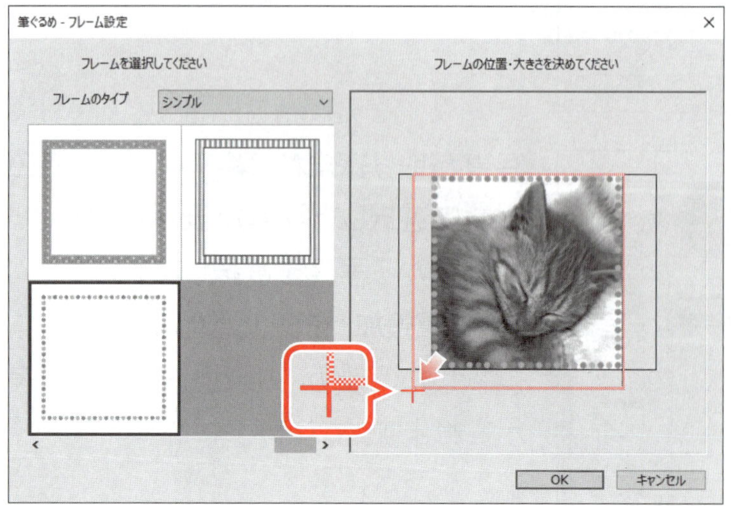

⑥図のようにドラッグします。
ドラッグ中、マウスポインターの形が＋に変わります。

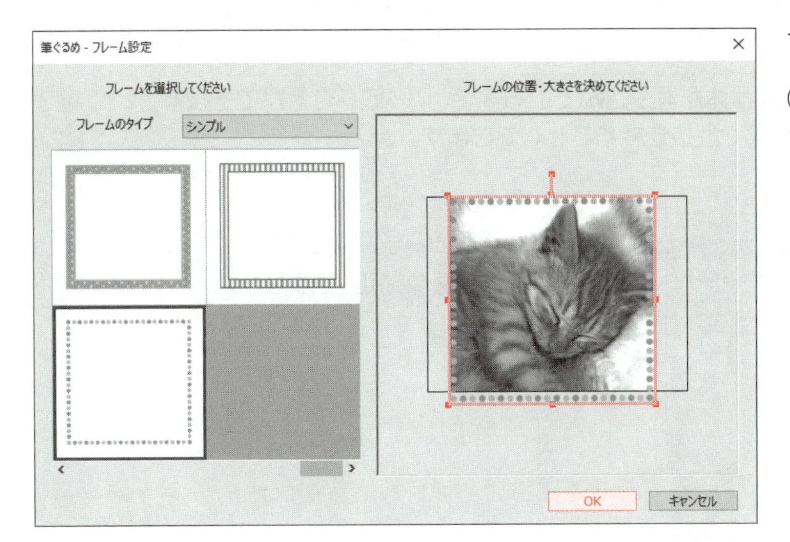

フレームのサイズが変更されます。

⑦《OK》をクリックします。

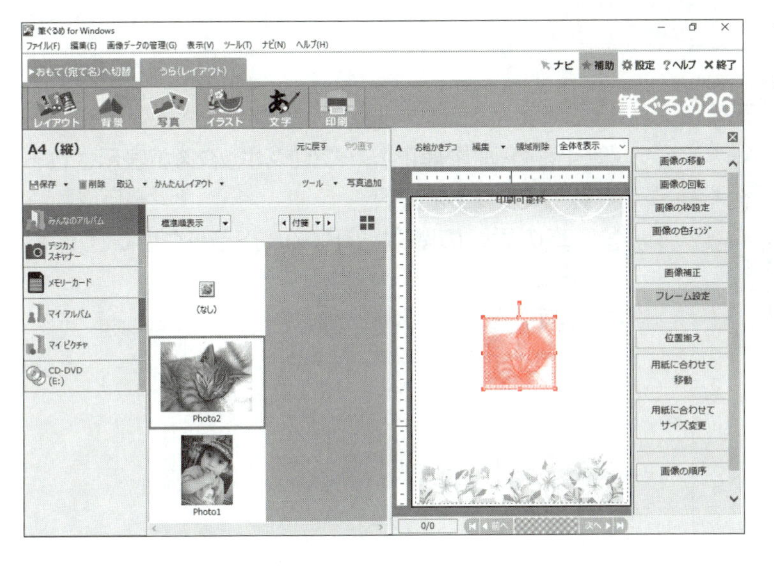

プレビュー画面の写真にフレームが付きます。

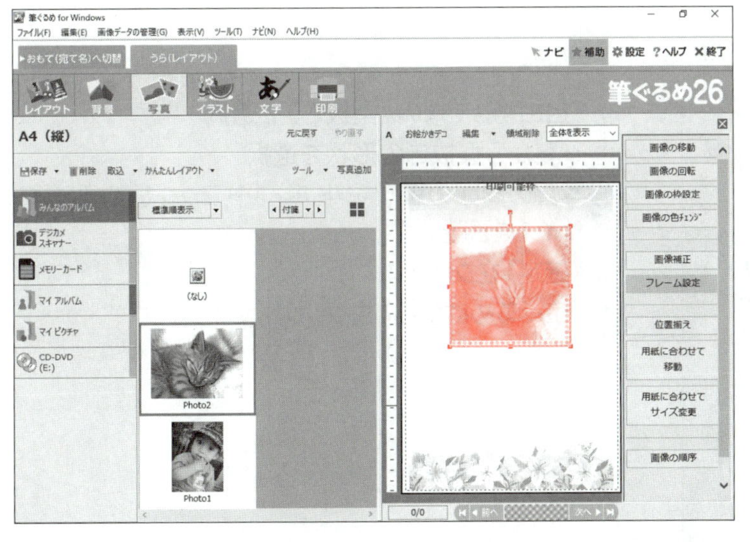

⑧図のように、写真の位置とサイズを調整します。

STEP UP

フレームの変更

設定したフレームの種類を変更するには、プレビュー画面の写真をダブルクリックします。《筆ぐるめ-フレーム設定》ダイアログボックスが表示されるので、フレームを選択しなおします。

STEP UP 写真のトリミング・型抜き

写真の周囲に不要な被写体が写り込んでいる場合、切り取ることができます。
また、丸や星などの形状で型抜きすることもできます。

①（写真）をクリック
②プレビュー画面の写真を選択
③補助画面の《画像補正》をクリック

《筆ぐるめ-画像補正》ダイアログボックスが表示される
④《トリミング》を選択
⑤写真の周囲の■（ハンドル）をドラッグして、切り取る範囲を設定
⑥《確定》をクリック

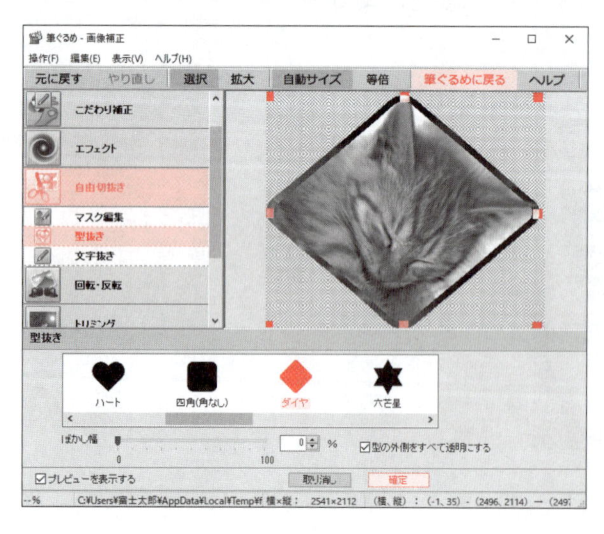

⑦《自由切抜き》の《型抜き》を選択
⑧一覧から型抜きの形状を選択
⑨写真の周囲の■（ハンドル）をドラッグして、形状のサイズを調整
⑩《確定》をクリック
⑪《筆ぐるめに戻る》をクリック

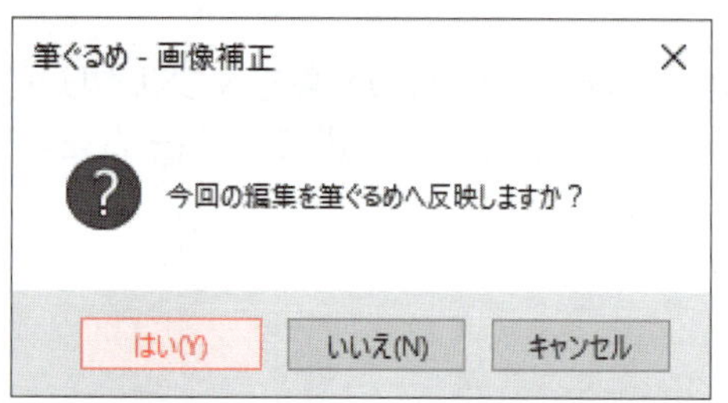

⑫《はい》をクリック
プレビュー画面にトリミング、型抜きした写真が表示される

写真のコラージュ

STEP UP 複数の写真をタイル状やモザイク状などに並べて、ひとつの写真として合成できます。

①（写真）をクリック
②選択・編集画面で1つ目の写真を選択
③ Ctrl を押しながら、2つ目以降の写真を選択
④《ツール》の ▾ をクリックし、一覧から《コラージュを作成する》を選択

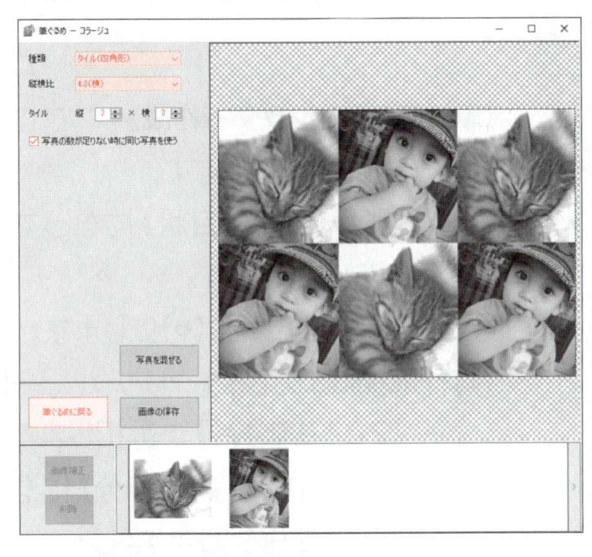

《筆ぐるめ-コラージュ》ダイアログボックスが表示される
⑤《種類》や《縦横比》などを設定
⑥《筆ぐるめに戻る》をクリック

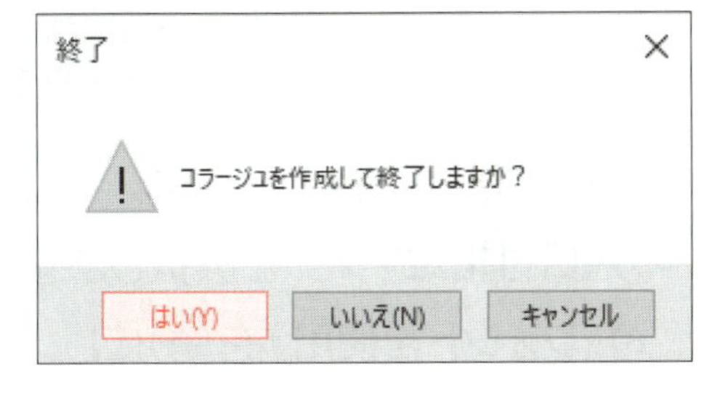

⑦《はい》をクリック
プレビュー画面に合成された写真が表示される

コラージュの種類

STEP UP コラージュの種類には、「タイル（四角形）」「モザイク（四角形）」「チェッカー（市松）」「ランダム」があります。

●チェッカー（市松）

●ランダム

Step5 日付や月のイラストを追加する

1 日付のイラストを追加しよう

筆ぐるめには、年月を指定するだけで、カレンダーの日付部分を簡単に一覧表にできる機能が備わっています。この日付の一覧表は、イラストとして作成されます。2019年4月の日付のイラストを作成しましょう。

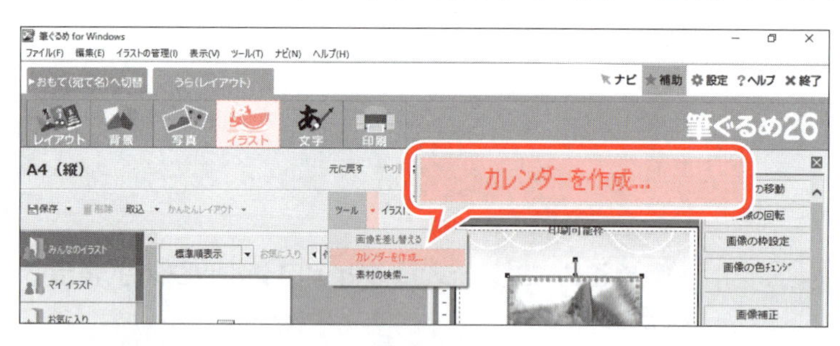

《イラスト》設定画面を表示します。

①（イラスト）をクリックします。

②《ツール》のをクリックし、一覧から《カレンダーを作成》を選択します。

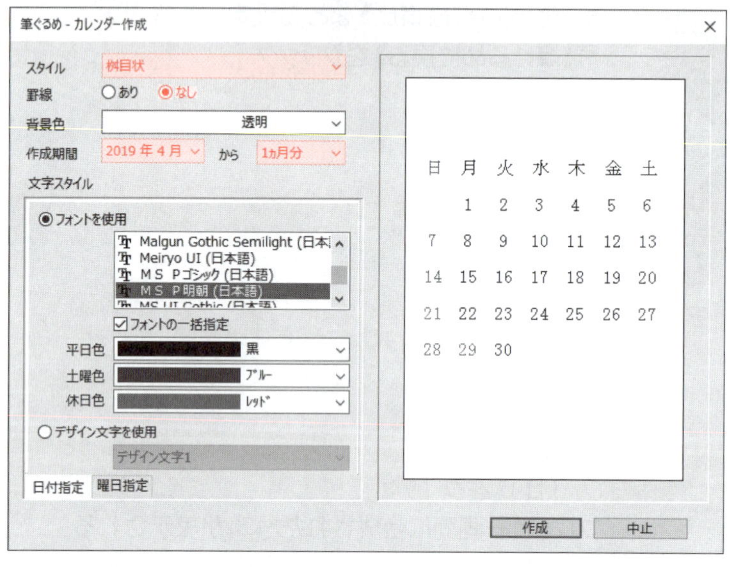

《筆ぐるめ-カレンダー作成》ダイアログボックスが表示されます。

③《スタイル》が《桝目状》になっていることを確認します。

④《罫線》の《なし》を◉にします。

⑤《作成期間》のをクリックし、一覧から《2019年4月》を選択します。

⑥《から》の右側が《1ヵ月分》になっていることを確認します。

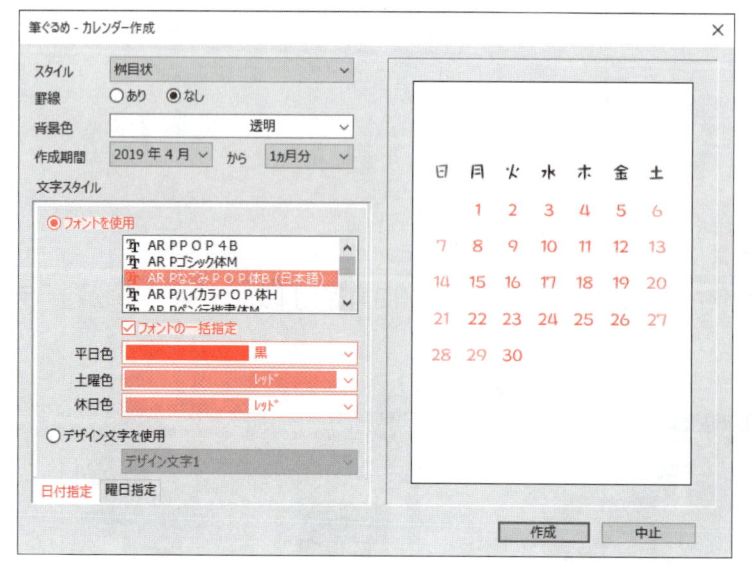

日付の書式を設定します。

⑦《日付指定》タブを選択します。

⑧《フォントを使用》を◉にし、一覧から《AR PなごみPOP体B（日本語）》を選択します。

⑨《フォントの一括指定》を☑にします。

※☑にすると、曜日も同じフォントになります。

⑩《平日色》が《黒》になっていることを確認します。

⑪《土曜色》のをクリックし、一覧から《レッド》を選択します。

⑫《休日色》が《レッド》になっていることを確認します。

⑬プレビューを確認します。

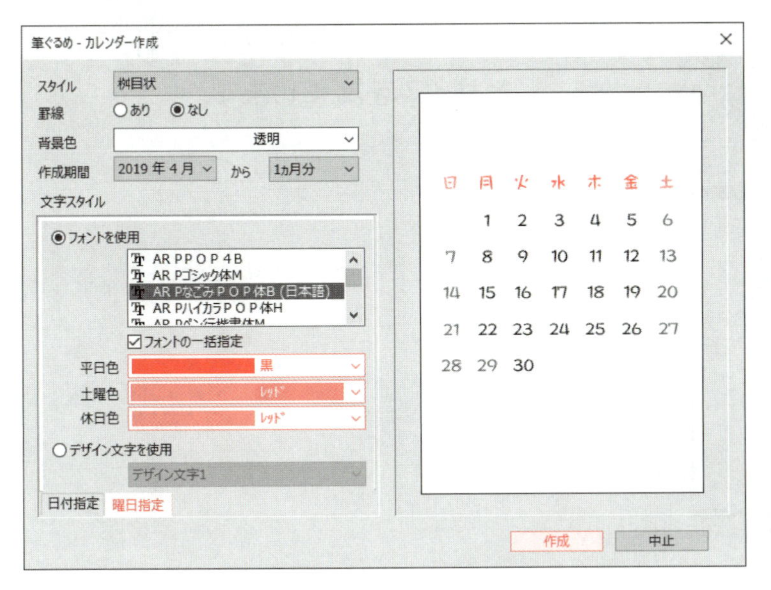

曜日の書式を設定します。

⑭《曜日指定》タブを選択します。

⑮《平日色》が《黒》になっていることを確認します。

⑯《土曜色》の ⌄ をクリックし、一覧から《レッド》を選択します。

⑰《休日色》が《レッド》になっていることを確認します。

⑱プレビューを確認します。

⑲《作成》をクリックします。

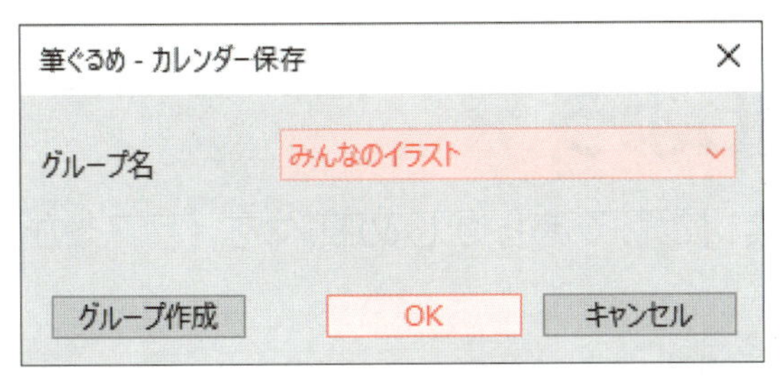

《筆ぐるめ-カレンダー保存》ダイアログボックスが表示されます。

⑳《グループ名》の ⌄ をクリックし、一覧から《みんなのイラスト》を選択します。

㉑《OK》をクリックします。

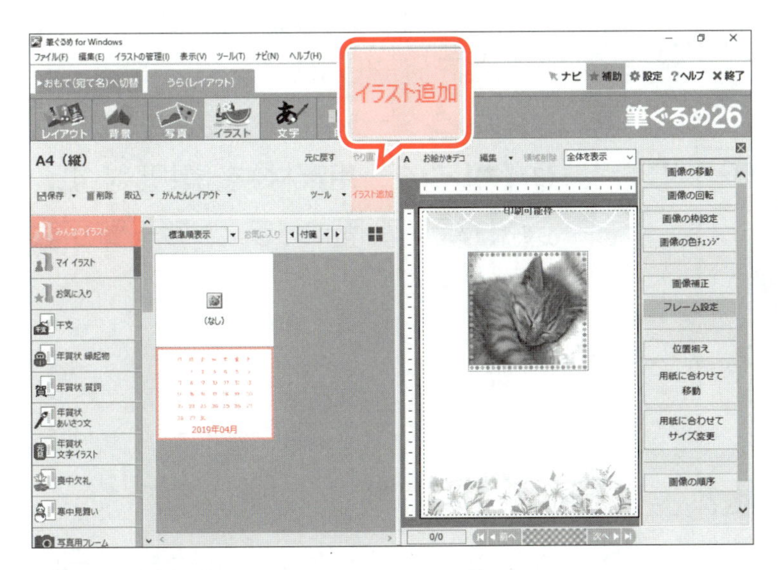

《みんなのイラスト》グループに切り替わり、選択・編集画面の一覧に日付のイラストが追加されます。

㉒一覧から作成した日付のイラストを選択します。

㉓《イラスト追加》をクリックします。

プレビュー画面に日付のイラストが表示されます。

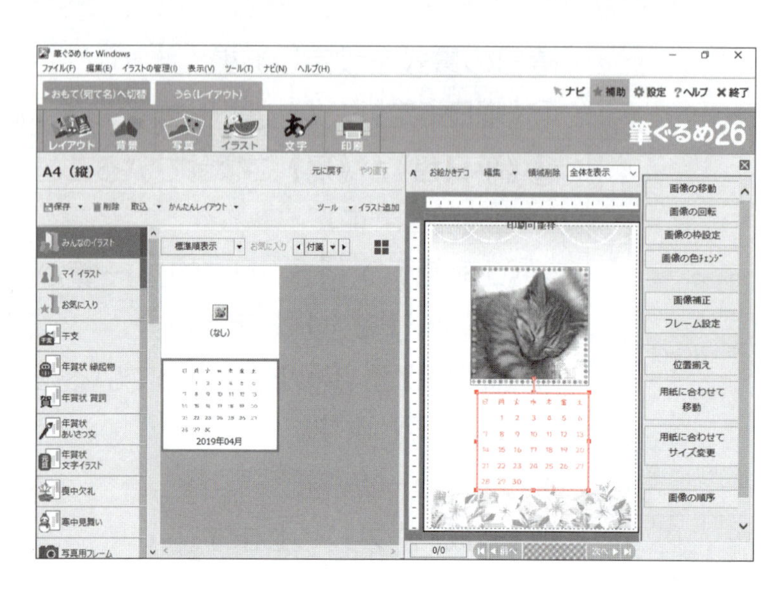

㉔図のように、日付のイラストの位置とサイズを調整します。

2 月のイラストを追加しよう

筆ぐるめには、カレンダー用の素材としてあらかじめ様々なイラストが用意されています。

「4月」のイラストをカレンダーに追加しましょう。

①（イラスト）が選択されていることを確認します。

②**《カレンダー》**グループを選択します。

③**《カレンダー用素材》**を選択します。

選択・編集画面にイラストの一覧が表示されます。

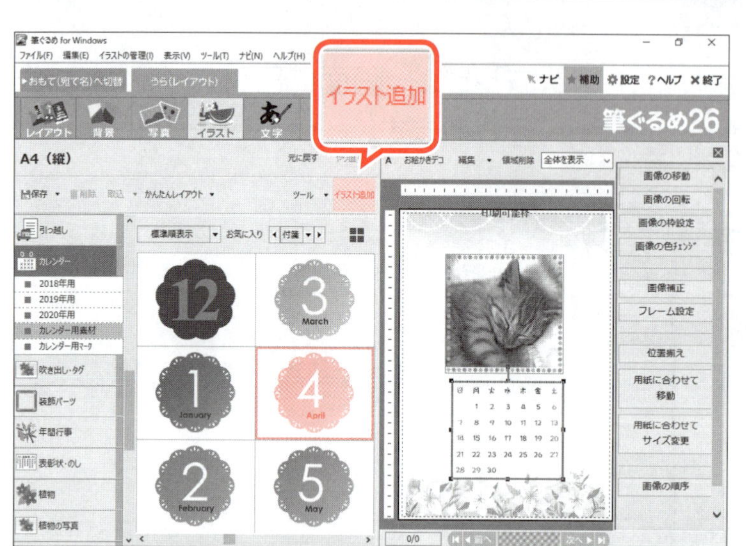

④一覧から図のイラストを選択します。

⑤**《イラスト追加》**をクリックします。

選択したイラストがプレビュー画面に表示されます。

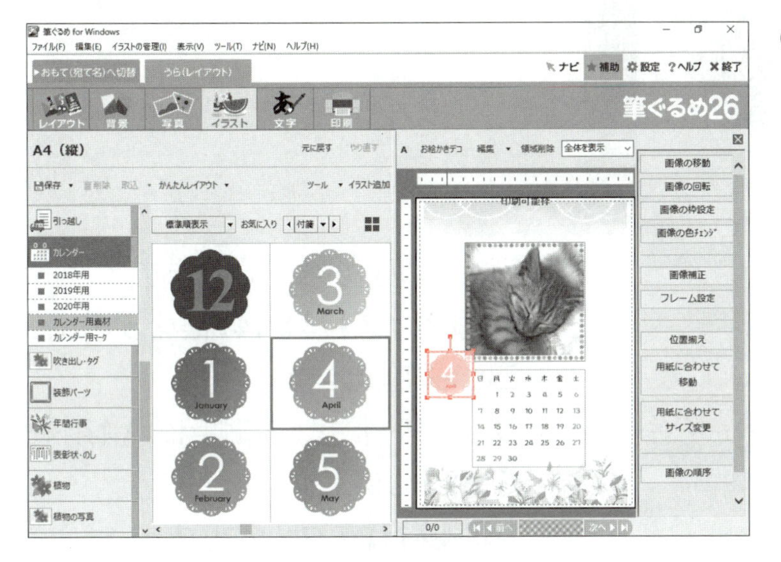

⑥図のように、月のイラストの位置とサイズを調整します。

お絵かきデコ

STEP UP

「お絵かきデコ」を使うと、お絵かきをするような感覚で、紙面にペンやスタンプ、テープを描くことができます。

◆ （イラスト）または（写真）→《お絵かきデコ》

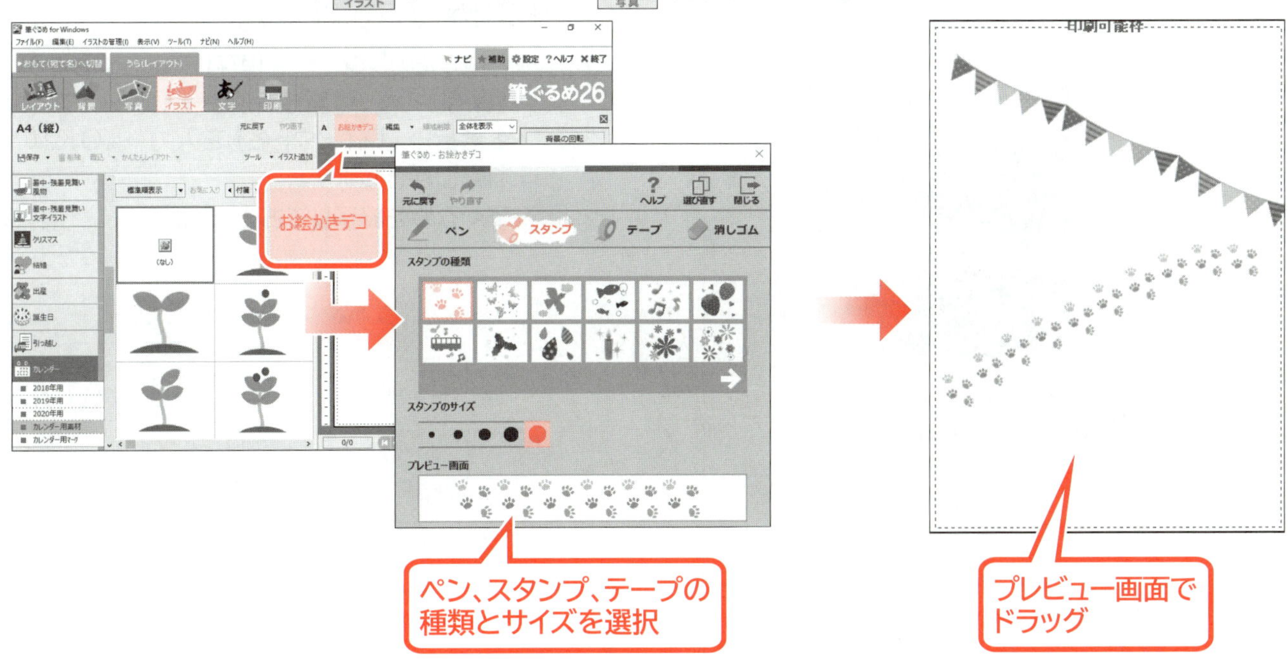

Step6 カレンダーを印刷する

1 カレンダーを印刷しよう

作成したカレンダーを印刷しましょう。

《印刷》設定画面を表示します。

①（印刷）をクリックします。

②《プリンターを使う》をクリックします。

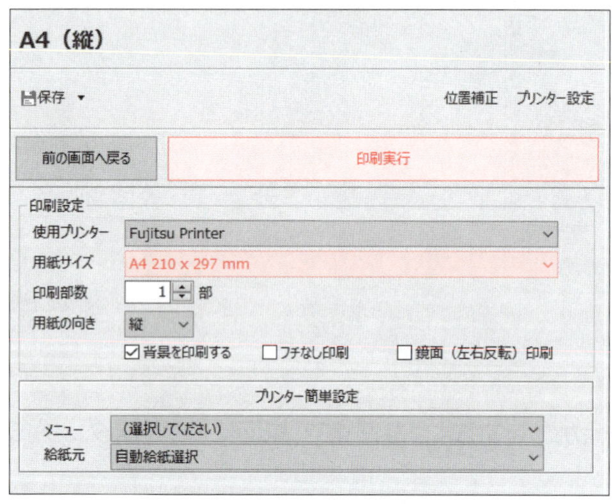

印刷実行画面が表示されます。

③《用紙サイズ》が《A4》になっていることを確認します。

④プリンターに試し印刷用のA4用紙をセットします。

⑤《印刷実行》をクリックします。

※《印刷を続行しますか？》のメッセージが表示される場合は、《はい》をクリックします。

印刷が実行されます。

※作成したカレンダーを保存しておきましょう。《保存》の→《新規保存》→《グループ名》を選択→《レイアウト名》を入力→《OK》の順番に操作します。

※筆ぐるめを終了しておきましょう。

よくわかる

第5章

Chapter 5

タックシール・名刺カード・CDラベルを作成しよう

Step1 タックシールを作成する

1 タックシールを作成しよう

筆ぐるめでは、住所録に入力した宛て名を使って、簡単にタックシールを作成できます。タックシールに宛て名を印刷すると、はがきや封筒などの大きさや形が異なるものにも使えて便利です。
第2章で作成した住所録**「勤務先」**を使って、タックシールを作成しましょう。

2 作成するタックシールを確認しよう

次のようなタックシールを作成しましょう。

151-0053 東京都渋谷区代々木22−33−XX 青　葉　茂　様	160-0018 東京都新宿区須賀町2−22−XX 桜ケ丘フラッツ205 清　水　栄　一　郎　様
150-0012 東京都渋谷区広尾4−20−XX 福　永　雅　彦　様 千　佳　様	169-0074 東京都新宿区北新宿10−20−XX メゾン富士2002 藤　山　洋　介　様 か　お　り　様
161-0033 東京都新宿区下落合1−50−XX 水　野　天　様	183-0001 東京都府中市浅間町2−10−X 森　下　竜　太　様

3 住所録（おもて面）を開こう

タックシールの宛て名に印刷する住所録**「勤務先」**を開きましょう。

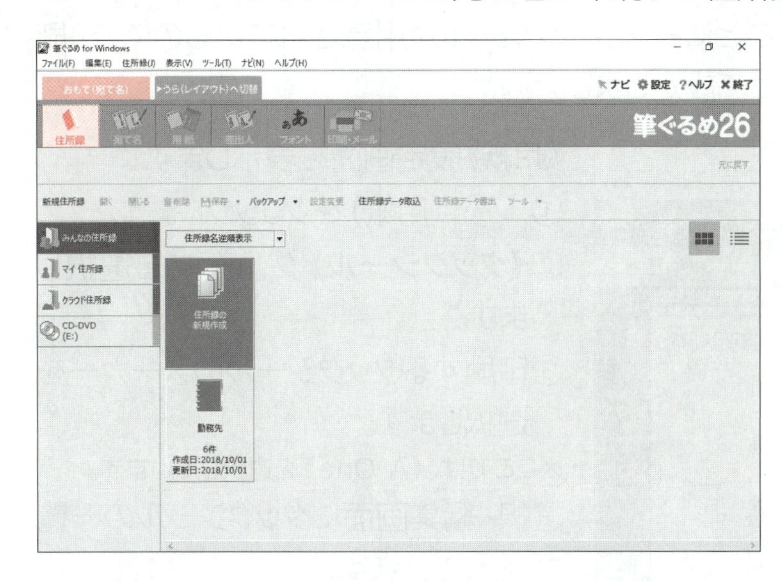

①筆ぐるめを起動します。

※ （スタート）→《筆ぐるめメニュー》→《筆ぐるめを使う》の順番に操作します。

②**《おもて（宛て名）》**タブを表示します。

《住所録》設定画面を表示します。

③ （住所録）をクリックします。

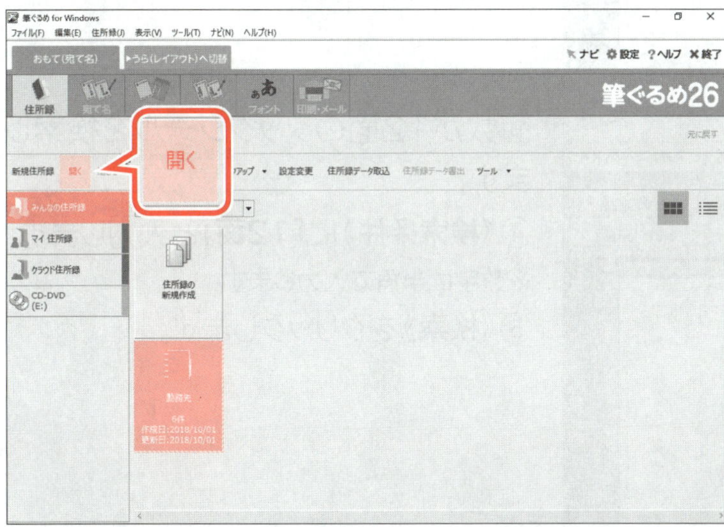

④**《みんなの住所録》**グループを選択します。

⑤住所録**「勤務先」**のアイコンを選択します。

⑥**《開く》**をクリックします。

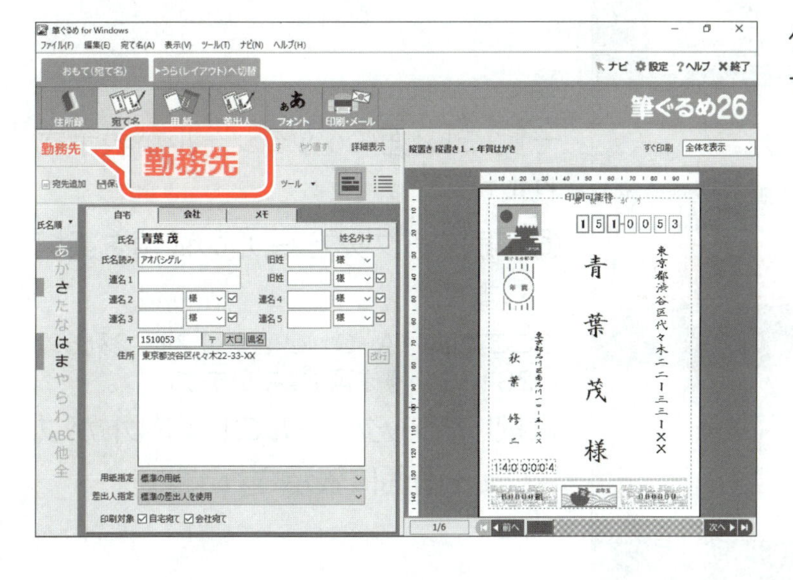

住所録**「勤務先」**が開かれ、先頭の宛て名カードが表示されます。

4 用紙を設定しよう

市販のタックシールは、メーカーによって様々な種類があります。
筆ぐるめには、メーカーごとに各種タックシールが用意されているので、印刷するタックシールに合わせて設定しましょう。

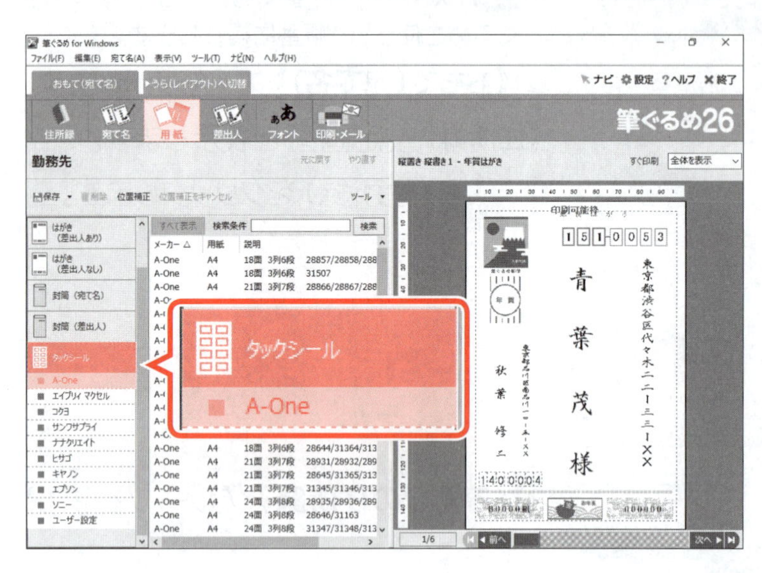

《用紙》設定画面を表示します。

①（用紙）をクリックします。

②**《タックシール》**グループを選択します。

③印刷するタックシールのメーカーを選択します。

※ここでは、《A-One》を選択しています。

選択・編集画面にタックシールの一覧が表示されます。

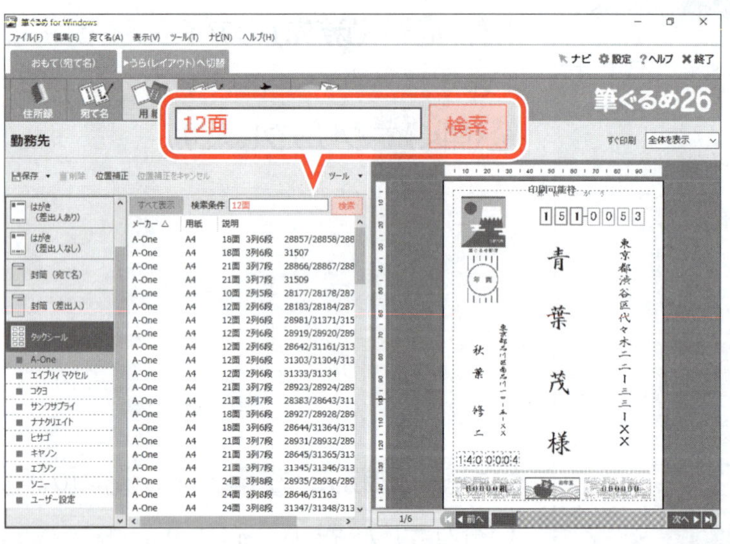

面数が12面のタックシールを検索します。

④**《検索条件》**に**「12面」**と入力します。

※数字は半角で入力します。

⑤**《検索》**をクリックします。

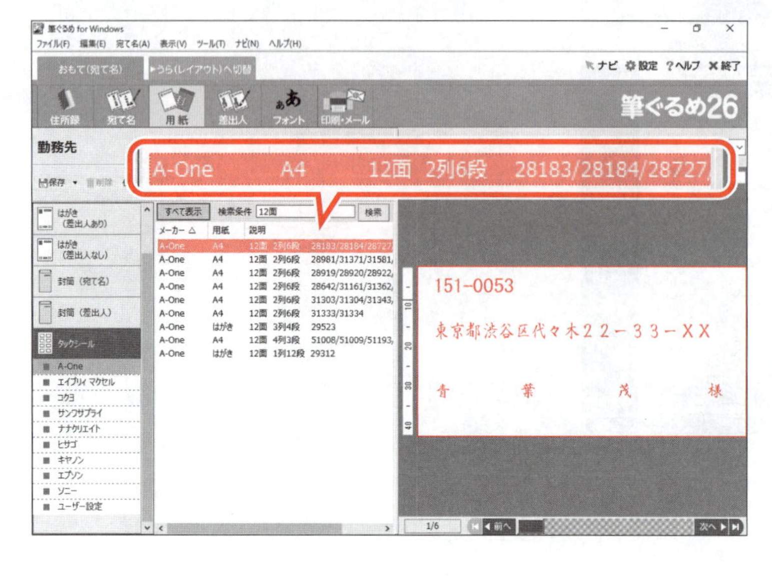

一覧に12面のタックシールが表示されます。

⑥印刷するタックシールの種類を選択します。

※ここでは、《A-One A4 12面 2列6段 28183/…》を選択しています。

選択したタックシールのレイアウトがプレビュー画面に表示されます。

5 フォントと文字サイズを変更しよう

タックシールに印刷する宛て名のフォントと文字サイズを変更しましょう。

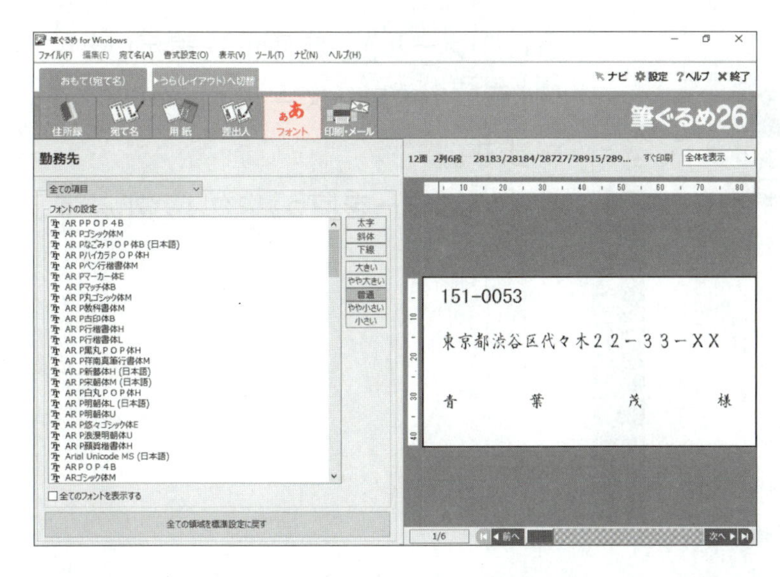

《フォント》設定画面を表示します。

① （フォント）をクリックします。

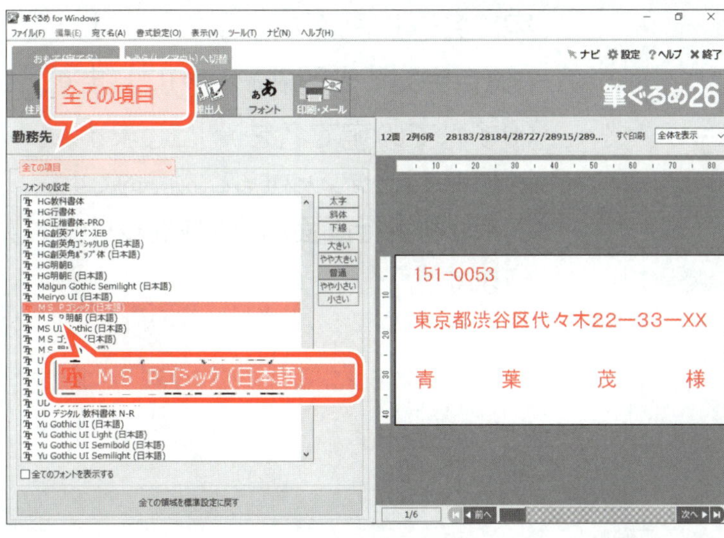

②《全ての項目》と表示されていることを確認します。

③《フォントの設定》の一覧から《MS Pゴシック（日本語）》を選択します。

すべてのフォントが変更されます。

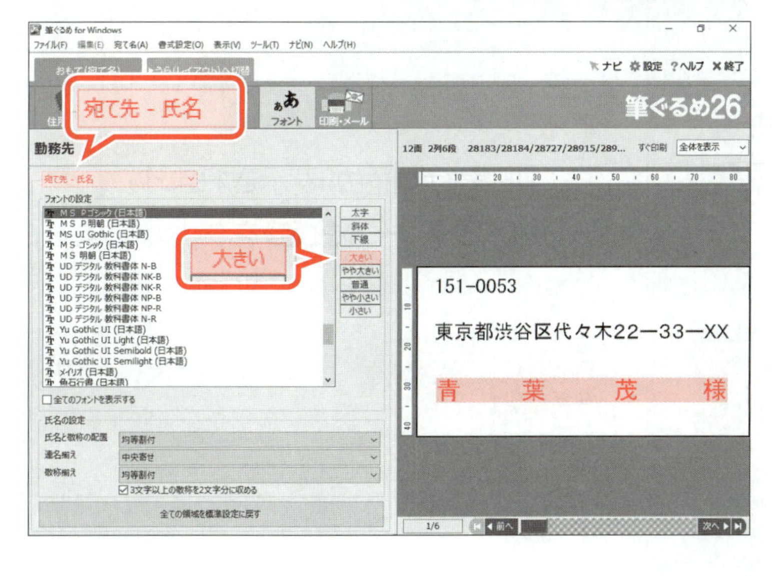

④プレビュー画面の氏名をクリックします。

⑤《宛て先-氏名》と表示されていることを確認します。

⑥《大きい》をクリックします。

氏名の文字サイズが変更されます。

6 タックシールを印刷しよう

作成したタックシールを印刷しましょう。

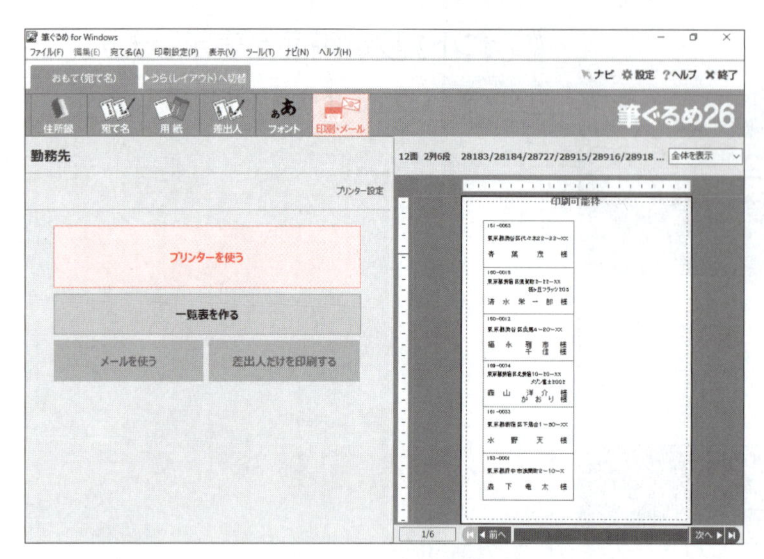

《印刷・メール》設定画面を表示します。

①（印刷・メール）をクリックします。

②《プリンターを使う》をクリックします。

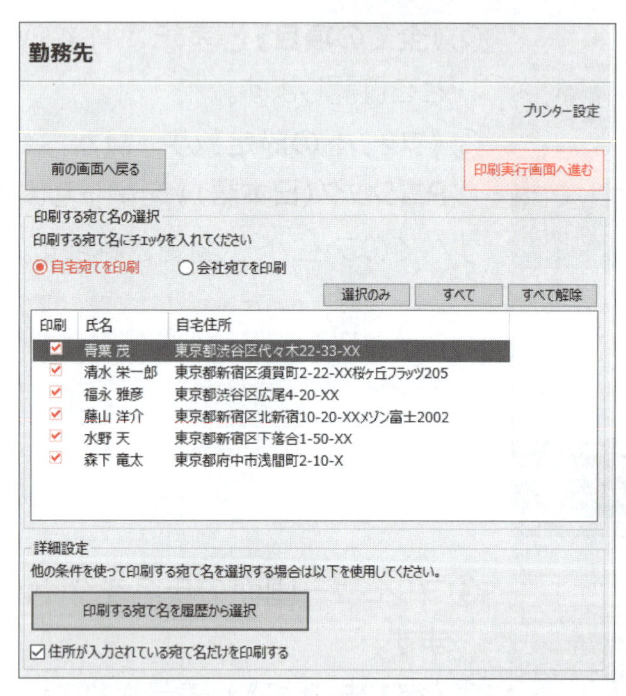

宛て名選択画面が表示されます。

③《自宅宛てを印刷》を◉にします。

④すべての宛て名を☑にします。

※《すべて》をクリックすると、効率的です。

⑤《印刷実行画面へ進む》をクリックします。

勤務先
タックシール設定　位置補正　プレビュー　プリンター設定
前の画面へ戻る　印刷実行
印刷設定
使用プリンター　Fujitsu Printer
用紙サイズ　A4 210 x 297 mm
印刷部数　1 部
用紙の向き　縦
☐薄墨印刷をする　☐自動両面印刷
プリンター簡単設定
メニュー　(選択してください)
給紙元　自動給紙選択

印刷実行画面が表示されます。

⑥《タックシール設定》をクリックします。

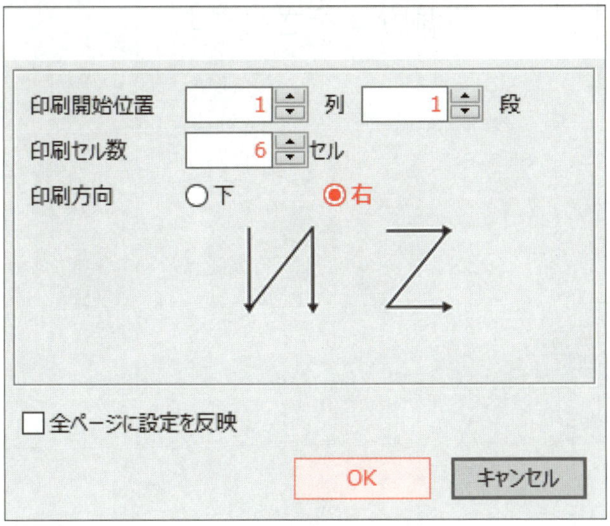

図のようなダイアログボックスが表示されます。

⑦**《印刷開始位置》**が**「1」**列、**「1」**段になっていることを確認します。

※タックシールの途中から印刷する場合、開始位置を設定できます。

⑧**《印刷セル数》**を**「6」**セルに設定します。

※タックシールに印刷する宛て名の件数を設定できます。

⑨**《印刷方向》**の**《右》**を◉にします。

※タックシールに印刷する向きを設定できます。

⑩**《OK》**をクリックします。

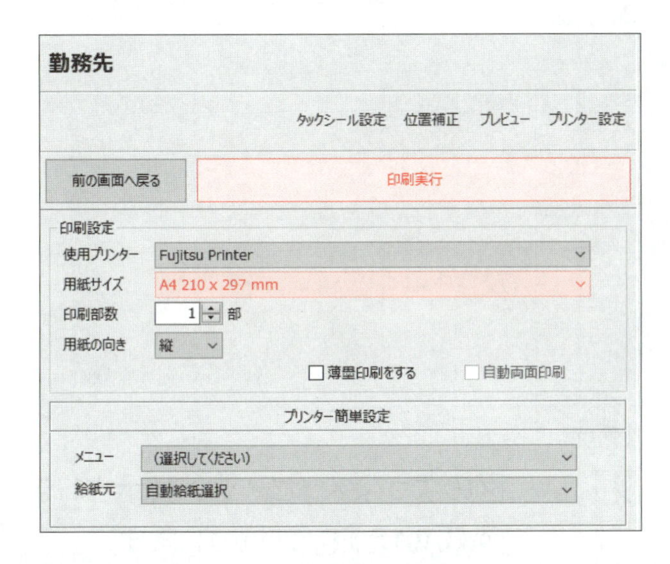

印刷実行画面に戻ります。

※お使いのプリンターによって、画面の表示は異なります。

⑪**《用紙サイズ》**が**《A4》**になっていることを確認します。

⑫プリンターに試し印刷用のA4用紙をセットします。

⑬**《印刷実行》**をクリックします。

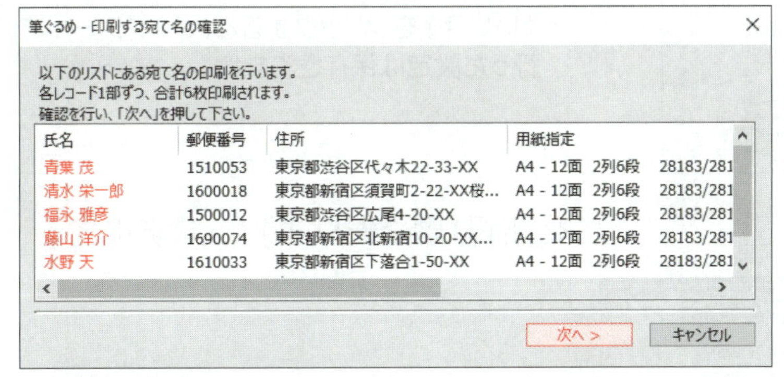

《筆ぐるめ-印刷する宛て名の確認》ダイアログボックスが表示されます。

⑭印刷する宛て名を確認します。

⑮**《次へ》**をクリックします。

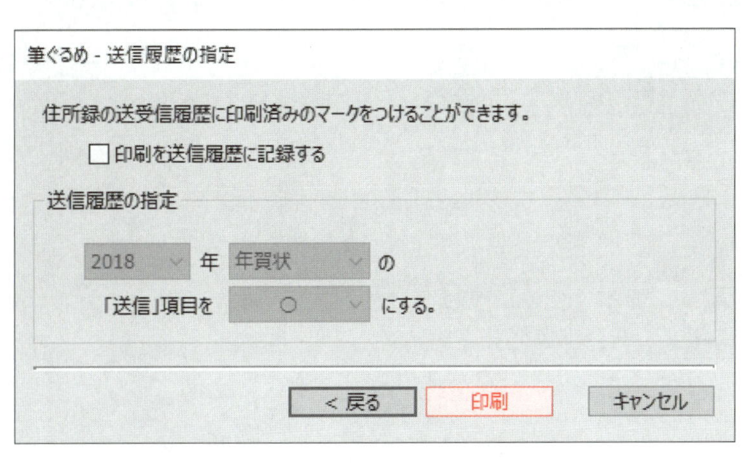

《筆ぐるめ-送信履歴の指定》ダイアログボックスが表示されます。

⑯**《印刷》**をクリックします。

※印刷しない場合は、《キャンセル》をクリックします。

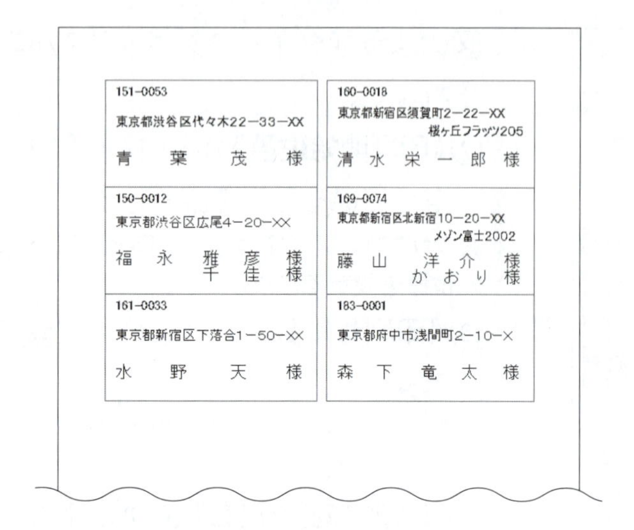

印刷が実行されます。

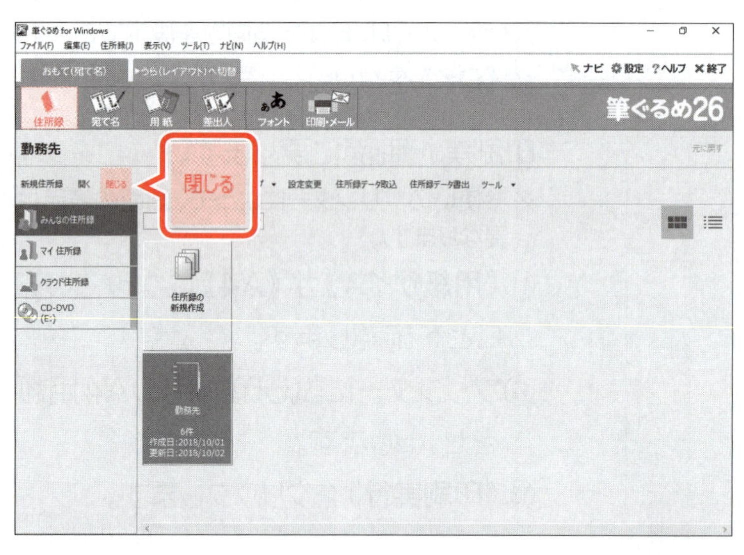

⑰ ![住所録] （住所録）をクリックします。
⑱**《閉じる》**をクリックします。

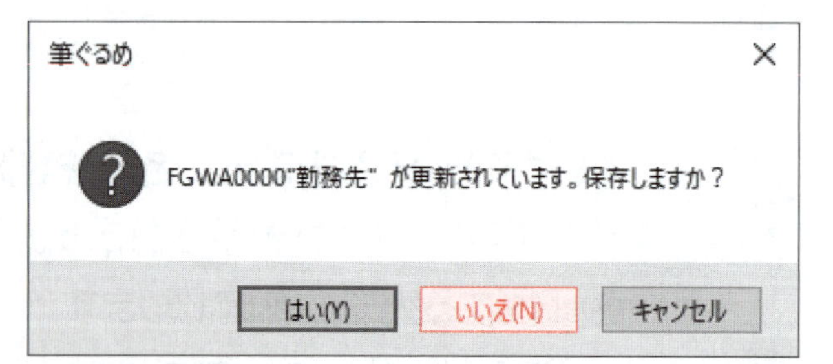

図のようなメッセージが表示されます。
⑲**《いいえ》**をクリックします。
※《いいえ》をクリックすると、タックシールで行った設定は保存されません。

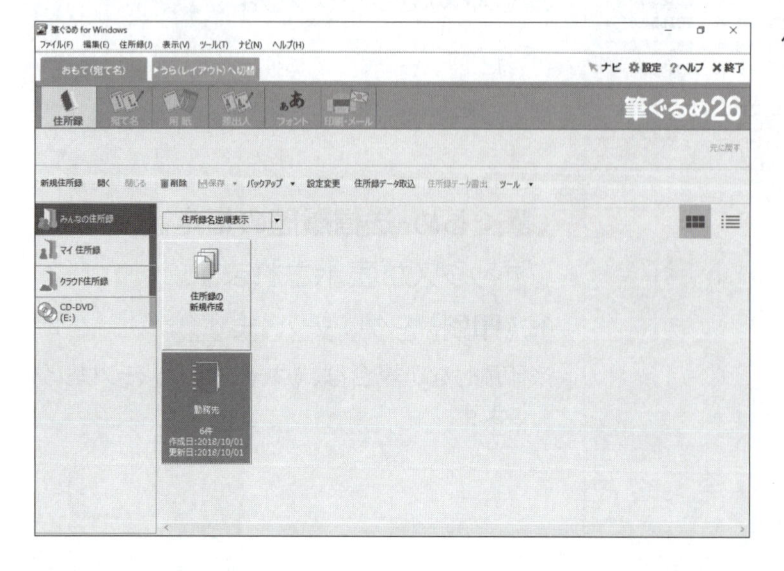

住所録**「勤務表」**が閉じられます。

Step2 名刺カードを作成する

1 名刺カードを作成しよう

筆ぐるめでは、あらかじめ用意されている背景やイラスト、写真などを利用して、簡単に名刺カードを作成できます。

2 作成する名刺カードを確認しよう

次のような名刺カードを作成しましょう。

3　レイアウトを設定しよう

市販の名刺カードは、メーカーによって様々な種類があります。
筆ぐるめには、メーカーごとに各種名刺カードが豊富に用意されているので、印刷する名刺カードに合わせて設定しましょう。

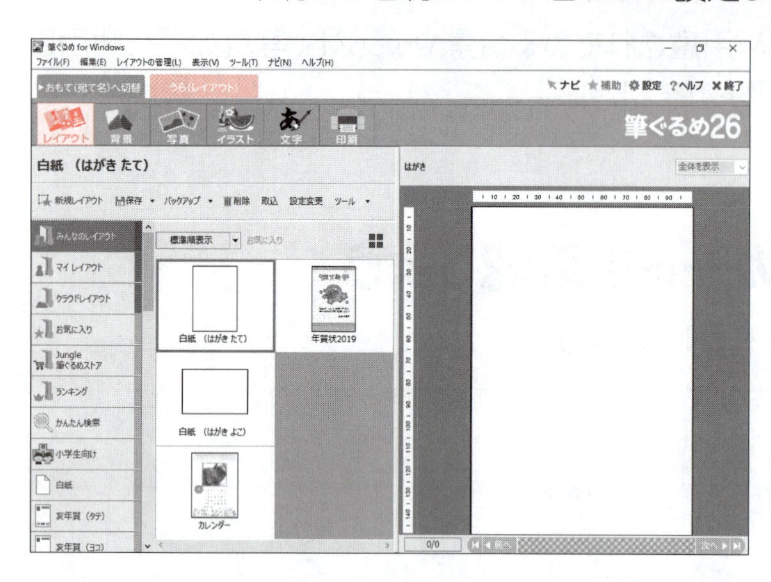

①**《うら（レイアウト）》**タブを表示します。
《レイアウト》設定画面を表示します。
②（レイアウト）をクリックします。

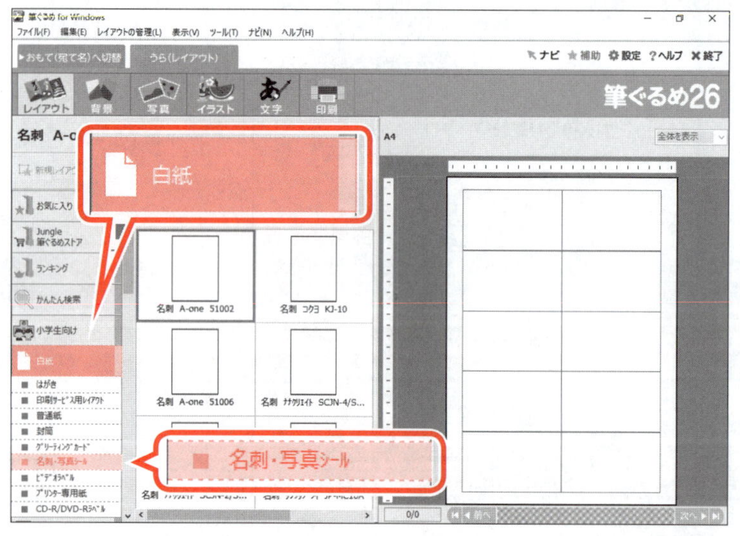

③**《白紙》**グループを選択します。
④**《名刺・写真シール》**を選択します。
選択・編集画面に名刺カードの一覧が表示されます。

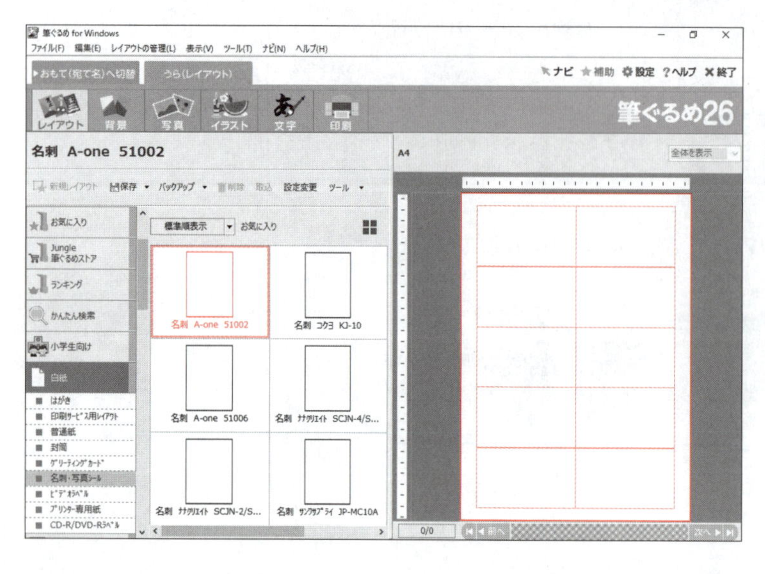

⑤使用する名刺カードを選択します。
※ここでは、《名刺 A-one 51002》を選択しています。
選択した名刺カードのレイアウトがプレビュー画面に表示されます。

名刺のサンプル

STEP UP

筆ぐるめにはレイアウトや背景、例文などがあらかじめ設定された名刺のサンプルが用意されています。必要に応じて編集することによって、オリジナリティを出すことができます。

◆ (レイアウト)→《ビジネスレター》グループ→《名刺》

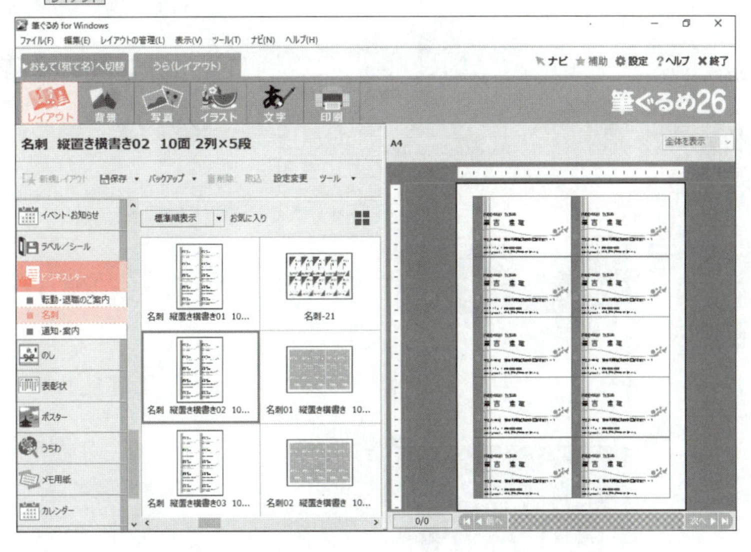

4 背景を設定しよう

名刺カードの背景を設定しましょう。

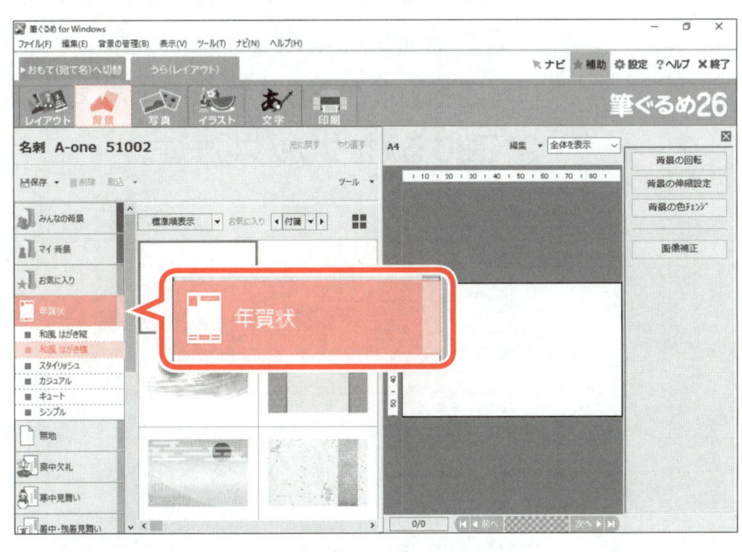

《背景》設定画面を表示します。

①  (背景)をクリックします。

②《年賀状》グループを選択します。

③《和風　はがき横》を選択します。

選択・編集画面に背景の一覧が表示されます。

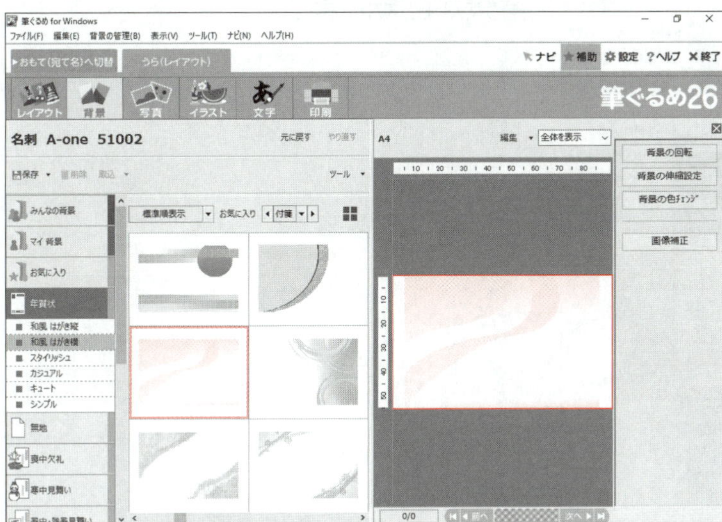

④一覧から図の背景を選択します。

選択した背景がプレビュー画面に表示されます。

5 背景を回転しよう

背景は90°、180°、270°に回転できます。選択した背景を180°に回転しましょう。

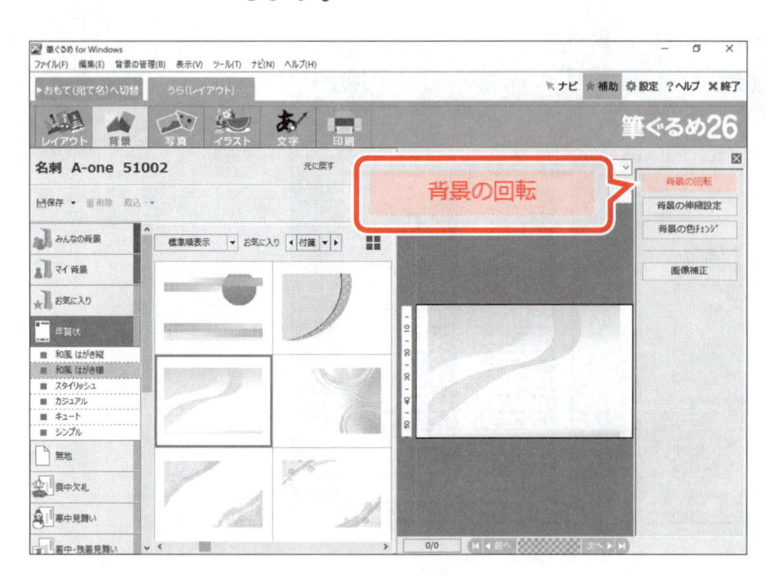

①補助画面の《**背景の回転**》をクリックします。

《**筆ぐるめ－背景設定**》ダイアログボックスが表示されます。

②《**領域設定**》タブが選択されていることを確認します。

③《**回転**》の《**180°**》を◉にします。

④《**閉じる**》をクリックします。

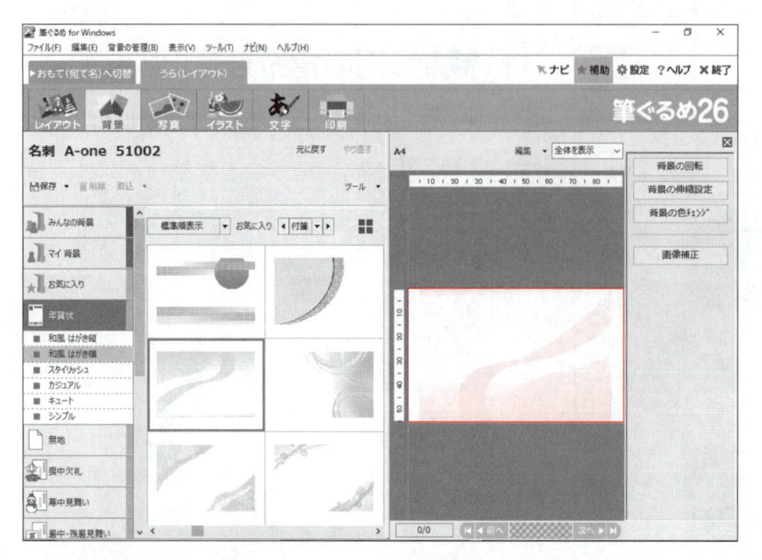

背景が回転します。

6 イラストを追加しよう

名刺カードにイラストを追加しましょう。

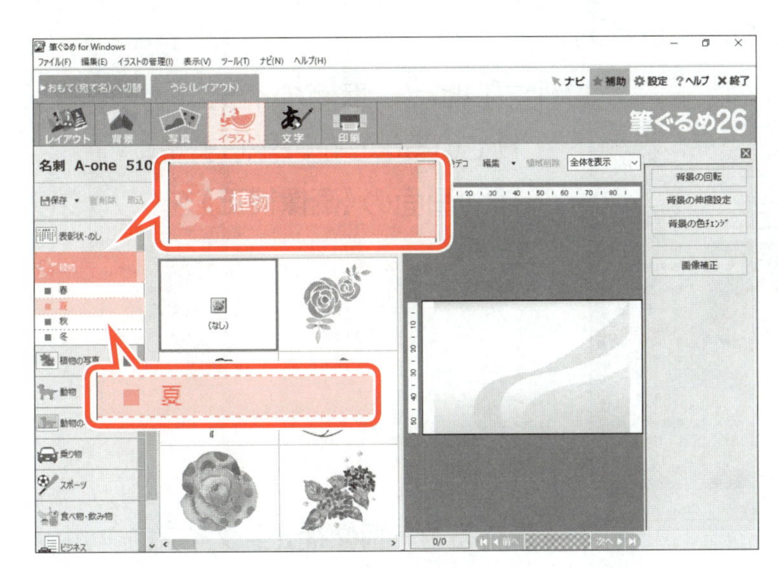

《**イラスト**》設定画面を表示します。

①（イラスト）をクリックします。

②《**植物**》グループを選択します。

③《**夏**》を選択します。

選択・編集画面にイラストの一覧が表示されます。

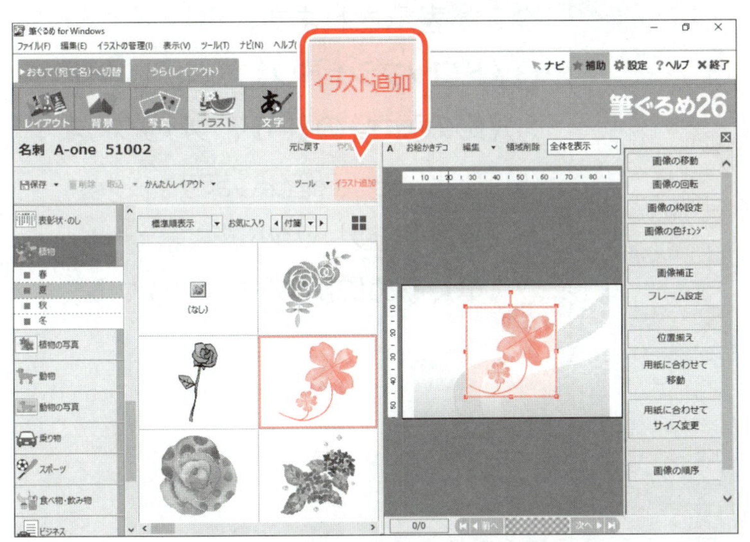

④一覧から図のイラストを選択します。

⑤《**イラスト追加**》をクリックします。

選択したイラストがプレビュー画面に表示されます。

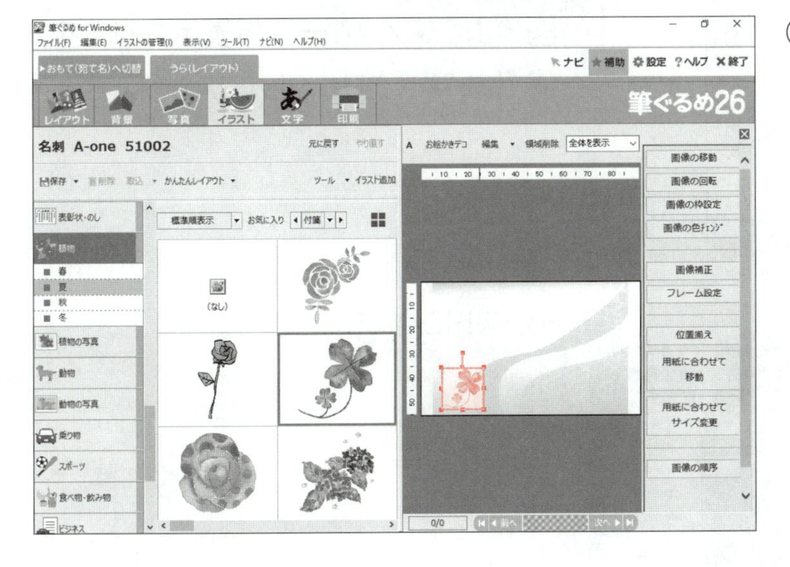

⑥図のように、イラストの位置とサイズを調整します。

7 イラストに影を付けよう

イラストに影を付けて、立体的に見せることができます。
イラストに影を付けて、回転しましょう。

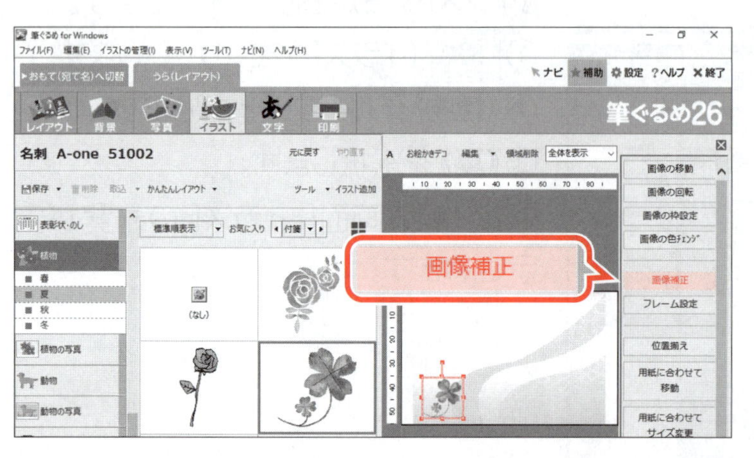

①プレビュー画面のイラストが選択されていることを確認します。
②補助画面の**《画像補正》**をクリックします。

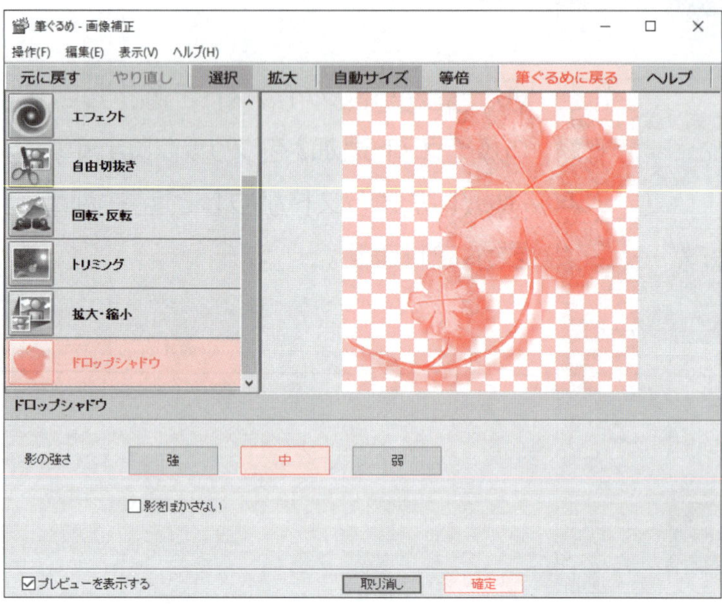

《筆ぐるめ－画像補正》ダイアログボックスが表示されます。
③**《ドロップシャドウ》**を選択します。
④**《影の強さ》**の**《中》**をクリックします。
⑤プレビューを確認します。
⑥**《確定》**をクリックします。
⑦**《筆ぐるめに戻る》**をクリックします。

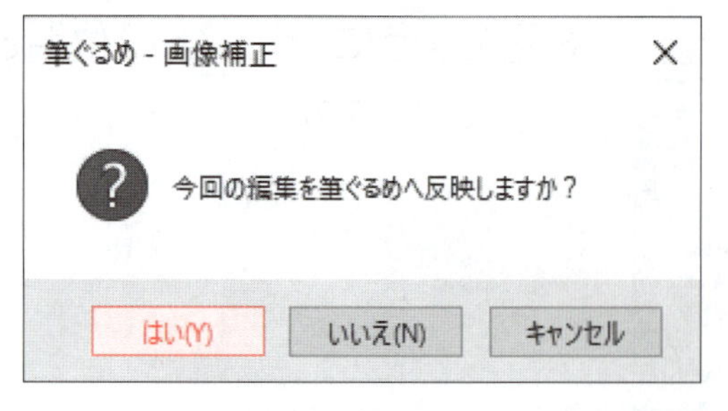

図のようなメッセージが表示されます。
⑧**《はい》**をクリックします。

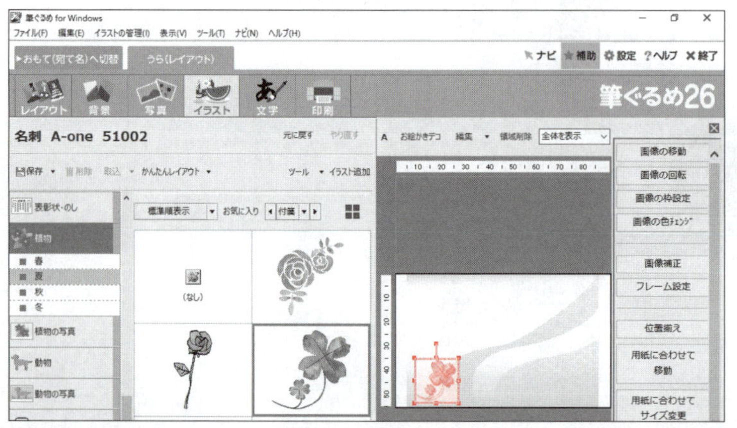

イラストに影が付きます。

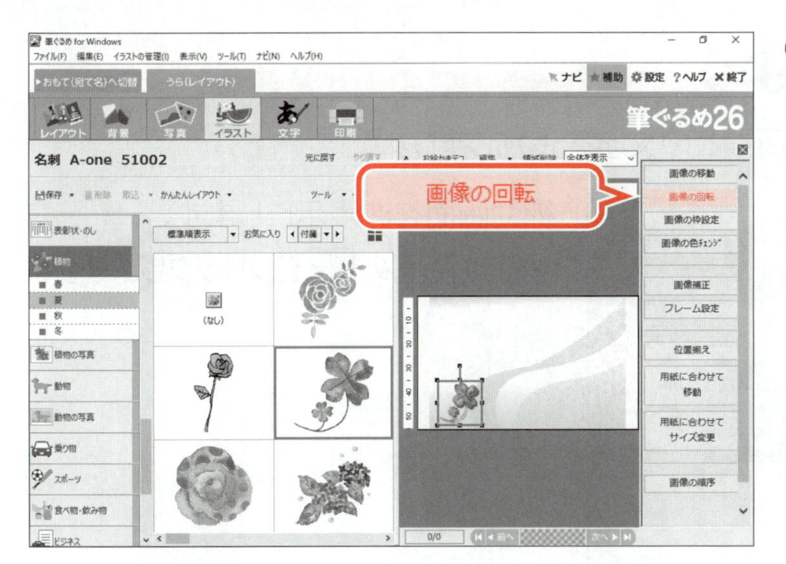

⑨補助画面の**《画像の回転》**をクリックします。

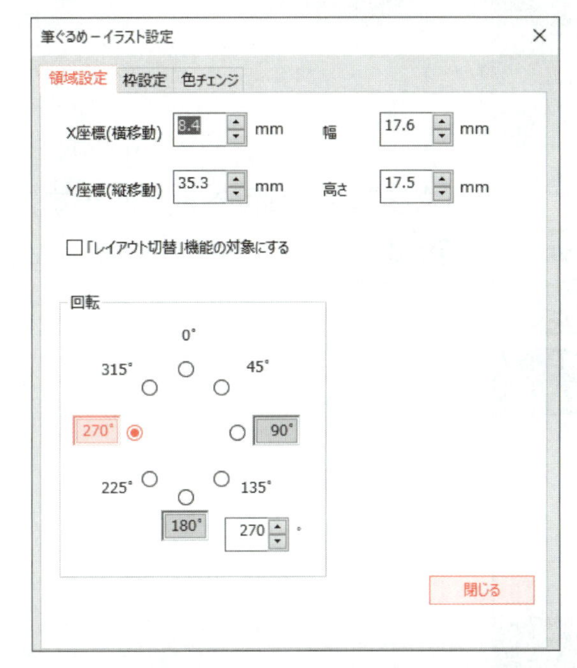

《筆ぐるめ−イラスト設定》ダイアログボックスが表示されます。

⑩**《領域設定》**タブが選択されていることを確認します。

⑪**《回転》**の**《270°》**を◉にします。

⑫**《閉じる》**をクリックします。

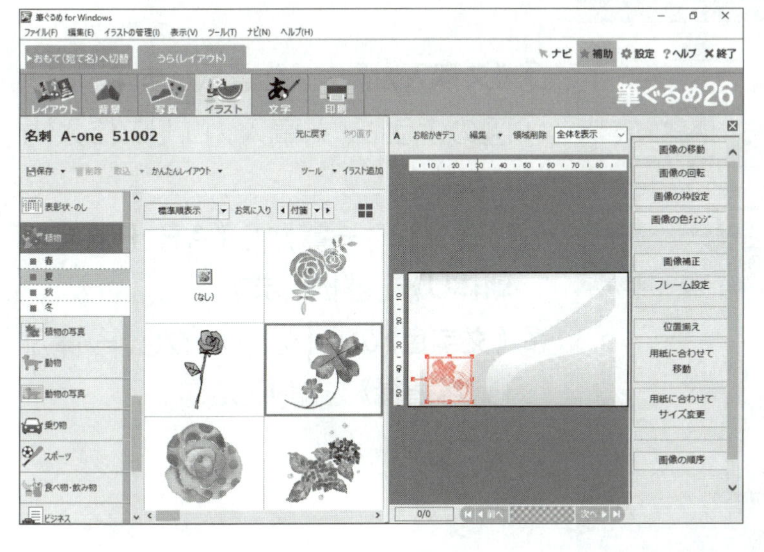

イラストが回転します。

8 文章を追加しよう

名刺カードに名前や住所などの文字を追加しましょう。

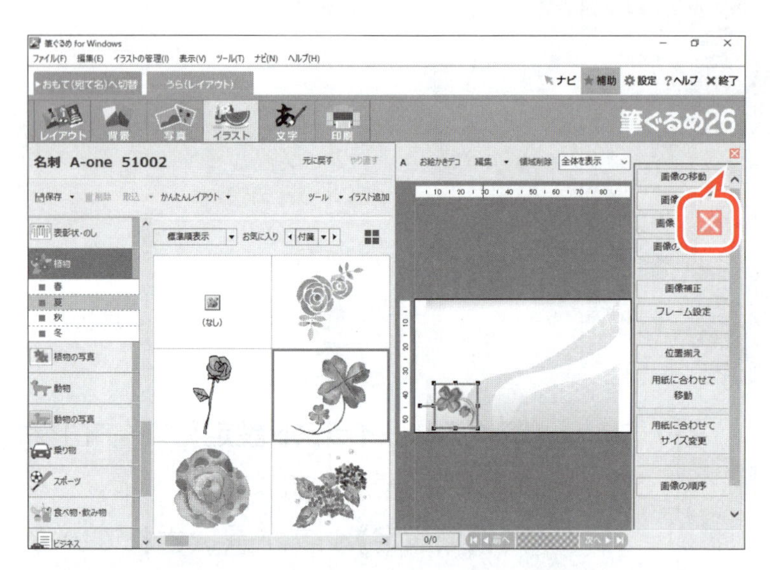

補助画面を非表示にします。

①補助画面の ☒ をクリックします。

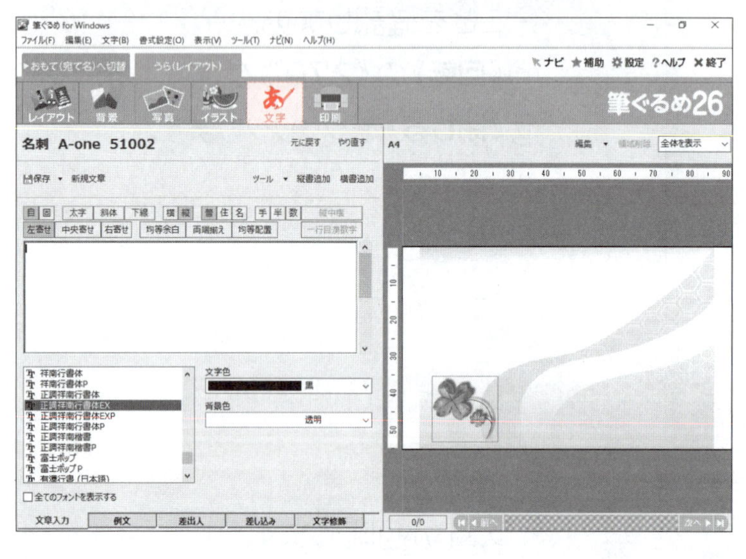

《文字》設定画面を表示します。

② （文字）をクリックします。

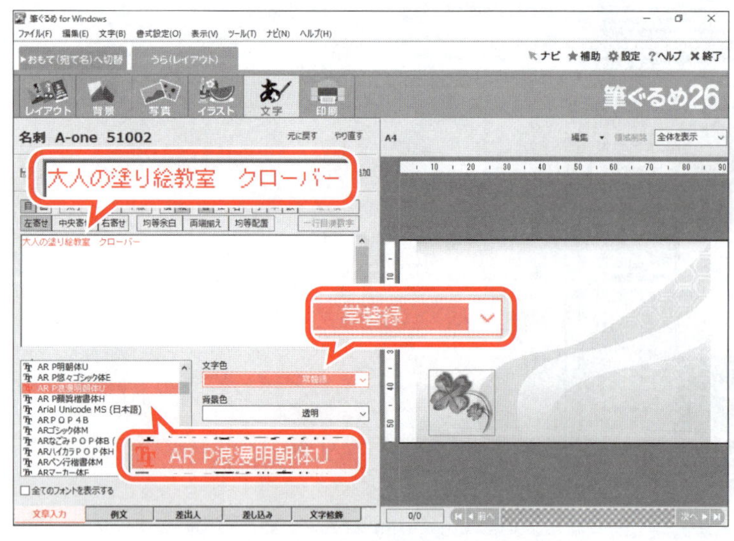

③**《文章入力》**タブを選択します。

④図のように、文章入力エリアに入力します。

⑤フォントの一覧から**《AR P浪漫明朝体U》**を選択します。

⑥**《文字色》**の ⌄ をクリックし、一覧から**《常磐緑》**を選択します。

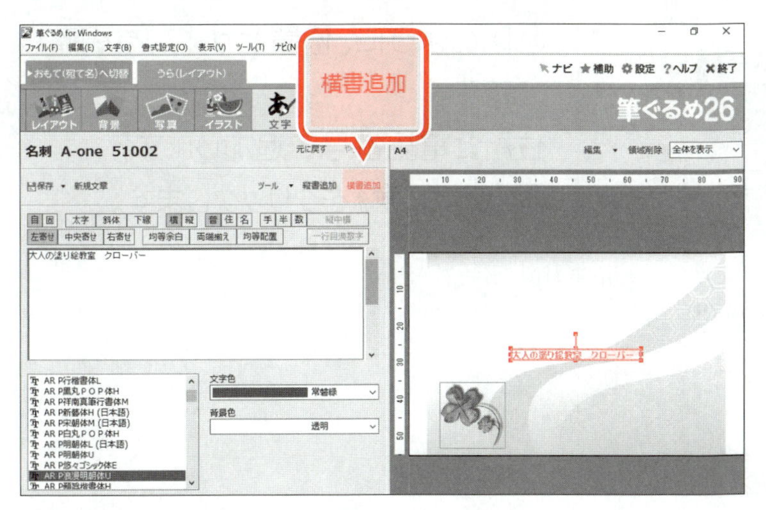

⑦《**横書追加**》をクリックします。

入力した文字がプレビュー画面に表示されます。

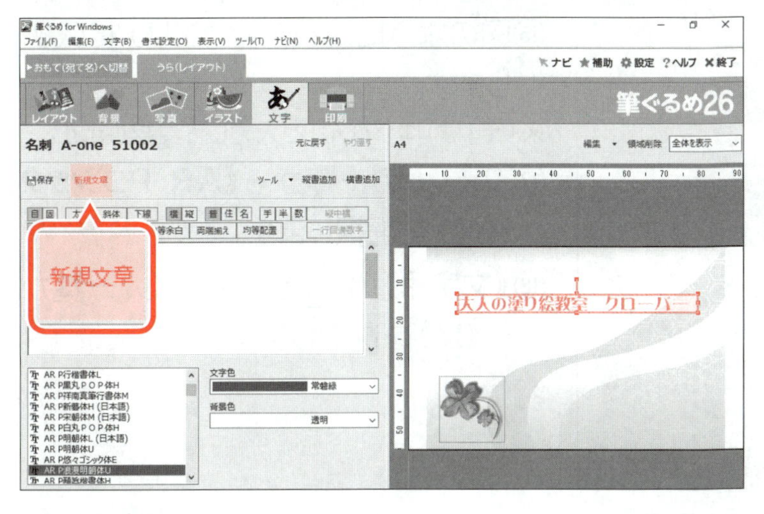

⑧図のように、追加した文字の位置とサイズを調整します。

曜日と時間を追加します。

⑨《**新規文章**》をクリックします。

※《文章を入力後、「縦書追加」または「横書追加」ボタンをクリックしてください。》のメッセージが表示される場合は、《OK》をクリックします。

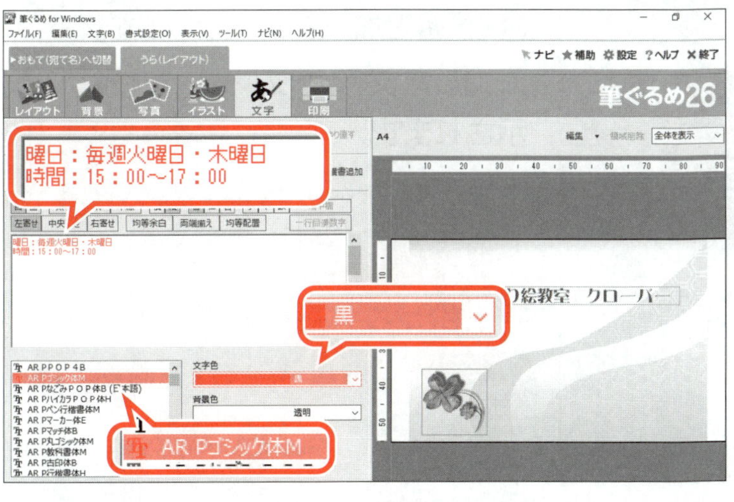

⑩図のように、文章入力エリアに入力します。

⑪フォントの一覧から《**AR Pゴシック体M**》を選択します。

⑫《**文字色**》の をクリックし、一覧から《**黒**》を選択します。

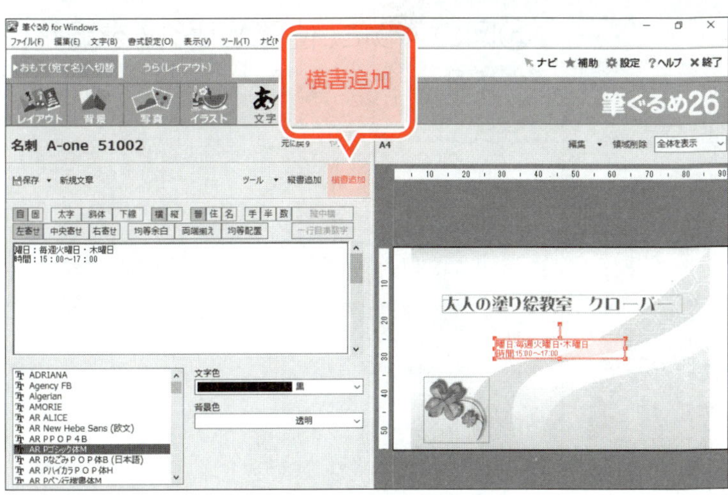

⑬《**横書追加**》をクリックします。

入力した文字がプレビュー画面に表示されます。

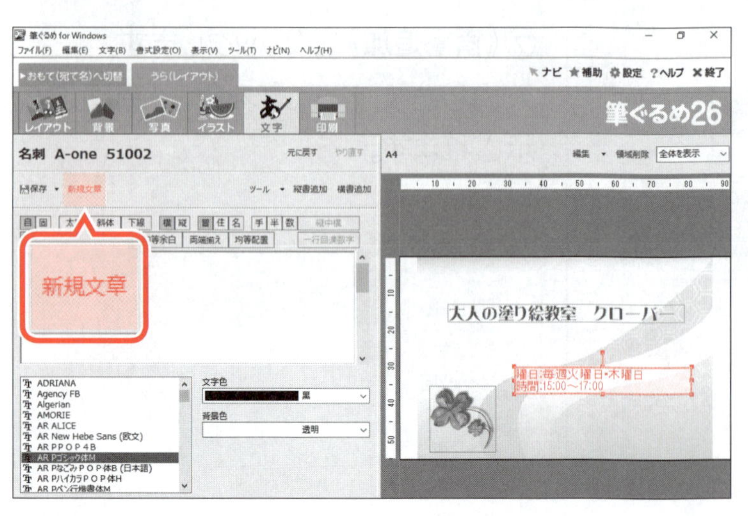

⑭図のように、位置とサイズを調整します。

住所と電話番号を追加します。

⑮**《新規文章》**をクリックします。

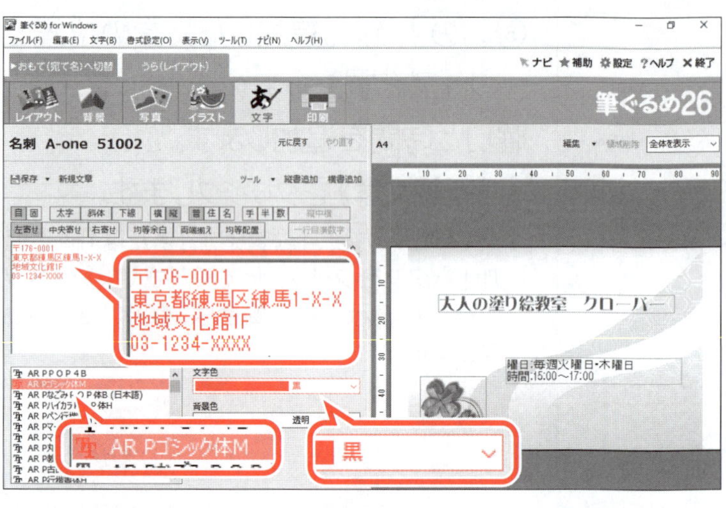

⑯図のように、文章入力エリアに入力します。

※「〒」は「ゆうびん」と入力して変換します。

⑰フォントの一覧から**《AR　Pゴシック体M》**を選択します。

⑱**《文字色》**の をクリックし、一覧から**《黒》**を選択します。

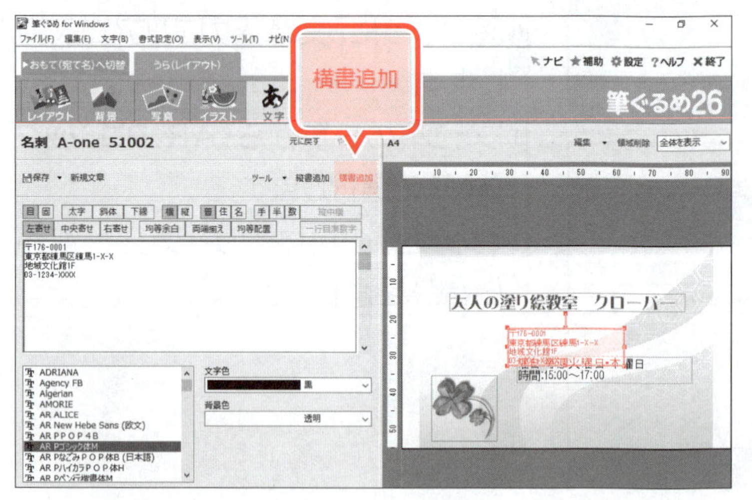

⑲**《横書追加》**をクリックします。

入力した文字がプレビュー画面に表示されます。

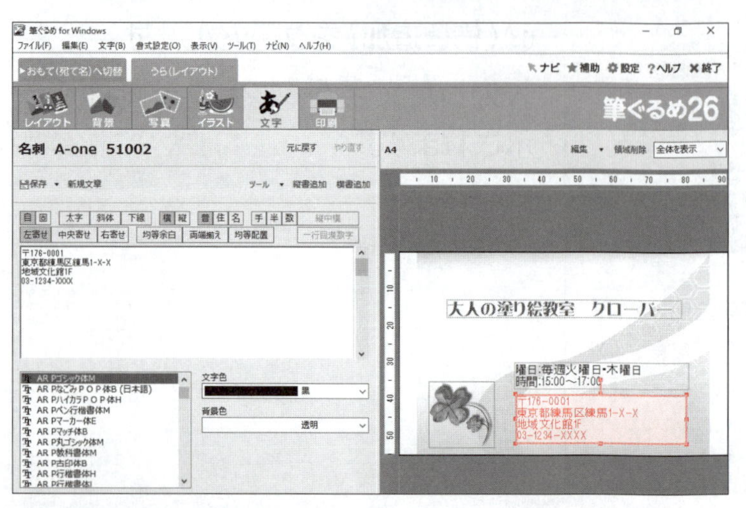

⑳図のように、位置とサイズを調整します。

9 名刺カードを印刷しよう

作成した名刺カードを印刷しましょう。

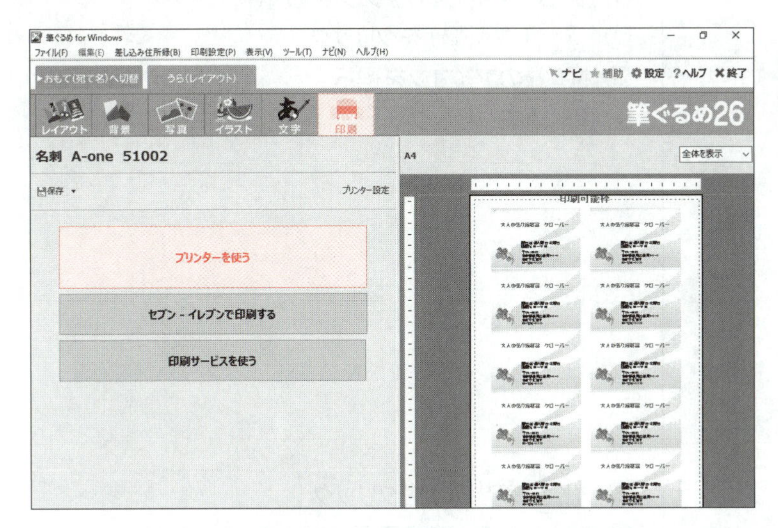

《印刷》設定画面を表示します。

① 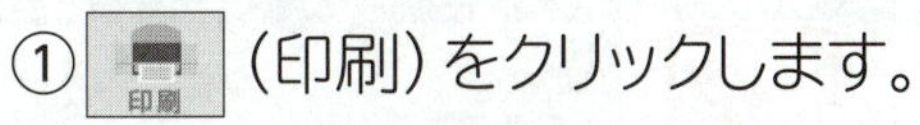 (印刷)をクリックします。

②《プリンターを使う》をクリックします。

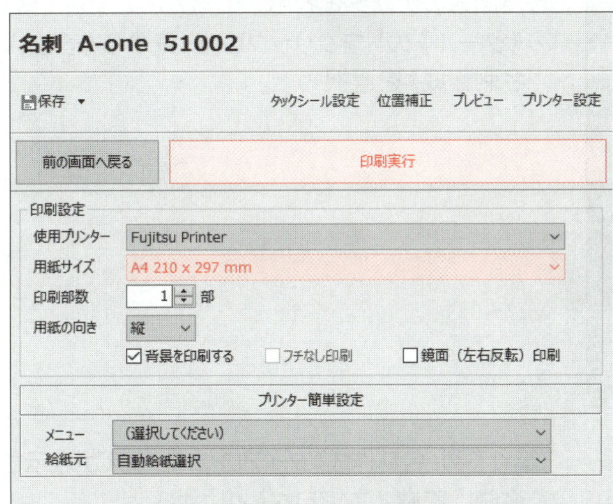

印刷実行画面が表示されます。

※お使いのプリンターによって、画面の表示は異なります。

③《用紙サイズ》が《A4》になっていることを確認します。

④プリンターに試し印刷用のA4用紙をセットします。

⑤《印刷実行》をクリックします。

※《印刷を続行しますか？》のメッセージが表示される場合は、《はい》をクリックします。

印刷が実行されます。

※作成した名刺カードを保存しておきましょう。
《保存》の ▾ →《新規保存》→《グループ名》を選択→《レイアウト名》を入力→《OK》の順番に操作します。

差出人のデータから名刺作成

住所録の差出人のデータを使って、名刺を作成できます。

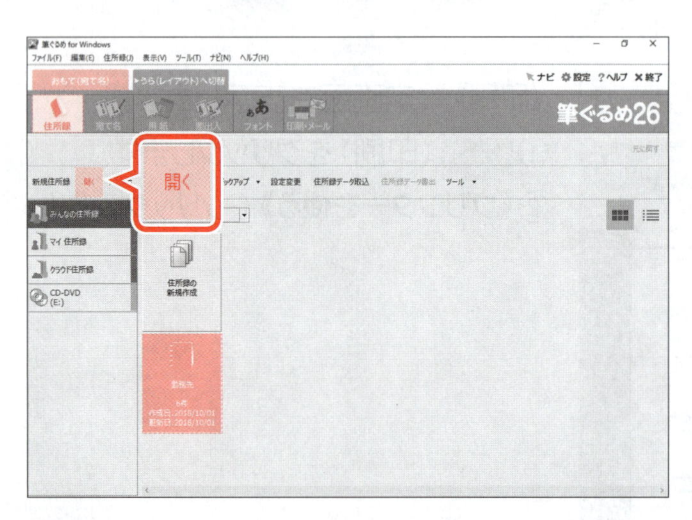

①《おもて(宛て名)》タブを表示
② (住所録)をクリック
③住所録のアイコンを選択
④《開く》をクリック

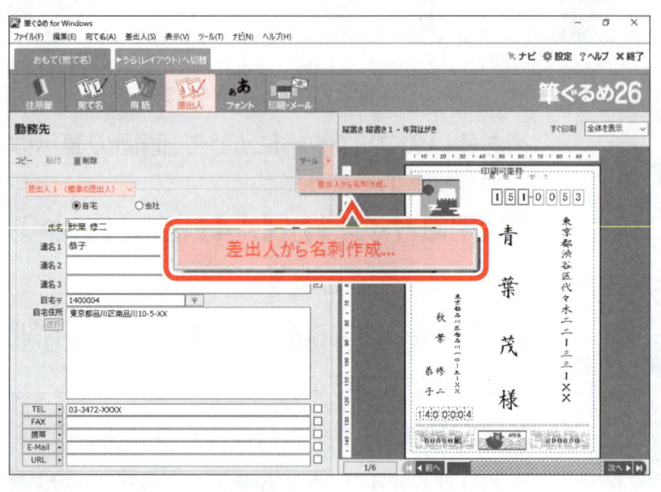

⑤ (差出人)をクリック
⑥差出人のデータを表示
⑦《ツール》の をクリックし、一覧から《差出人から名刺作成》を選択

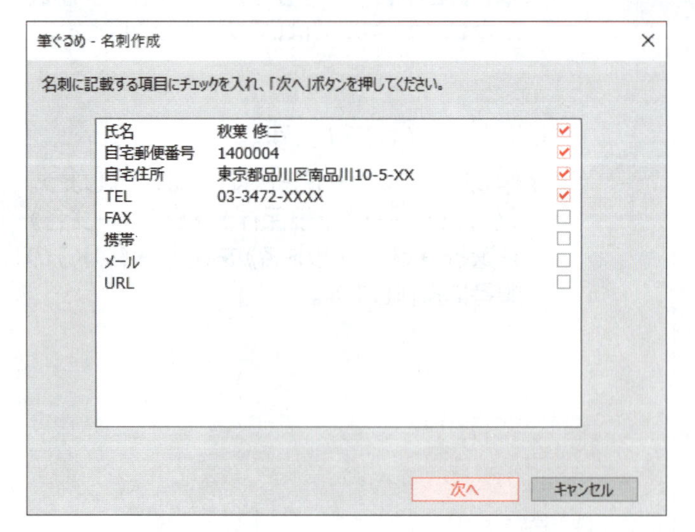

《筆ぐるめ-名刺作成》ダイアログボックスが表示される
⑧名刺に記載する項目を☑にする
⑨《次へ》をクリック

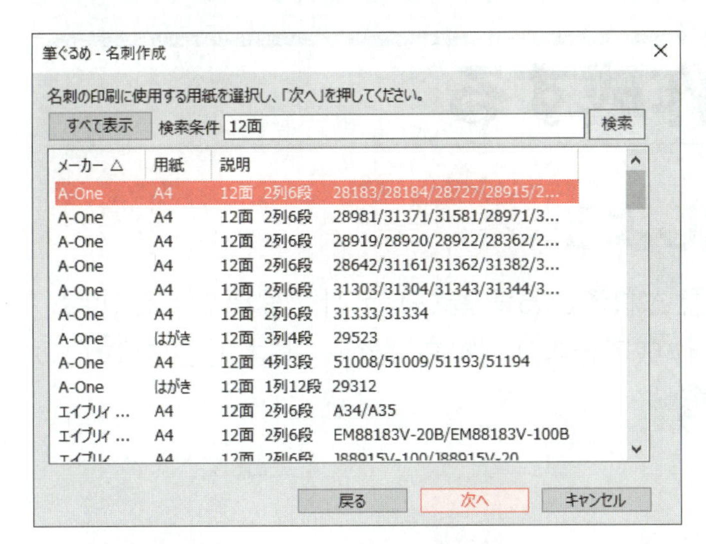

⑩一覧から用紙の種類を選択
※キーワードで検索すると、効率的です。
⑪《次へ》をクリック

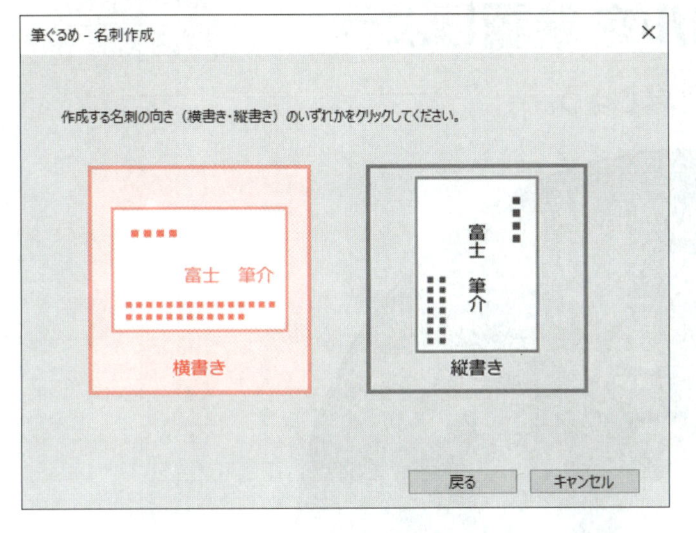

⑫《横書き》または《縦書き》を選択

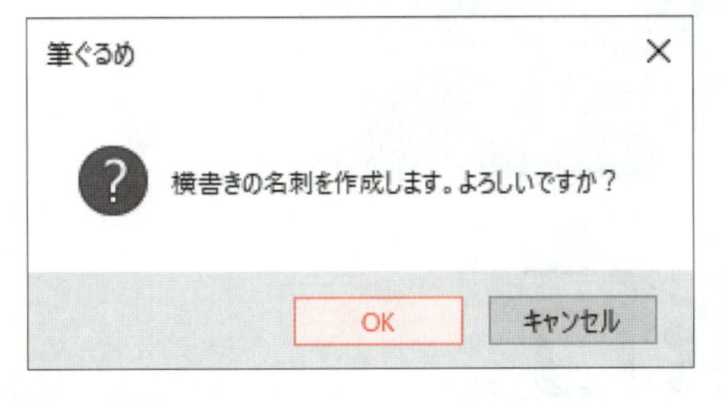

⑬《OK》をクリック

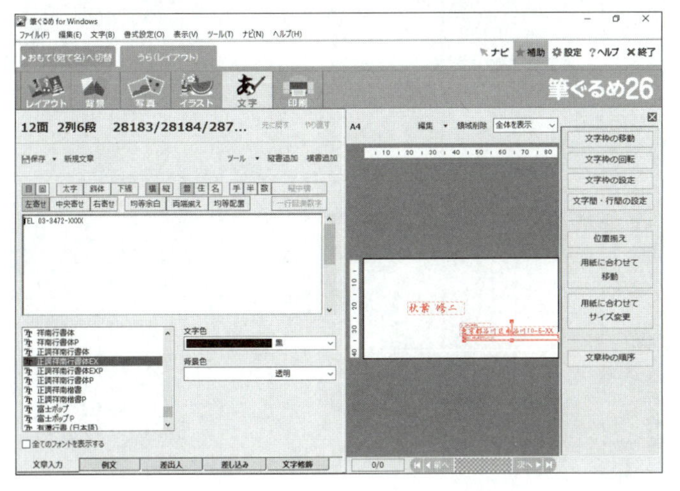

⑭プレビュー画面で文字の位置やサイズを調整

Step3 CDラベルを作成する

1 CDラベルを作成しよう

筆ぐるめでは、あらかじめ用意されている背景やイラスト、写真などを利用してCDラベルやDVDラベルを作成できます。作成したラベルは、CDやDVDのラベル面に直接印刷できます。

2 作成するCDラベルを確認しよう

次のようなCDラベルを作成しましょう。

3 レイアウトを設定しよう

CDラベルのレイアウトを設定しましょう。

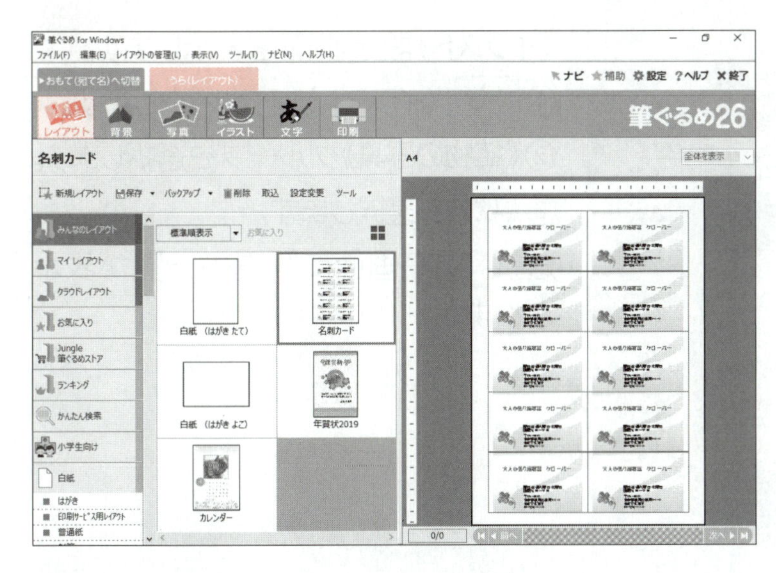

①《うら（レイアウト）》タブを表示します。

《レイアウト》設定画面を表示します。

②（レイアウト）をクリックします。

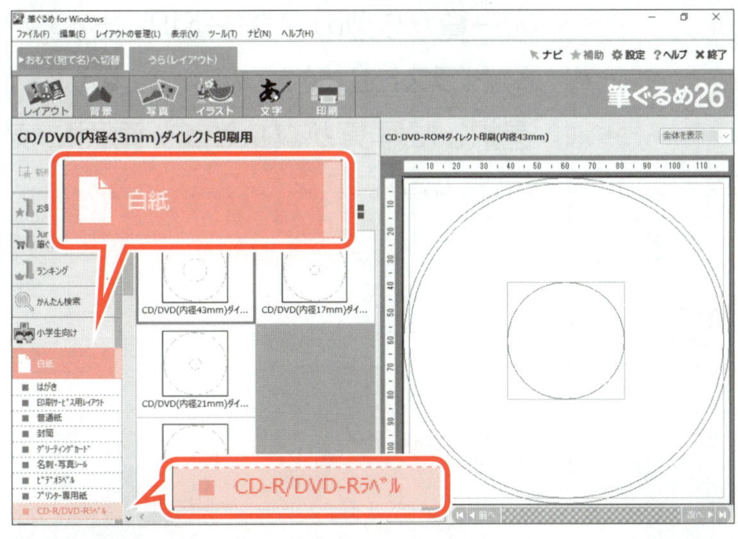

③《白紙》グループを選択します。

④《CD-R/DVD-Rラベル》を選択します。

選択・編集画面にラベルの一覧が表示されます。

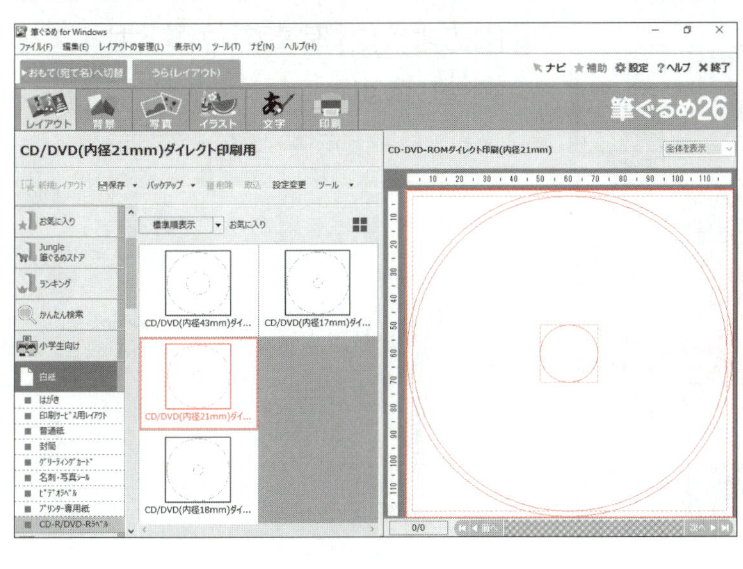

⑤印刷するCDに合わせて内径のレイアウトを選択します。

※ここでは、《CD/DVD（内径21mm）…》を選択しています。

選択したラベルがプレビュー画面に表示されます。

4 写真を追加しよう

筆ぐるめにあらかじめ用意されている写真をCDラベルに追加しましょう。

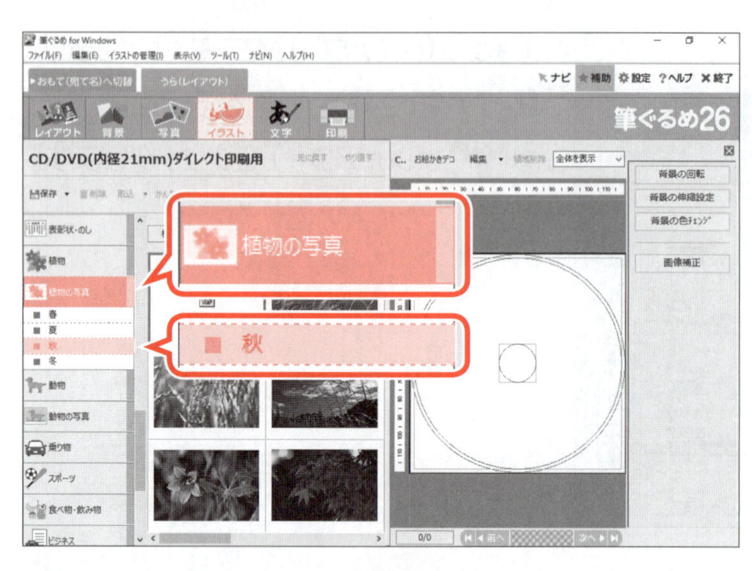

《**イラスト**》設定画面を表示します。

①（イラスト）をクリックします。

②《**植物の写真**》グループを選択します。

③《**秋**》を選択します。

選択・編集画面に写真の一覧が表示されます。

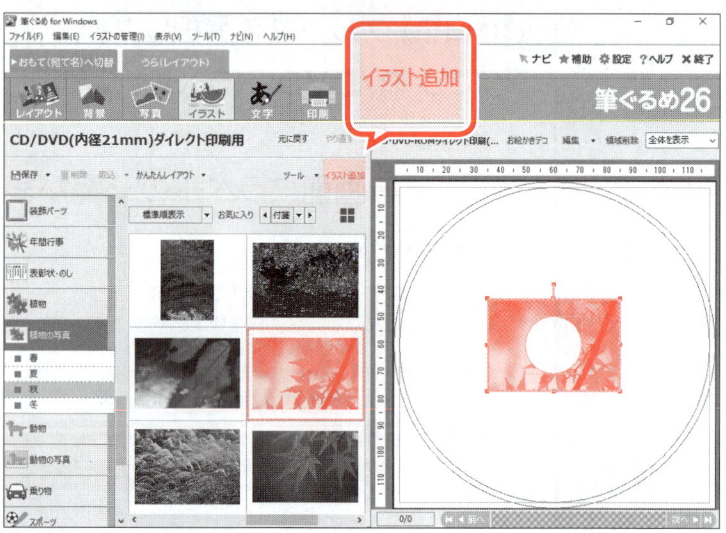

④一覧から図の写真を選択します。

⑤《**イラスト追加**》をクリックします。

選択した写真がプレビュー画面に表示されます。

⑥図のように、写真の位置とサイズを調整します。

5 文章を追加しよう

CDラベルに文章を追加しましょう。

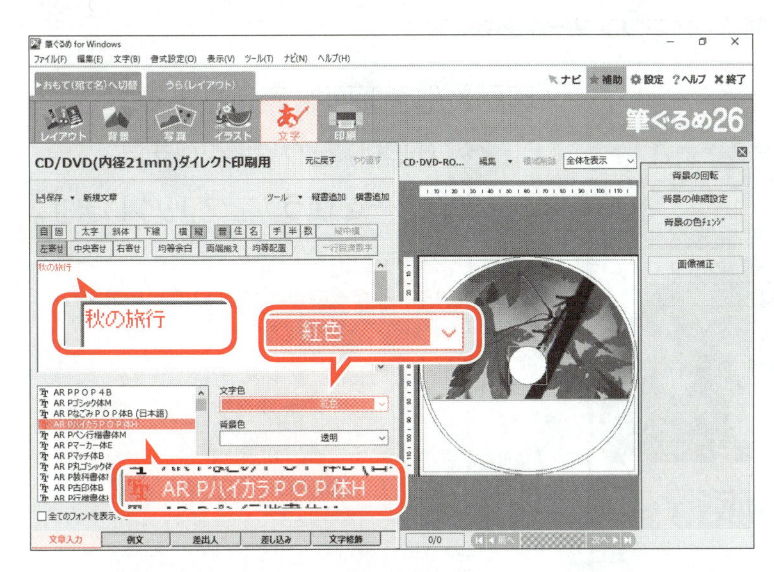

①（文字）をクリックします。
②《文章入力》タブを選択します。
③図のように、文章入力エリアに入力します。
④《フォント》の一覧から《AR PハイカラPOP体H》を選択します。
⑤《文字色》のをクリックし、一覧から《紅色》を選択します。

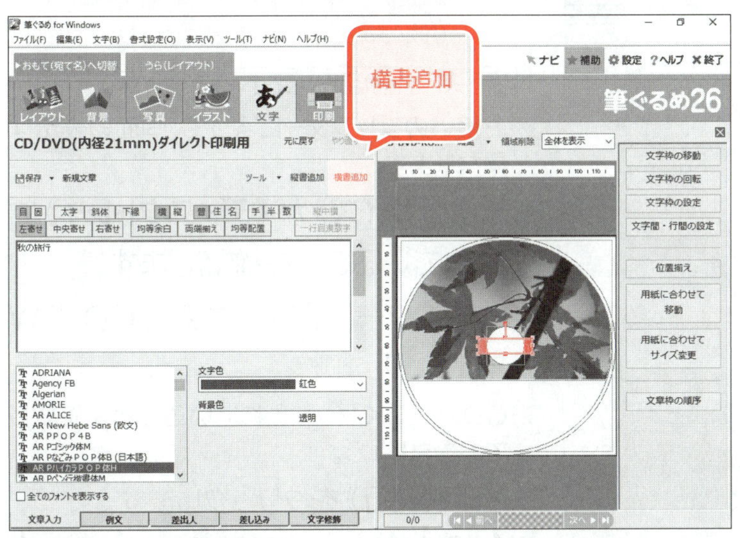

⑥《横書追加》をクリックします。
入力した文字がプレビュー画面に表示されます。

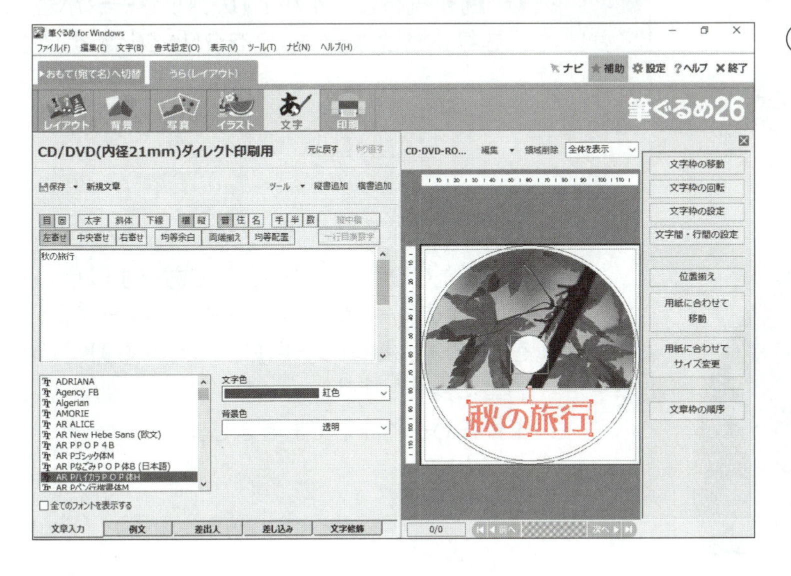

⑦図のように、追加した文字の位置とサイズを調整します。

6 CDラベルを印刷しよう

作成したCDラベルをCDに直接印刷しましょう。
※CD/DVDダイレクト印刷に対応したプリンターが必要です。

《印刷》設定画面を表示します。
①（印刷）をクリックします。
②《プリンターを使う》をクリックします。

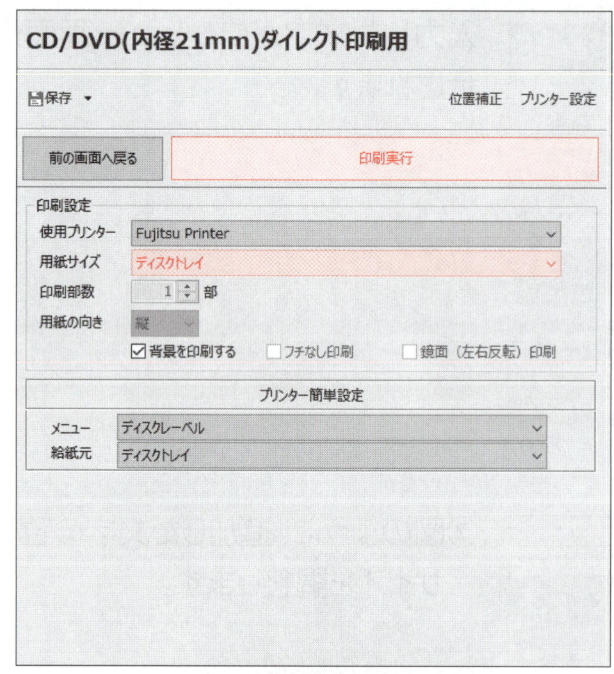

印刷実行画面が表示されます。
※お使いのプリンターによって、画面の表示は異なります。
③《用紙サイズ》が《ディスクトレイ》になっていることを確認します。
④プリンターにCD-RまたはCD-RWをセットします。
※CDが正しくセットされていることを確認しておきましょう。
⑤《印刷実行》をクリックします。
※《印刷を続行しますか？》のメッセージが表示される場合は、《はい》をクリックします。

印刷が実行されます。
※作成したCDラベルを保存しておきましょう。
《保存》の･→《新規保存》→《グループ名》を選択→《レイアウト名》を入力→《OK》の順番に操作します。
※筆ぐるめを終了しておきましょう。

ラベル用紙への印刷

筆ぐるめでは、市販のラベル用紙に印刷して、それをCDやDVDに貼り付けることもできます。

①《うら(レイアウト)》タブを表示
②（レイアウト）をクリック
③保存先のグループを選択
④《新規レイアウト》をクリック

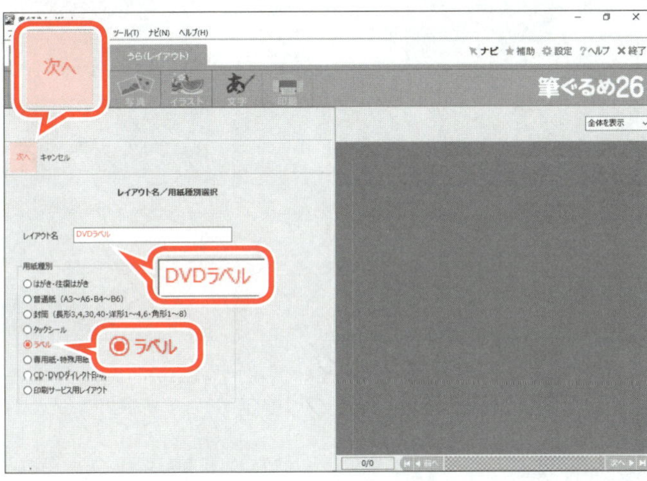

⑤《レイアウト名》を入力
⑥《用紙種別》の《ラベル》を◉にする
⑦《次へ》をクリック

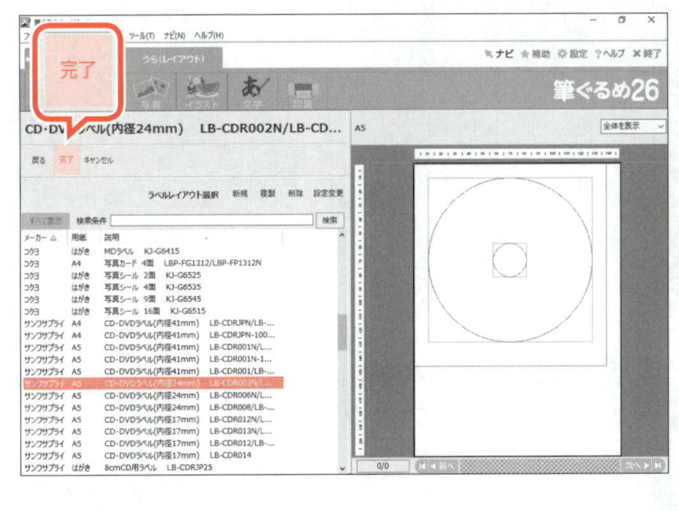

⑧一覧から用紙の種類を選択
⑨《完了》をクリック

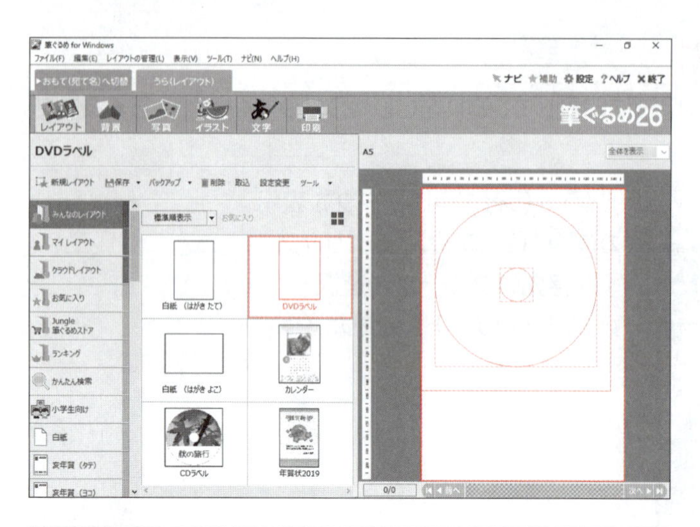

選択・編集画面に選択したラベルが追加され、プレビュー画面に表示される

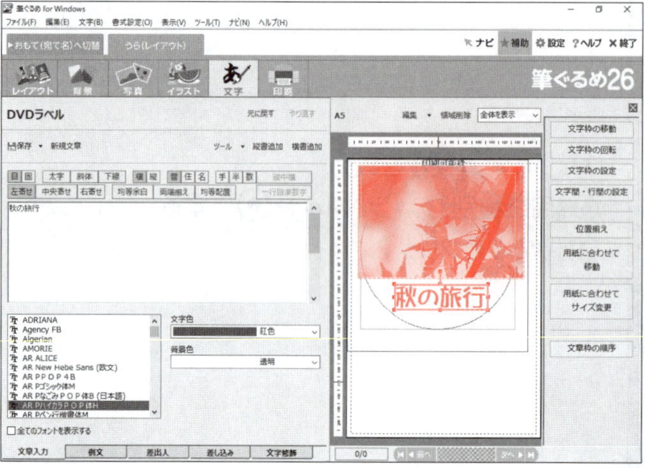

⑩イラスト、写真、文字などを追加

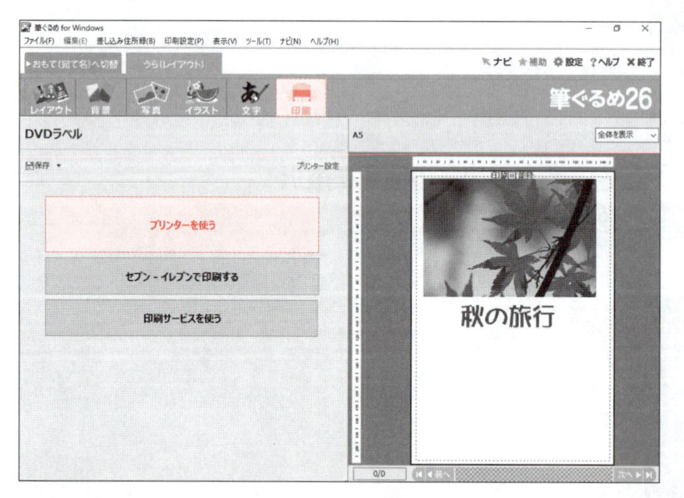

⑪ (印刷) をクリック
⑫《プリンターを使う》をクリック

⑬プリンターにラベル用紙をセット
⑭《印刷実行》をクリック

第6章

Chapter 6

データをバックアップしよう

Step 1 データをバックアップする

1 バックアップ

パソコン自体に故障が発生して、筆ぐるめのデータが扱えなくなったり、誤って削除してしまったりすることがあります。そのような不測の事態に備えて、大切なデータは日頃から別の場所に複製しておく習慣を付けましょう。
データを別の場所に複製することを**「バックアップ」**といいます。

2 バックアップする場所を確認しよう

筆ぐるめでバックアップ先として指定できる場所は、次のとおりです。

●指定したフォルダー

CドライブやDドライブなどのパソコン内にあるフォルダーにバックアップできます。

●USB（SDカード等）

USBメモリやSDカードなどにバックアップできます。

●OneDrive

マイクロソフト社が提供するインターネット上のディスク領域にバックアップできます。

OneDrive

OneDriveは、マイクロソフト社が提供するインターネット上のサービスです。インターネット上のディスク領域を無償で利用できます。
※利用にあたっては、Microsoftアカウントを取得する必要があります。

3 データをバックアップしよう

作成した住所録、レイアウト、差出人などのデータをバックアップするには、**「かんたん引っ越しバックアップツール」**を使います。
《みんなの住所録》グループと**《みんなのレイアウト》**グループに保存したデータをUSBメモリにバックアップする方法を確認しましょう。
※USBメモリ以外の場所にバックアップする場合は、読み替えてください。

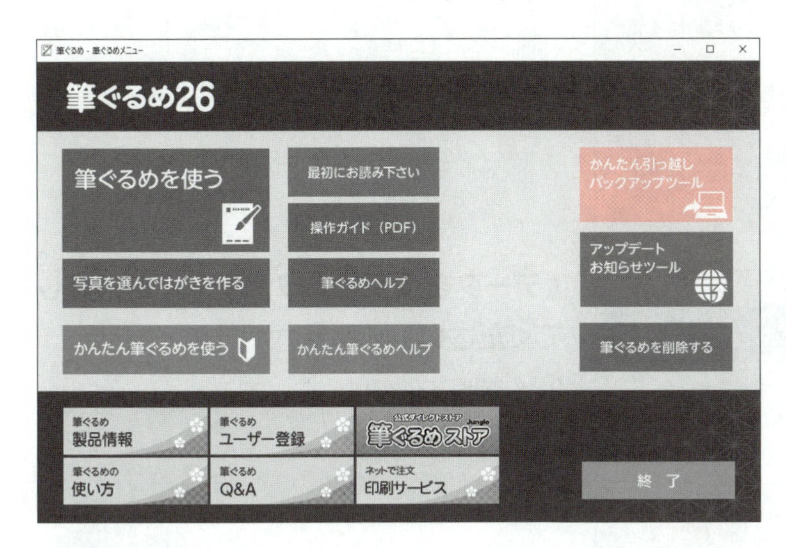

①筆ぐるめメニューを表示します。
※ （スタート）→《筆ぐるめメニュー》の順番に操作します。
②**《かんたん引っ越しバックアップツール》**をクリックします。

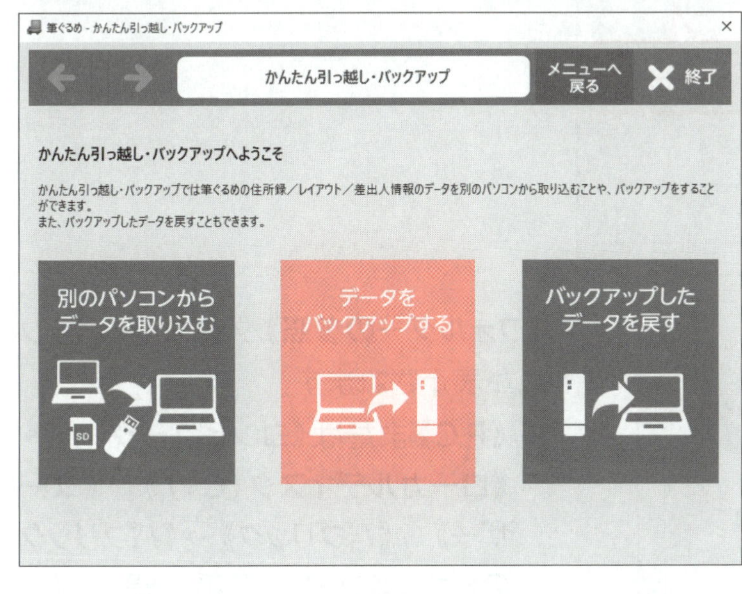

《かんたん引っ越し・バックアップへようこそ》が表示されます。
③**《データをバックアップする》**をクリックします。

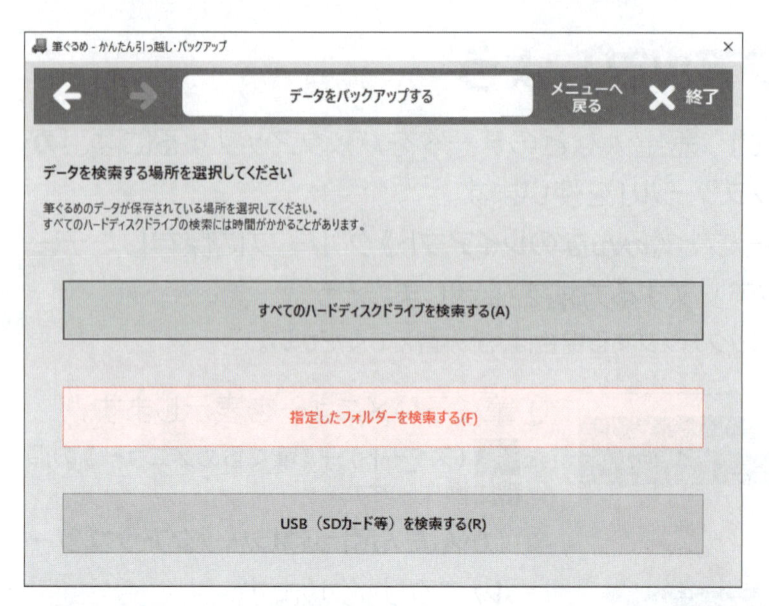

《データを検索する場所を選択してください》が表示されます。

④《指定したフォルダーを検索する》をクリックします。

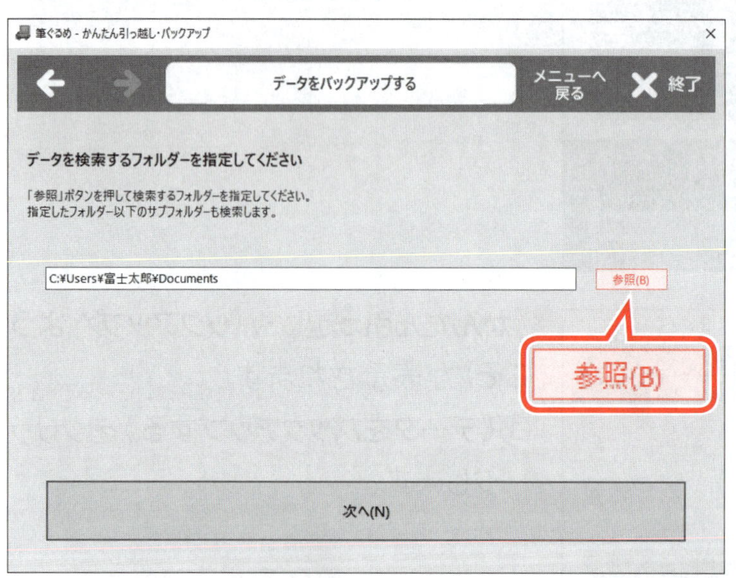

《データを検索するフォルダーを指定してください》が表示されます。

⑤《参照》をクリックします。

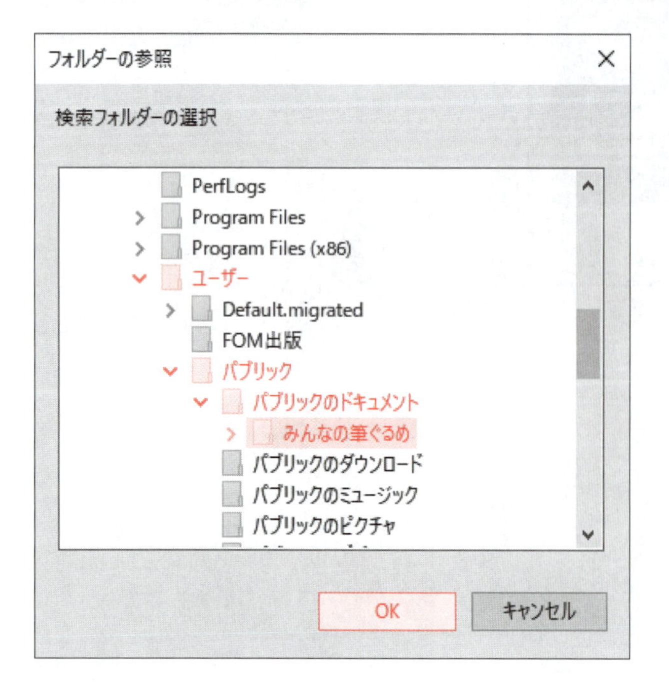

《フォルダーの参照》ダイアログボックスが表示されます。

⑥《PC》または《コンピューター》→《ローカルディスク（C:）》→《ユーザー》→《パブリック》→《パブリックのドキュメント》を順番に開き、《みんなの筆ぐるめ》を選択します。

※ の左側の をクリックすると、フォルダーが開かれます。 をクリックすると、フォルダーが閉じられます。

⑦《OK》をクリックします。

POINT ▶▶▶

筆ぐるめのデータが保存されている場所

筆ぐるめのデータが保存されている場所は、保存先のグループによって異なります。

グループ名	保存されている場所
みんなの住所録 みんなのレイアウト	パブリックのドキュメント
マイ住所録 マイレイアウト	ドキュメント

※保存先がわからない場合は、データを検索する場所を《すべてのハードディスクドライブを検索する》にして検索します。

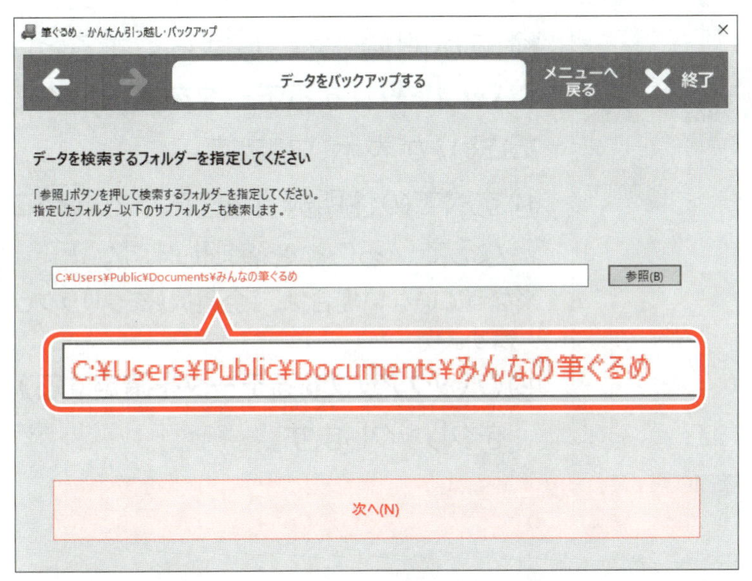

《データを検索するフォルダーを指定してください》に戻ります。

⑧フォルダーの場所が**「C:¥Users¥Public¥Documents¥みんなの筆ぐるめ」**になっていることを確認します。

⑨**《次へ》**をクリックします。

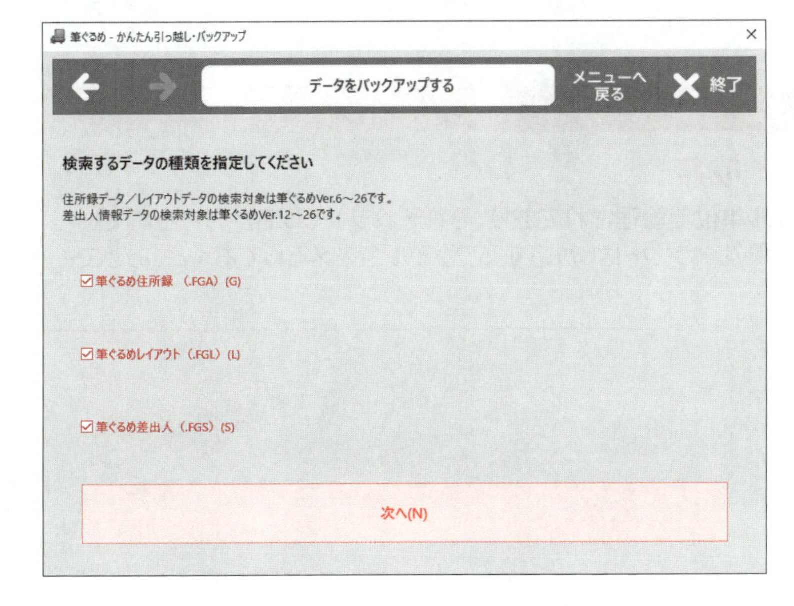

《検索するデータの種類を指定してください》が表示されます。

⑩**《筆ぐるめ住所録(.FGA)》《筆ぐるめレイアウト(.FGL)》《筆ぐるめ差出人(.FGS)》**を☑にします。

⑪**《次へ》**をクリックします。

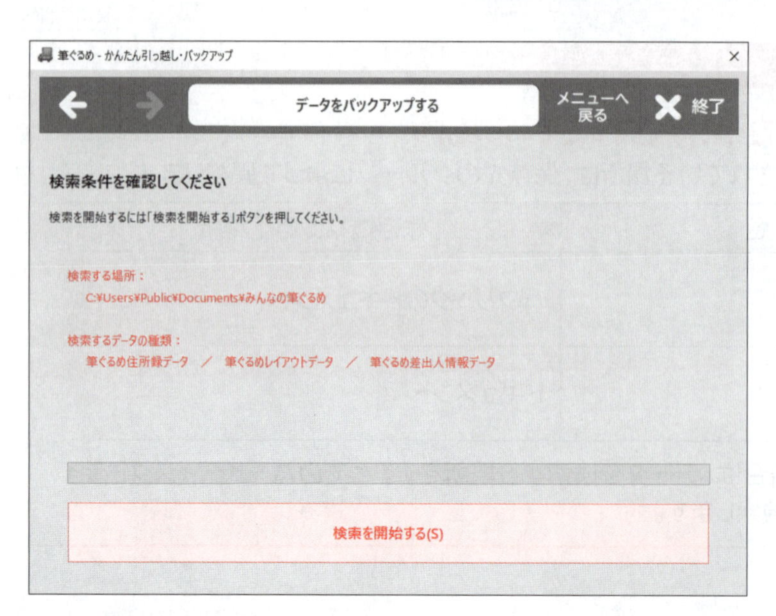

《検索条件を確認してください》が表示されます。

⑫**《検索する場所》**と**《検索するデータの種類》**を確認します。

⑬**《検索を開始する》**をクリックします。

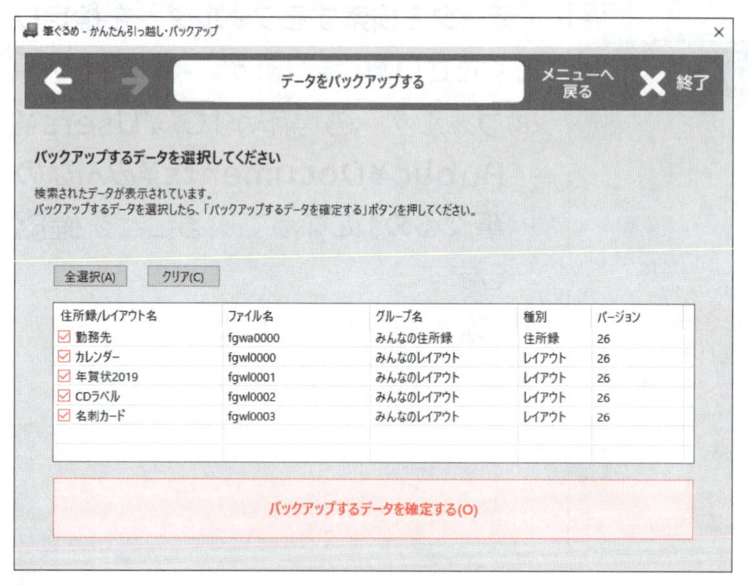

検索が開始され、しばらくすると、**《バックアップするデータを選択してください》**が表示されます。

⑭すべての住所録/レイアウトが☑になっていることを確認します。

※なっていない場合は、《全選択》をクリックします。

⑮**《バックアップするデータを確定する》**をクリックします。

POINT ▶▶▶

バックアップのファイル名

住所録/レイアウトは、ファイル単位で管理されており、それぞれファイル名が付けられています。バックアップする住所録/レイアウトは、対応するファイル名をメモしておくと、あとで確認しやすくなります。

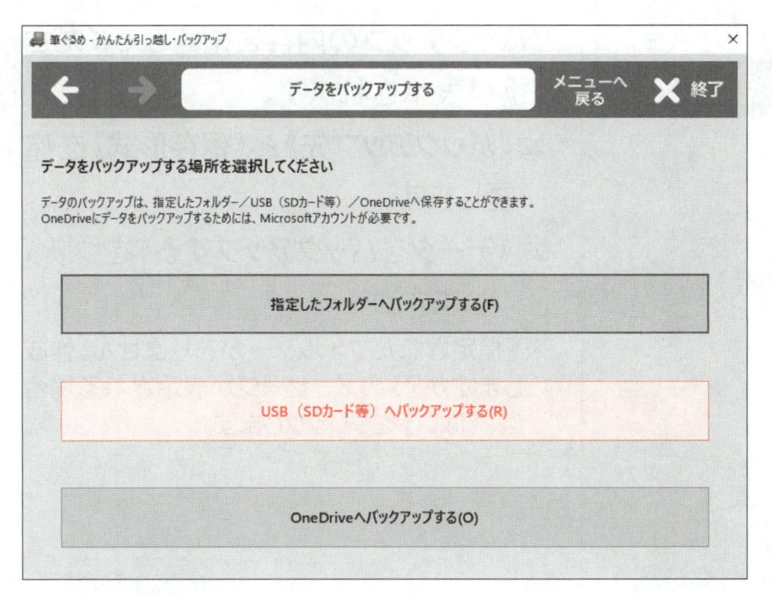

《データをバックアップする場所を選択してください》が表示されます。

⑯USBメモリをパソコンに差し込みます。

⑰**《USB（SDカード等）へバックアップする》**をクリックします。

筆ぐるめ - かんたん引っ越し・バックアップ
データをバックアップする
メニューへ戻る
終了
データをバックアップするUSB（SDカード等）を選択してください
USB（SDカード等）が接続されているドライブを選択してください。
ドライブを選択したら、「バックアップ先を確定する」ボタンを押してください。

ドライブ	種別
G:¥	USB（SDカード等）

次へ(N)

《データをバックアップするUSB（SDカード等）を選択してください》が表示されます。

⑱USBメモリのドライブを選択します。

※お使いの環境によって、ドライブ名は異なります。

⑲**《次へ》**をクリックします。

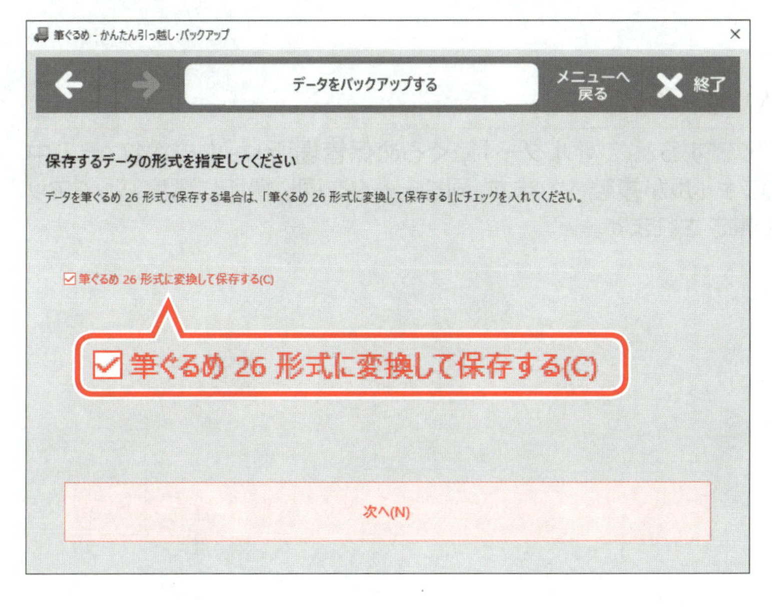

《保存するデータの形式を指定してください》が表示されます。

⑳**《筆ぐるめ26形式に変換して保存する》**を☑にします。

㉑**《次へ》**をクリックします。

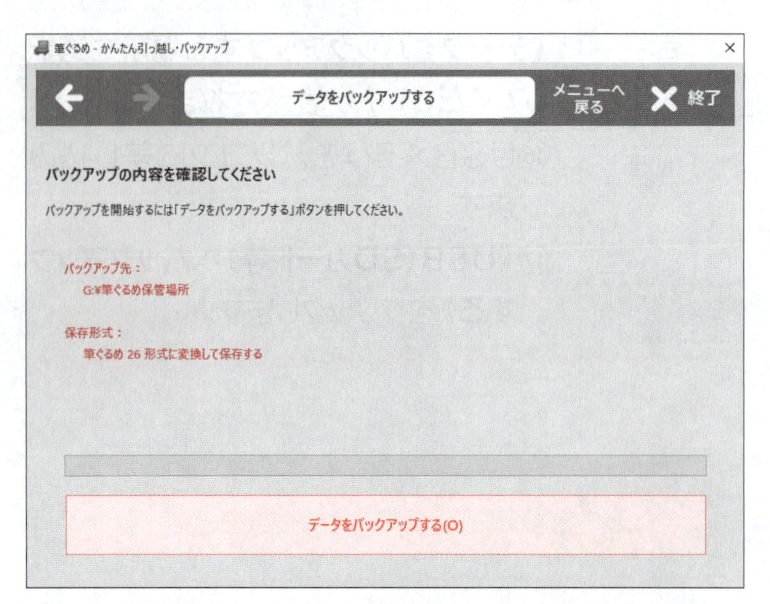

《バックアップの内容を確認してください》が表示されます。

㉒《**バックアップ先**》と《**保存形式**》を確認します。

㉓《**データをバックアップする**》をクリックします。

※《指定されたフォルダーがありません。作成しますか？》のメッセージが表示される場合は、《はい》をクリックします。

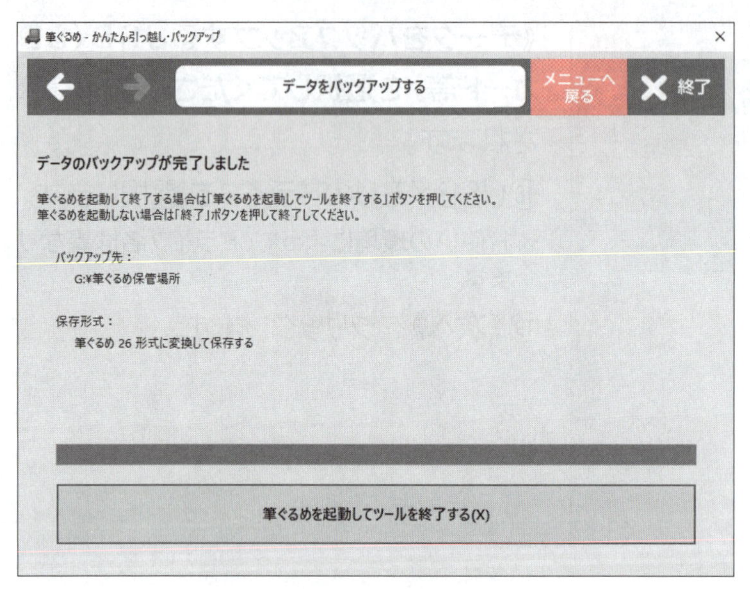

《データのバックアップが完了しました》が表示されます。

㉔《**メニューへ戻る**》をクリックします。

※パソコンからUSBメモリを取り外しておきましょう。
タスクバーの ^ → （ハードウェアを安全に取り外してメディアを取り出す）→《（デバイス名）の取り出し》の順番に操作します。その後、パソコンからUSBメモリを取り外します。

2回目以降のバックアップ

USBメモリにバックアップすると、フォルダー「筆ぐるめ保管場所」が作成され、その中に住所録/レイアウトのファイルが複製されます。同じデータを同じ場所に再度バックアップすると、ファイルは上書きされます。

Step2 バックアップしたデータを戻す

1 バックアップしたデータを戻そう

筆ぐるめのデータが壊れて扱えなくなったり、誤って削除してしまったりした場合、バックアップしたデータを筆ぐるめに戻します。
バックアップしたデータは、**《マイ住所録》**グループや**《マイレイアウト》**グループに戻されます。
USBメモリにバックアップしたデータを筆ぐるめに戻す方法を確認しましょう。
※USBメモリ以外の場所にバックアップした場合は、読み替えてください。

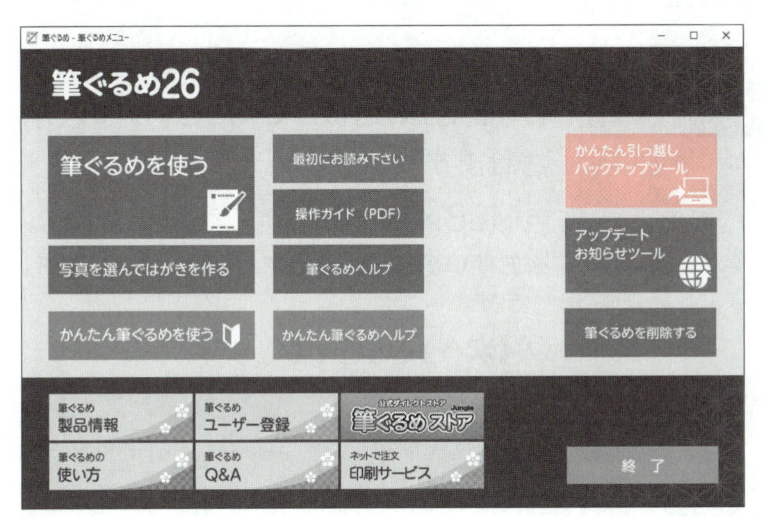

①筆ぐるめメニューが表示されていることを確認します。
②**《かんたん引っ越しバックアップツール》**をクリックします。

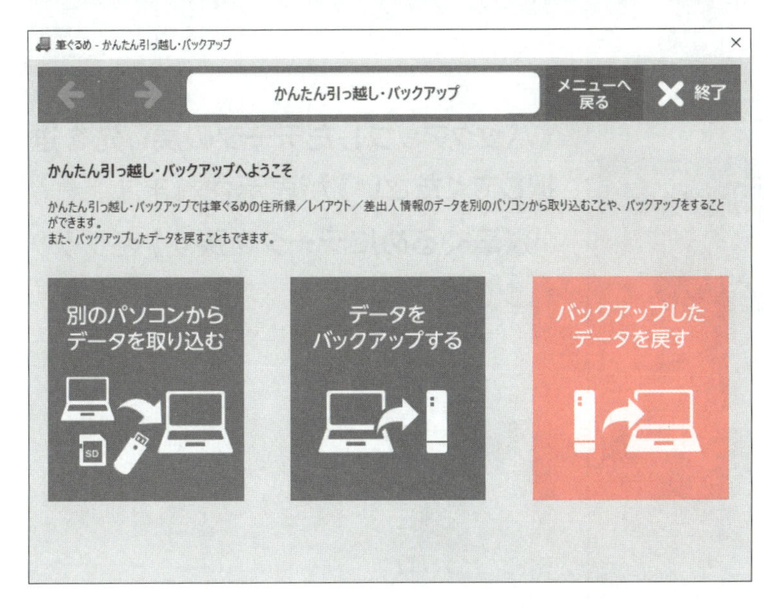

《かんたん引っ越し・バックアップへようこそ》が表示されます。
③**《バックアップしたデータを戻す》**をクリックします。

1
2
3
4
5
6
索引

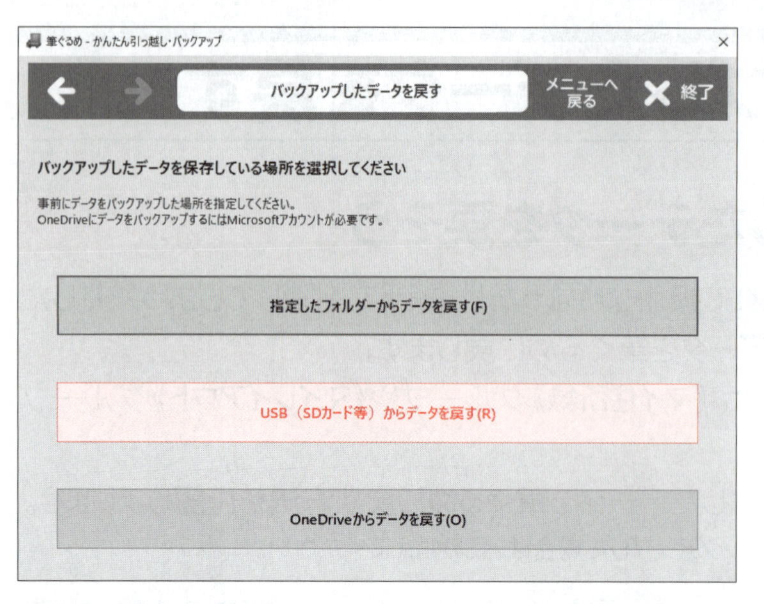

《バックアップしたデータを保存している場所を選択してください》が表示されます。

④USBメモリをパソコンに差し込みます。

⑤**《USB（SDカード等）からデータを戻す》**をクリックします。

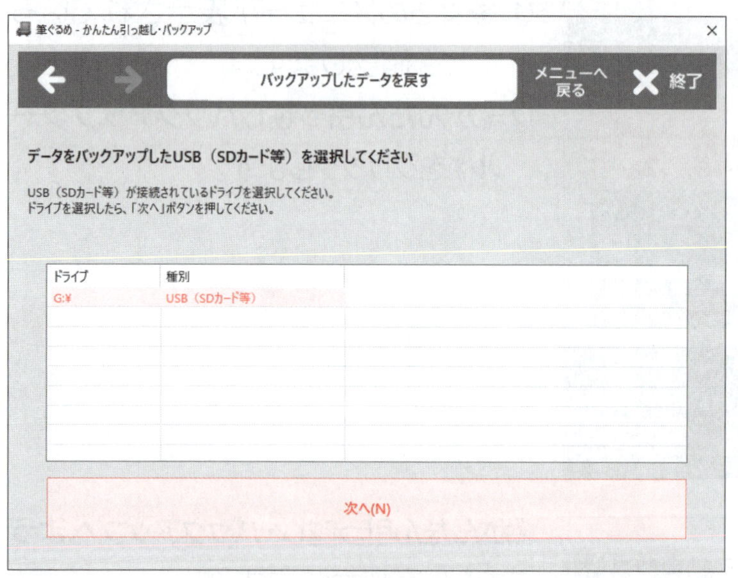

《データをバックアップしたUSB（SDカード等）を選択してください》が表示されます。

⑥USBメモリのドライブを選択します。

※お使いの環境によって、ドライブ名は異なります。

⑦**《次へ》**をクリックします。

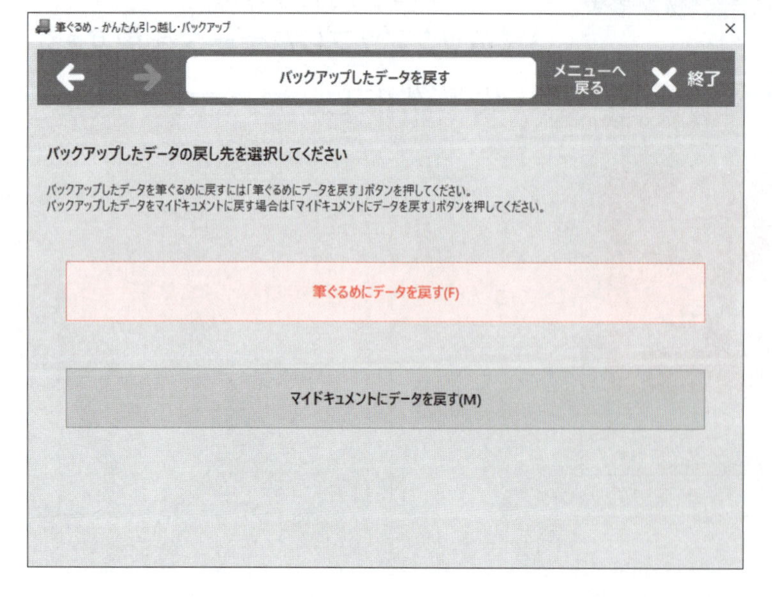

《バックアップしたデータの戻し先を選択してください》が表示されます。

⑧**《筆ぐるめにデータを戻す》**をクリックします。

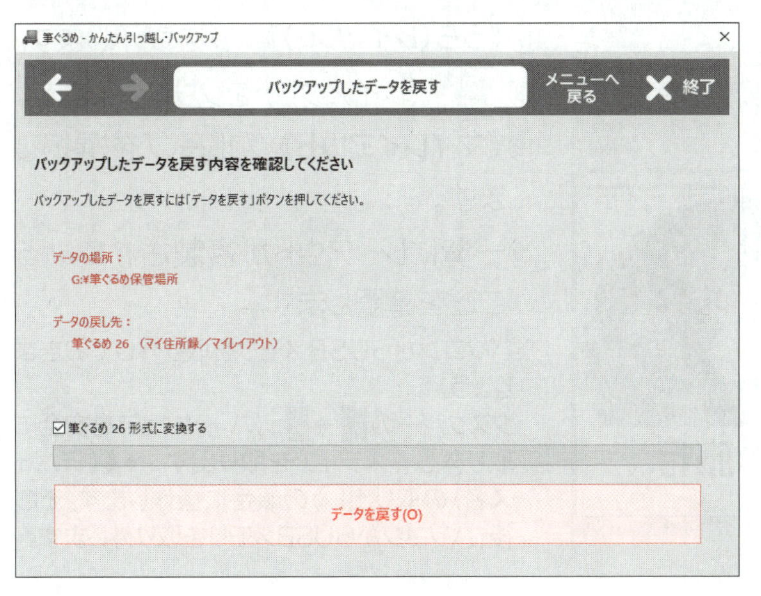

《バックアップしたデータを戻す内容を確認してください》が表示されます。

⑨《データの場所》と《データの戻し先》を確認します。

⑩《データを戻す》をクリックします。

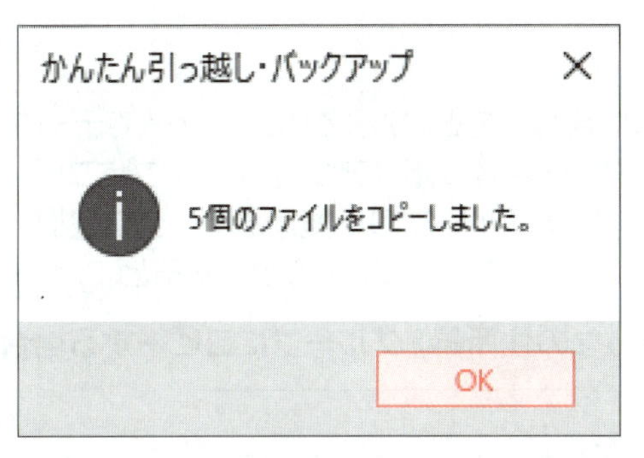

図のようなメッセージが表示されます。

⑪《OK》をクリックします。

※《同じ名前のファイルが存在します。上書きしますか？》のメッセージが表示される場合は、《はい》をクリックします。

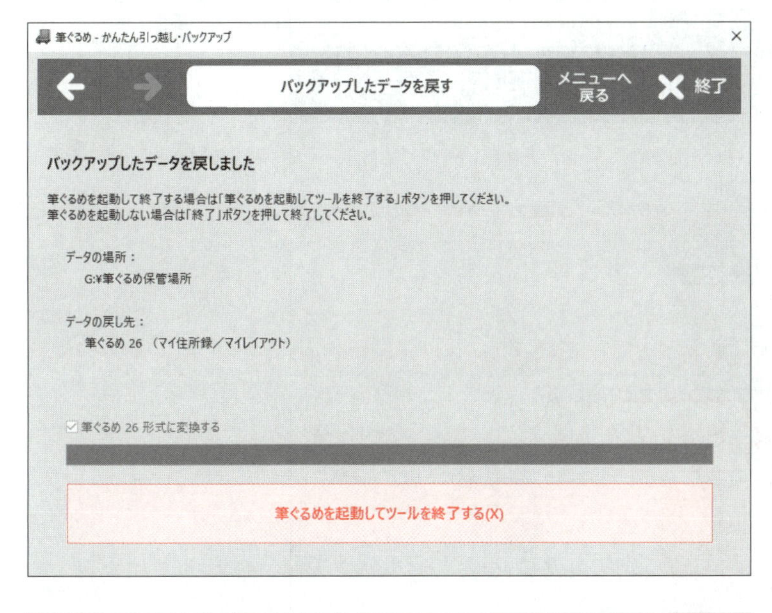

《バックアップしたデータを戻しました》が表示されます。

⑫《筆ぐるめを起動してツールを終了する》をクリックします。

戻したデータを確認します。

⑬《おもて（宛て名）》タブを表示します。

⑭ (住所録) （住所録）をクリックします。

⑮《マイ住所録》グループを選択します。

⑯一覧に住所録が複製されていることを確認します。

⑰《**うら(レイアウト)**》タブを表示します。

⑱ (レイアウト)をクリックします。

⑲《**マイレイアウト**》グループを選択します。

⑳一覧にレイアウトが複製されていることを確認します。

※パソコンからUSBメモリを取り外しておきましょう。
タスクバーの → (ハードウェアを安全に取り外してメディアを取り出す)→《(デバイス名)の取り出し》の順番に操作します。その後、パソコンからUSBメモリを取り外します。

グループ間のデータのコピー

バックアップしたデータを筆ぐるめに戻したあと、すべてのユーザーでデータを共有する場合は、《みんなの住所録》グループや《みんなのレイアウト》グループにコピーしましょう。
《マイ住所録》グループや《マイレイアウト》グループの一覧からデータを選択して、《みんなの住所録》グループや《みんなのレイアウト》グループにドラッグすると、コピーできます。

●《マイ住所録》グループから《みんなの住所録》グループにコピーする場合

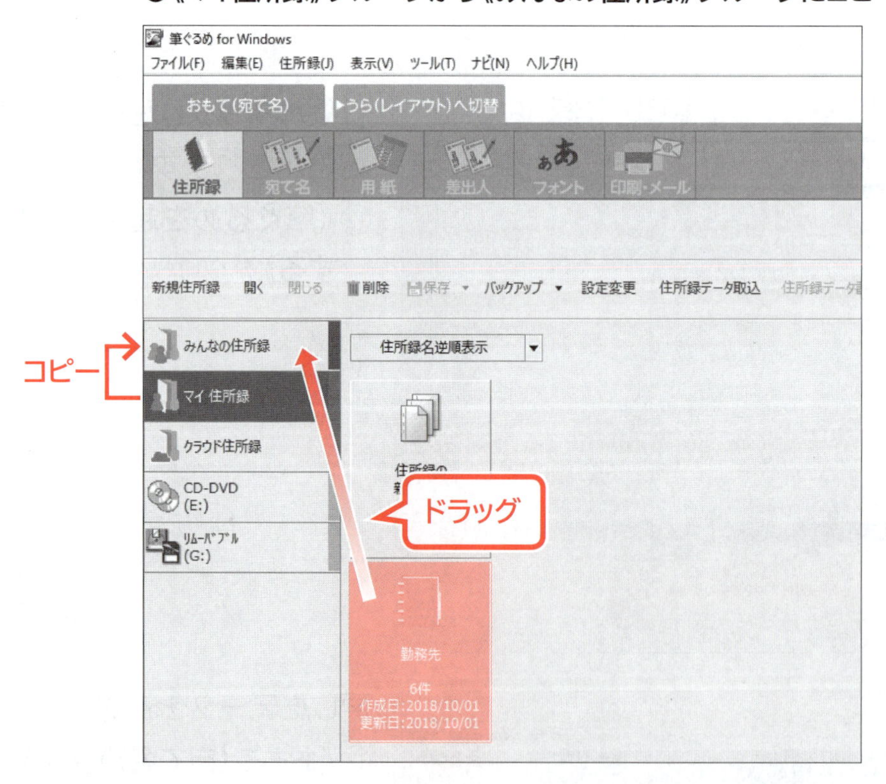

よくわかる

Index

索引

Index 索引

英字

CDラベルの印刷……163
CDラベルの作成……159
ContactXML Version1.1a形式……75
CSV形式……75
Excelで開く……76
FlashPix形式……115
JPEG形式……115
Jアドレス形式……75
OneDrive……167
PNG形式……115
QRコードの追加……111

あ

宛先追加……26,37
宛て名……15,18
宛て名カード……19
宛て名カードの印刷……56
宛て名カードの切り替え……31
宛て名カードの検索……71
宛て名カードの削除……35
宛て名カードの絞り込み……72
宛て名カードの追加……26,37
宛て名カードの入力……21,27,37
宛て名カードの分類……34
宛て名カードの編集……30

い

一行目漢数字……110
位置揃え……98
位置補正（印刷）……58
位置補正（用紙）……46
一覧形式……19
一覧表の印刷……62
一覧表のスタイル設定……68
移動（イラスト）……96
移動（文章）……106
移動（文字イラスト）……100
イラスト……83,85
イラストの移動……96
イラストの回転……98
イラストのサイズ変更……97
イラストの削除……95
イラストの追加……94,150
イラストの変更……95
イラストの補助画面……98
印刷（CDラベル）……163
印刷（宛て名カード）……56
印刷（一覧表）……62
印刷（うら面）……113
印刷（カレンダー）……137
印刷（タックシール）……143
印刷（はがき）……113
印刷（名刺カード）……156
印刷・メール……15,18
印刷可能枠……88
印刷項目設定画面……66
印刷サービス用形式……75
印刷する宛て名の選択……58

う

薄墨印刷……61
うら（レイアウト）タブ……12
うら（レイアウト）へ切替……12,82

うら面……11
うら面の印刷……113
うら面の作成……81
うら面の作成画面……85
うら面の作成手順……83
うら面の保存……115
うら面の保存先……116

お

お絵かきデコ……136
おもて（宛て名）タブ……12,15
おもて（宛て名）へ切替……12
おもて面……11
おもて面の作成……15,17
おもて面の作成画面……18
おもて面の作成手順……15
おもて面の保存……40
おもて面の保存先……16
おもて面を閉じる……40
おもて面を開く……41,140
オリジナルの項目の設定……33

か

カーソル移動……24
カード形式……19
カード選択ボタン……19
カード総件数……19
カード番号……19
会社タブ……20,25
回転……98
外部データの読み込み……77
影の設定……151
下線……110
画像の移動……98
画像の色チェンジ……98
画像の回転……98
画像の順序……98
画像の枠設定……98
画像補正……91,98,131,151
型抜き……131
画面（うら面）……85
画面（おもて面）……18
画面（住所録）……18
画面（はがき）……85
画面（筆ぐるめ）……11
カレンダーの印刷……137
カレンダーの作成……125
かんたん宛先追加……36
かんたん引っ越しバックアップツール……168
かんたんレイアウト……121

き

起動……9
均等配置……110
均等余白……110

く

クラウド機能……16
クラウド住所録……16
クラウドレイアウト……116
グリッド……92
グリッドの設定……93
グリッドの表示/非表示……92
グループ化……102
グループ間のコピー……177
グループバー……12

け

結合……69
検索……71

検索条件のリセット…… 74
検索の詳細設定…… 73

こ

項目名変更…… 33
五十音インデックス…… 19,30
コラージュ…… 132

さ

サイズ変更（イラスト）…… 97
サイズ変更（文章）…… 107
サイズ変更（文字イラスト）…… 101
削除（宛て名カード）…… 35
削除（イラスト）…… 95
削除（差出人）…… 51
削除（住所録）…… 79
作成（CDラベル）…… 159
作成（うら面）…… 81
作成（おもて面）……15,17
作成（カレンダー）…… 125
作成（写真入りのはがき）……117,121
作成（住所録）……15,17
作成（タックシール）…… 139
作成（はがき）…… 81
作成（名刺カード）…… 146
差出人……15,18
差出人から名刺作成…… 157
差出人の印刷項目の設定…… 51
差出人の削除…… 51
差出人の追加……111
差出人の入力…… 47
差出人の変更…… 49
差出人を印刷しない…… 51
サンプル（年賀状）…… 87
サンプル（名刺）…… 148

し

自宅タブ…… 20,21
絞り込み…… 72
絞り込みの解除…… 74
写真…… 83,85
写真入りのはがきの作成……117,121
写真の型抜き…… 131
写真のコラージュ…… 132
写真の追加……128,161
写真の取り込み…… 128
写真のトリミング…… 131
斜体…… 110
自由項目…… 33
住所の数字の表示…… 55
住所録……15,18
住所録データ取込…… 77
住所録の結合…… 69
住所録の削除…… 79
住所録の作成……15,17
住所録の作成画面…… 18
住所録の作成手順…… 15
住所録のデータ形式の変換…… 75
住所録の保存…… 40
住所録の保存先…… 16
住所録を閉じる…… 40
住所録を開く…… 41,140
終了……12,13
詳細表示…… 19
新規住所録…… 17
新規保存……115

す

スタイル設定…… 68

索引

せ

設定 …… 12
設定（オリジナルの項目） …… 33
設定（影） …… 151
設定（グリッド） …… 93
設定（差出人の印刷項目） …… 51
設定（背景） …… 88,127,148
設定（複数の差出人） …… 48
設定（フレーム） …… 129
設定（用紙） …… 45,141
設定（レイアウト） …… 86,126,147,160
選択・編集画面 …… 85

そ

送受信履歴 …… 32

た

タックシールの印刷 …… 143
タックシールの作成 …… 139
縦中横 …… 110

ち

置換 …… 74
中央寄せ …… 110

つ

追加（QRコード） …… 111
追加（宛て名カード） …… 26,37
追加（イラスト） …… 94,150
追加（差出人） …… 111
追加（写真） …… 128,161
追加（月のイラスト） …… 135
追加（日付のイラスト） …… 133
追加（文章） …… 103,105,153,162
追加（文字イラスト） …… 99
追加（例文） …… 103
月のイラストの追加 …… 135

て

データ形式の変換 …… 75
データのコピー …… 177

と

閉じる …… 40
都道府県名の表示/非表示 …… 22
トリミング …… 131

な

ナビ …… 12

に

入力（宛て名カード） …… 21,27,37
入力（差出人） …… 47

ね

年賀状のサンプル …… 87

は

背景 …… 83,85
背景色の変更 …… 108
背景の色チェンジ …… 91
背景の回転 …… 91,149
背景の伸縮設定 …… 90,91
背景の設定 …… 88,127,148
背景の補助画面 …… 91
配置の調整（文章） …… 109
配置の調整（文字イラスト） …… 102
配置の調整（連名） …… 55
はがき管理 …… 35
はがきの印刷 …… 113

はがきの作成 …… 81
はがきの作成画面 …… 85
はがきの作成手順 …… 83
はがきの保存 …… 115
はがきの保存先 …… 116
バックアップ …… 167
バックアップのファイル名 …… 171
バックアップを戻す …… 174
ハンドル …… 94

ひ

左寄せ …… 110
日付のイラストの追加 …… 133
ビットマップ形式 …… 115
表示/非表示（グリッド） …… 92
表示/非表示（都道府県名） …… 22
表示/非表示（補助画面） …… 91
表示/非表示（連名） …… 22
表示サイズの変更 …… 89
表示中のカード番号 …… 19
開く …… 41,140

ふ

フォント …… 15,18
フォントの変更 …… 52,108,142
フォントのリセット …… 53
複数の差出人の設定 …… 48
フチなし印刷 …… 113
筆ぐるめの概要 …… 7
筆ぐるめの画面 …… 11
筆ぐるめの起動 …… 9
筆ぐるめの終了 …… 13
筆ぐるめメニュー …… 10
太字 …… 110
フレーム設定 …… 98,129
フレームの変更 …… 130
プレビュー画面 …… 19,85
プレビュー表示 …… 19
文章の移動 …… 106
文章のサイズ変更 …… 107
文章の追加 …… 103,105,153,162
文章の配置の調整 …… 109
文章の編集 …… 104
分類 …… 34

へ

別形式で保存 …… 115
ヘルプ …… 12
変換（住所録） …… 75
変更（イラスト） …… 95
変更（差出人） …… 49
変更（背景色） …… 108
変更（表示サイズ） …… 89
変更（フォント） …… 52,108,142
変更（フレーム） …… 130
変更（文字サイズ） …… 54,142
変更（文字色） …… 108
編集（宛て名カード） …… 30
編集（文章） …… 104

ほ

補助画面（イラスト） …… 98
補助画面（背景） …… 91
補助画面の表示/非表示 …… 91
保存（うら面） …… 115
保存（おもて面） …… 40
保存（住所録） …… 40
保存（はがき） …… 115

ま

マーク…34
マイ住所録…16
マイピクチャ…119
マイレイアウト…116

み

右寄せ…110
みんなの住所録…16
みんなのレイアウト…116

む

無地の背景…127

め

名刺カードの印刷…156
名刺カードの作成…146
名刺のサンプル…148
メインツールバー…12
メニューバー…12
メモタブ…20,32

も

文字…83,85
文字イラストの移動…100
文字イラストのサイズ変更…101
文字イラストの追加…99
文字イラストの配置の調整…102
文字サイズの変更…54,142
文字修飾…112
文字色の変更…108
喪中…34,59
元に戻す…24

や

やり直す…24

ゆ

郵便番号の自動入力…24

よ

用紙…15,18
用紙に合わせて移動…98,102
用紙に合わせてサイズ変更…98
用紙の設定…45,141

り

リセット（検索条件）…74
リセット（フォント）…53
両端揃え…110
履歴から入力…29

れ

レイアウト…83,85
レイアウト切り替え…123
レイアウトの設定…86,126,147,160
レイアウトファイル形式…115
例文の追加…103
連名揃え…55
連名の配置の調整…55
連名の表示/非表示…22

Romanize

ローマ字・かな対応表

あ	あ	い	う	え	お
	A	I	U	E	O
	ぁ	ぃ	ぅ	ぇ	ぉ
	LA XA	LI XI	LU XU	LE XE	LO XO
か	か	き	く	け	こ
	KA	KI	KU	KE	KO
	きゃ	きぃ	きゅ	きぇ	きょ
	KYA	KYI	KYU	KYE	KYO
さ	さ	し	す	せ	そ
	SA	SI SHI	SU	SE	SO
	しゃ	しぃ	しゅ	しぇ	しょ
	SYA SHA	SYI	SYU SHU	SYE SHE	SYO SHO
た	た	ち	つ	て	と
	TA	TI CHI	TU TSU	TE	TO
			っ		
			LTU XTU		
	ちゃ	ちぃ	ちゅ	ちぇ	ちょ
	TYA CYA CHA	TYI CYI	TYU CYU CHU	TYE CYE CHE	TYO CYO CHO
	てゃ	てぃ	てゅ	てぇ	てょ
	THA	THI	THU	THE	THO
な	な	に	ぬ	ね	の
	NA	NI	NU	NE	NO
	にゃ	にぃ	にゅ	にぇ	にょ
	NYA	NYI	NYU	NYE	NYO
は	は	ひ	ふ	へ	ほ
	HA	HI	HU FU	HE	HO
	ひゃ	ひぃ	ひゅ	ひぇ	ひょ
	HYA	HYI	HYU	HYE	HYO
	ふぁ	ふぃ		ふぇ	ふぉ
	FA	FI		FE	FO
	ふゃ	ふぃ	ふゅ	ふぇ	ふょ
	FYA	FYI	FYU	FYE	FYO
ま	ま	み	む	め	も
	MA	MI	MU	ME	MO
	みゃ	みぃ	みゅ	みぇ	みょ
	MYA	MYI	MYU	MYE	MYO

や	や	い	ゆ	いぇ	よ
	YA	YI	YU	YE	YO
	ゃ		ゅ		ょ
	LYA XYA		LYU XYU		LYO XYO
ら	ら	り	る	れ	ろ
	RA	RI	RU	RE	RO
	りゃ	りぃ	りゅ	りぇ	りょ
	RYA	RYI	RYU	RYE	RYO
わ	わ	うぃ	う	うぇ	を
	WA	WI	WU	WE	WO
ん	ん				
	NN				
が	が	ぎ	ぐ	げ	ご
	GA	GI	GU	GE	GO
	ぎゃ	ぎぃ	ぎゅ	ぎぇ	ぎょ
	GYA	GYI	GYU	GYE	GYO
ざ	ざ	じ	ず	ぜ	ぞ
	ZA	ZI JI	ZU	ZE	ZO
	じゃ	じぃ	じゅ	じぇ	じょ
	JYA ZYA JA	JYI ZYI	JYU ZYU JU	JYE ZYE JE	JYO ZYO JO
だ	だ	ぢ	づ	で	ど
	DA	DI	DU	DE	DO
	ぢゃ	ぢぃ	ぢゅ	ぢぇ	ぢょ
	DYA	DYI	DYU	DYE	DYO
	でゃ	でぃ	でゅ	でぇ	でょ
	DHA	DHI	DHU	DHE	DHO
	どぁ	どぃ	どぅ	どぇ	どぉ
	DWA	DWI	DWU	DWE	DWO
ば	ば	び	ぶ	べ	ぼ
	BA	BI	BU	BE	BO
	びゃ	びぃ	びゅ	びぇ	びょ
	BYA	BYI	BYU	BYE	BYO
ぱ	ぱ	ぴ	ぷ	ぺ	ぽ
	PA	PI	PU	PE	PO
	ぴゃ	ぴぃ	ぴゅ	ぴぇ	ぴょ
	PYA	PYI	PYU	PYE	PYO
ヴ	ヴぁ	ヴぃ	ヴ	ヴぇ	ヴぉ
	VA	VI	VU	VE	VO
っ	後ろに「N」以外の子音を2つ続ける 例:だった→DATTA				
	単独で入力する場合 LTU　XTU				

よくわかる

筆ぐるめ26

(FPT1806)

2018年９月30日　初版発行

著作／制作：富士通エフ・オー・エム株式会社

発行者：大森　康文

発行所：FOM出版（富士通エフ・オー・エム株式会社）
〒105-6891 東京都港区海岸1-16-1 ニューピア竹芝サウスタワー
http://www.fujitsu.com/jp/fom/

印刷／製本：株式会社サンヨー

表紙デザインシステム：株式会社アイロン・ママ

FOM出版のシリーズラインアップ

定番の よくわかる シリーズ

「よくわかる」シリーズは、長年の研修事業で培ったスキルをベースに、ポイントを押さえたテキスト構成になっています。すぐに役立つ内容を、丁寧に、わかりやすく解説しているシリーズです。

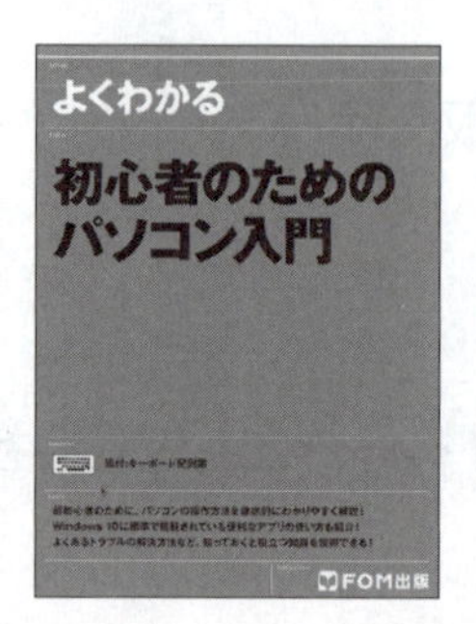

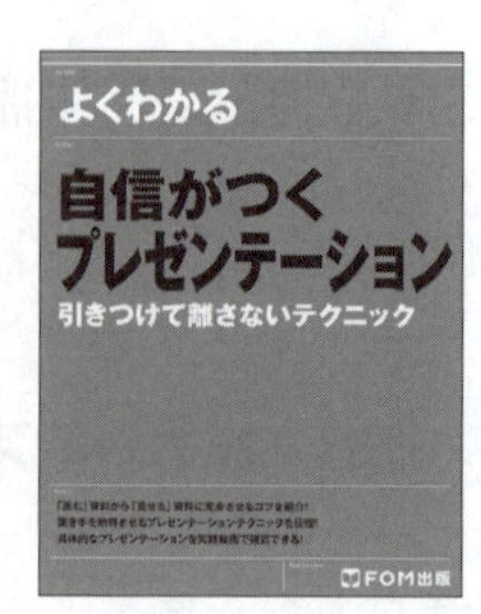

資格試験の よくわかるマスター シリーズ

「よくわかるマスター」シリーズは、IT資格試験の合格を目的とした試験対策用教材です。

■MOS試験対策

■情報処理技術者試験対策

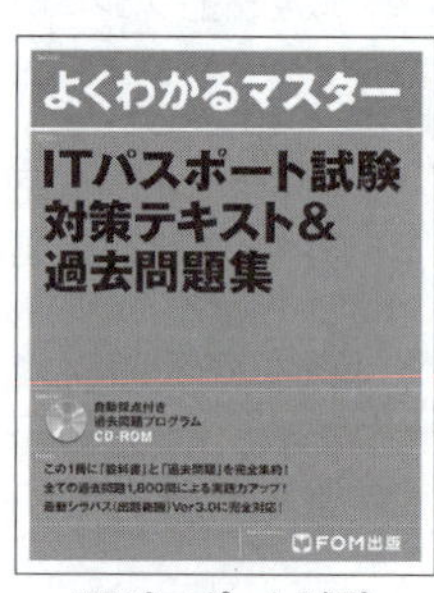

ITパスポート試験

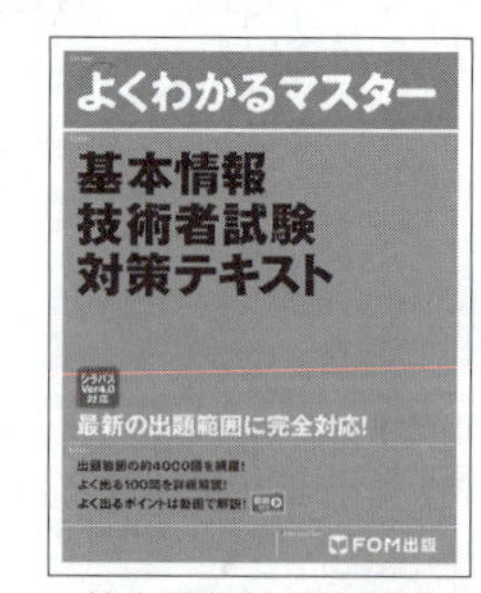

基本情報技術者試験

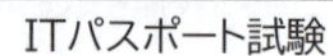

FOM出版テキスト

最新情報のご案内

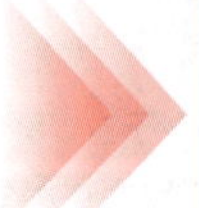

FOM出版では、お客様の利用シーンに合わせて、最適なテキストをご提供するために、様々なシリーズをご用意しています。

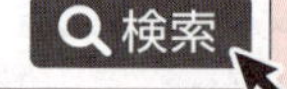

http://www.fom.fujitsu.com/goods/

FAQのご案内

テキストに関する よくあるご質問

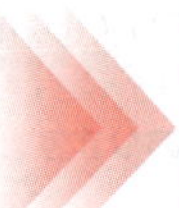

FOM出版テキストのお客様Q&A窓口に皆様から多く寄せられたご質問に回答を付けて掲載しています。

http://www.fom.fujitsu.com/goods/faq/